Die Brinellsche
Kugeldruckprobe

und ihre praktische Anwendung bei der Werkstoffprüfung in Industriebetrieben

Von

P. Wilh. Döhmer

Leiter der Werkstoffprüfabteilung der Schweinfurter
Präzisions-Kugellagerfabrik Fichtel & Sachs A.-G.
Schweinfurt

Mit 147 Abbildungen im Text
und 42 Zahlentafeln

Berlin
Verlag von Julius Springer
1925

ISBN 978-3-642-50582-9 ISBN 978-3-642-50892-9 (eBook)
DOI 10.1007/978-3-642-50892-9

Softcover reprint of the hardcover 1st edition 1925

Vorwort.

Die Brinellsche Kugeldruckprobe wurde im Jahre 1900 auf der Pariser Weltausstellung bekanntgegeben.

Wohl kaum hat sich jemals ein Materialprüfungsverfahren in so kurzer Zeit so allgemein eingeführt und so viele Anhänger erworben.

Die Erklärung hierfür ist in den hervorragenden Eigenschaften dieser Methode, insbesondere in ihrer Einfachheit und Brauchbarkeit für die industrielle Praxis zu finden.

Einige weitere Umstände förderten noch ihre Verbreitung. Die Firma: Aktiebolaget Alpha, Stockholm, entwarf nach den Angaben und unter persönlicher Mitwirkung Brinells eine vorzügliche Kugeldruckpresse. Sodann bestätigte sich bald die von Brinell gefundene Beziehung zwischen seiner Härtezahl und der Zerreißfestigkeit bei Eisen- und Stahlsorten, wodurch die Brinellsche Kugeldruckprobe unter gewissen Voraussetzungen geeignet erscheint, die Zerreißprobe teilweise zu ersetzen.

Zudem fiel die Bekanntgabe der Kugeldruckprobe in die Entwicklungsjahre des Nickelstahles und fand in der damals gerade mächtig aufstrebenden Eisenindustrie einen sehr aufnahmefähigen Boden.

Angeregt durch ihre vielseitige Verwendbarkeit befaßten sich denn auch gar bald eine Reihe hervorragender Wissenschaftler und Praktiker mit den theoretischen Grundlagen und praktischen Anwendungsmöglichkeiten und Anwendungsgebieten der Brinellschen Kugeldruckprobe. Es erschienen im Laufe der Jahre eine Anzahl sehr wichtiger und interessanter Veröffentlichungen darüber, welche jedoch in den Fachschriften der verschiedensten Länder verstreut leider nur schwer zugänglich und zum Teil auch vergriffen sind.

Es erschien daher dem Verfasser als nicht undankbare Aufgabe, alles, was ihm bisher über die Brinellsche Kugeldruckprobe bekannt geworden ist, zusammen mit seinen persönlichen Erfahrungen in einer Arbeit zusammenzufassen. Das Buch soll in erster Linie ein Nachschlagebuch für den Betriebsmann sein, in welchem dieser alles Wissenswerte über die Kugeldruckprobe selber, über ihre theoretischen Grundlagen, über ihre Anwendung im Betrieb und über die zu ihrer Ausführung dienenden Maschinen, Apparate und Meßinstrumente finden soll.

Schweinfurt, im Oktober 1925.

P. Wilh. Döhmer.

Johann August Brinell.

Geboren am 21. November 1849 in Bringetofta (Jönköping, Schweden) besuchte Brinell die fünf uuteren Klassen des dortigen Gymnasiums, absolvierte darauf die technische Schule zu Borås und trat im Jahre 1871 bei dem Ingenieur V. Wennström in Vesterås als Konstrukteur ein. Nach kurzer Tätigkeit bei Nydqvist & Holms in Trollhättan sowie in der Kanonenfabrik Finspångs erhielt er 1875 eine Anstellung als Ingenieur bei dem Lesjöfors Eisenwerk. Nach siebenjähriger Tätigkeit kam Brinell 1882 als Oberingenieur zu dem Eisenwerk Fagersta, wo er in der Hauptsache seine weittragenden Untersuchungen machte. 1903 vertauschte er diesen Wirkungskreis gegen die neu errichtete Stelle eines Oberingenieurs beim „Järnkontoret" (Eisenkontor), einem staatlichen Institut zur Förderung der Eisenindustrie in Schweden. Als solcher war er auch einer der Redakteure von „Järnkontorets Annaler".

Seit dem Jahre 1914 genießt er den wohlverdienten Ruhestand.

Brinell hat sich durch mehrere Veröffentlichungen als ein hervorragender Kenner der Stahlherstellung gezeigt. So erregte seine 1885 publizierte Abhandlung über die Strukturveränderung des Stahles beim Erhitzen und Abkühlen großes Aufsehen.

Seine Arbeiten sind grundlegend für die metallographische Wissenschaft geworden und wurden auf dem im Anschluß an die Weltausstellung in Paris im Jahre 1900 stattfindenden II. Congrès international des méthodes d'essai des materiaux de construction mit dem „Grand prix personel" belohnt.

Die von Brinell ausgearbeitete Härtebestimmungsmethode wurde in demselben Jahre mit der „Polhemsmedalj" der „Svenska technolog. Förenigingen" ausgezeichnet.

Unter den Fachleuten der Eisen- und Stahlindustrie nimmt Brinell eine der hervorragendsten Stellungen ein. Im Jahre 1902 wurde er zum Mitglied der schwedischen Akademie der Wissenschaften gewählt; im Jahre 1907 erhielt er den Ehrendoktor der Universität zu Upsala.

Inhaltsverzeichnis.

I. Begriff und Wesen der Härte.

Die Brinellsche Kugeldruckprobe (im folgenden abgekürzt B.K.P.) ist in erster Linie als ein Verfahren zur Bestimmung der Härte von Stahl und anderer festen Körper gedacht [16—25])*), deren physikalische Eigenschaften derart sind, daß sie bei normaler Temperatur und unter den üblichen Druckverhältnissen beim Eindringen eines härteren Körpers einen bleibenden Eindruck von meßbarer Größe aufnehmen.

Härte im Sinne des täglichen Lebens ist ein außerordentlich schwer zu bestimmender Begriff, der sich besonders in der wissenschaftlichen Forschung bisher einer genauen mathematischen Fassung nahezu vollkommen entzogen hat. Es besteht auch keineswegs die Aussicht, zur Zeit eine allgemein befriedigende Begriffsbestimmung der Härte zu erhalten, zumal, da sich eine einheitliche allgemein anerkannte Auffassung des Härteproblems in dem hierfür in Frage kommenden Wissenschaftsgebiete noch nicht gebildet hat, trotz mancher bemerkenswerter Versuche hierzu: Hertz, Auerbach, Rejtő, Kick, Kirsch, Ludwick, Prandtl, Hencky, Kármán, Föppl, Meyer, Stribeck u. a. m.

Es wird sogar bezweifelt [105]), ob es bei dem derzeitigen Stand unserer wissenschaftlichen Erkenntnis überhaupt möglich sein wird, die Härte für alle oder auch nur für wenige einfache Fälle durch physikalisch-mathematische Betrachtungen auf eine einzige Meßgröße zurückzuführen. Der Grund hierfür liegt in der Tatsache, daß man aus dem atomistisch-kristallinischen Aufbau der Stoffe, soweit dieser bisher erforscht ist, noch so wenig Schlüsse auf die physikalischen Eigenschaften und das Verhalten der Stoffe bei den verschiedenen Beanspruchungen hat ziehen können und sicher wird man so lange vergebens nach einem einheitlichen Maß für die Härte suchen, wie nicht die wirklichen Ursachen für die besonderen Eigenschaften der Stoffe aus ihrem atomistisch-kristallinischen Aufbau erkannt sind.

Bis dahin müssen wir uns in der industriellen Technik, dem dringenden Bedürfnis der Praxis folgend, damit begnügen, Näherungsverfahren für die Härtebestimmung anzuwenden, welche es gestatten, ohne ein absolutes Maß für die Härte zu ergeben, für praktische Zwecke hin-

*) Die Indexziffern verweisen auf das Literaturverzeichnis am Schluß.

reichend genaue Vergleichswerte zu liefern. Alle bisher bekannten Härteprüfverfahren sind auf diesem Gedanken aufgebaut.

Will man sich eine Vorstellung von der Härte eines Stoffes machen, so muß man einen Körper, der aus diesem Stoff besteht, der Einwirkung äußerer Kräfte aussetzen (von chemischen und elektromagnetischen Härtevergleichsverfahren soll hier abgesehen werden). Je nach der Härte seines Stoffes wird der Körper diesen Kräften einen größeren oder geringeren Widerstand entgegensetzen und zugleich größere oder geringere Formänderung erleiden. Demnach ist derjenige von zwei gleichen Körpern aus dem härteren Stoff, welcher bei gleicher Belastung die geringere Formänderung erleidet. Von diesem Standpunkte betrachtet müßten alle Festigkeitsversuche gewisse Vergleichswerte für die Härteprüfung liefern. Fassen wir beispielsweise die Spannungs-Dehnungs-Diagramme des klassischen Zerreißversuches oder der Druckprobe ins Auge, so wären beide gewissermaßen ideelle Härtekurven. Für Härtevergleiche jedoch fehlt beiden Diagrammen ein gewisser ausgezeichneter Bezugspunkt, welcher als Grundlage für ein Härtemaß dienen könnte. In dem elastischen Bereich beider Kurven ist die Messung der Formänderung schwierig und für schnelle praktische Untersuchungen zu umständlich, da sie Spiegelapparate erfordert. Im Bereich der Fließgrenze ist das Gleichgewicht zwischen inneren und äußeren Kräften labil und daher als Maßgrundlage nicht verwendbar. In dem dann bis zum Eintritt der Kontraktion beim Zugversuch bzw. bis zum Auftreffen der Spitzen der Rutschkegel aufeinander beim Druckversuch, folgenden Teil der Kurve ist kein besonders ausgezeichneter Punkt vorhanden. Der Eintritt der Kontraktion bzw. das Aufeinandertreffen der Rutschkegel ist nicht mit solcher Genauigkeit zu ermitteln, als daß ein brauchbarer Härtevergleich daran geknüpft werden könnte. Aus ähnlichen Gründen hat man bisher auch aus den übrigen Festigkeitsversuchen keinen allgemein brauchbaren Vergleichswert für Härteuntersuchungen gewinnen können, obwohl dies sehr wünschenswert gewesen wäre, da auf diese Weise gute Durchschnittswerte aus dem Verhalten des ganzen Körpers für den Härtevergleich erzielt würden gegenüber den Methoden, die sich in der Praxis eingebürgert haben und hauptsächlich nur die Oberflächenhärte prüfen.

Besonders eifrig sind die Bemühungen gewesen, die Elastizitätsgrenze als Härtemaßstab zu benutzen; wegen der elastischen Nachwirkung und der Schwierigkeit einer wirklich einwandfreien Feststellung der Elastizitätsgrenze sind diese Bemühungen praktisch gänzlich erfolglos geblieben[99]) (Bd. I, S. 240).

Da sich somit ein brauchbarer Vergleichswert für die Härte aus den üblichen Festigkeitsversuchen nicht ergab, mußte man zu besonderen Härteprüfverfahren greifen, welche mit wenigen Ausnahmen in der

Hauptsache auf dem Eindringen eines anderen (härteren) Körpers in die Oberfläche des zu prüfenden Körpers beruhen. Dahin gehören fast alle bisher bekanntgewordenen Härteprüfverfahren, deren genauere Beschreibung hier zu weit führen würde, welche aber wenigstens kurz hier angeführt werden sollen.

1. Ritzverfahren. Das Wesen der Ritzverfahren besteht darin, daß ein harter Körper mit einer scharfen Spitze in das Prüfstück eingedrückt und hierbei entweder der Prüfkörper oder das zu prüfende Stück verschoben wird. Eines der ältesten und bekanntesten Härteprüfverfahren ist das in der Mineralogie übliche Verfahren, nach welchem die Härte des zu prüfenden Körpers mit der als bekannt und feststehend angenommenen Härte bestimmter anderer Stoffe verglichen wird, indem das Probestück mit den scharfen Ecken eines Körpers aus den betreffenden Stoffen zu ritzen versucht wird. Gelingt dies, so ist der Probekörper weicher als das Vergleichsstück; gelingt es nicht, so ist er härter, und um einen stetigen Vergleich zu haben, hat man eine Anzahl von Mineralien verschiedener Härte zu einer Härteskala zusammengestellt, welche unter dem Namen Mohssche Härteskala bekannt ist (Hütte 4. Abschnitt Stoffkunde III). Es sei hier gleich bemerkt, daß dieses Verfahren bei der Härtebestimmung von Metallen gänzlich versagt hat, da einmal die Härteabstufungen für die Metallindustrie viel zu roh ist, andererseits auch die Härte der Vergleichsmineralien nicht die wünschenswerte Gleichmäßigkeit aufweist, wie ja leicht einzusehen ist.

2. Eindringungsverfahren. Hierbei erleidet der zu prüfende Körper gegenüber dem eindringenden während des Versuches keine Ortsveränderung. Die meisten bekannten Härteprüfverfahren beruhen auf diesem Verfahren, jedoch muß man in dieser Gruppe noch eine Unterscheidung vornehmen; bei einem Teil dieser Prüfverfahren wird der harte Körper mit ruhigem Druck (statische Verfahren) gegen das Probestück gepreßt, bei einem anderen Teil wird er durch ein fallendes Gewicht oder einen Hieb in den zu prüfenden Stoff eingetrieben (dynamische Verfahren). In beiden Fällen werden Stempel der verschiedensten Formen aus bestgehärtetem Stahl verwendet (Abb. 1).

Bezüglich anderer Verfahren sei auf Wawrziniok, Handbuch des Materialprüfungswesens, verwiesen, in welchem noch eine Anzahl weiterer Härteprüfverfahren ausführlich beschrieben ist. Die meisten derselben besitzen jedoch nur akademisches Interesse; in die Praxis haben sie sich nicht einzuführen vermocht.

Obwohl sich aus keinem dieser erwähnten Verfahren ein absolutes Maß für die Härte hat ableiten lassen, haben einige derselben, und unter diesen besonders die B.K.P., eine weite Verbreitung in der Praxis gefunden, einmal wegen ihrer Einfachheit, andermal wegen des dringenden Bedürfnisses nach einem Härtemaßstab, und da sich im Laufe längeren Gebrauches ihre Brauchbarkeit für die Praxis erwiesen hat und sie auch recht gut den derzeit herrschenden Anschauungen von der Härte entsprechen, findet man unter einer gewissen Zurücksetzung der vielleicht richtigeren allgemeinen Begriffsentwicklung der Härte als Widerstand eines Körpers gegen Formänderung (Osmond, Mars u. a.) folgende Begriffsbestimmung recht verbreitet:

„Härte ist der Widerstand, den ein Körper dem Eindringen eines anderen (härteren) entgegensetzt.“

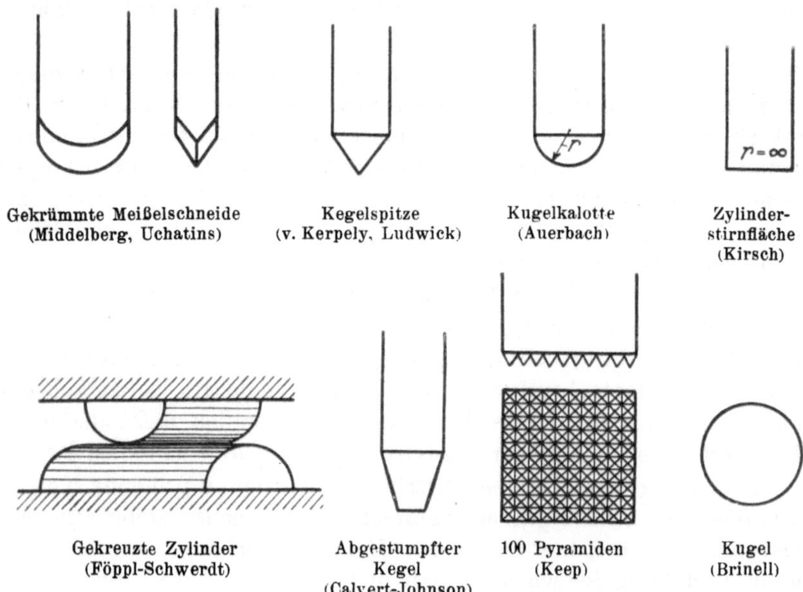

Abb. 1. Verschiedene Formen von Eindruckstempeln zu Härteprüfverfahren.

Dieses Eindringen kann nun auf verschiedene Weise erfolgen und in bezug auf die Art, wie dies vor sich gehen soll, scheiden sich die Verfahren zunächst grundsätzlich in zwei verschiedene Richtungen.

Setzt man nämlich einen Körper der Einwirkung äußerer Kräfte aus, so erleidet er, mögen diese auch noch so gering sein, gewisse Formänderungen. Solange die durch die äußeren Kräfte hervorgerufenen inneren Spannungen unterhalb der Elastizitätsgrenze bleiben, wird der Körper keine bleibenden Formänderungen erleiden. Mit Überschreiten der Elastizitätsgrenze aber treten bleibende Formänderungen auf.

Diejenigen Härteprüfungsverfahren, bei denen die Überschreitung der Elastizitätsgrenze nicht beabsichtigt ist, bei welchen also keine bleibenden Formänderungen erzeugt werden, kann man als die „elastische Richtung“ bezeichnen, während die zweite Art Härteprüfungsverfahren, bei welchen bleibende Formänderungen erzeugt werden, die

Überschreitung der Elastizitätsgrenze beabsichtigt ist, als die „plastische Richtung" betrachtet werden kann.

Von der Vorstellung der täglichen Erfahrung ausgehend, daß die Härte nach der Größe der elastischen Formänderungen beurteilt werden könne, wie dies z. B. bei Luftreifen von Fahrzeugen, Gummiwaren u. a. der Fall ist, war man lange Zeit anscheinend erfolgreich bemüht, die Härte aus dem elastischen Verhalten der Stoffe abzuleiten. Die elastische Richtung wurde besonders von Hertz (Hertz, Gesammelte Werke, Bd. I, S. 155—198) vertreten; auch die Kugelfallprobe muß, soweit die Rücksprunghöhe die Meßgröße bildet, hierher gerechnet werden.

Durch F. Friesendorf[40]), Eugen Meyer[105]) und E. Rasch[120]) ist der eingehende Nachweis geführt worden, daß die Hertzsche Härtezahl bei Metallen und vielen anderen Stoffen ein Maß für die Härte in einer für praktische Zwecke geeigneten Form nicht bilden kann. Auch R. Stribeck[130]) weist in seiner Abhandlung: Prüfverfahren für gehärtete Stähle unter Berücksichtigung der Kugelform (V. d. I. 1907, S. 1445—1547) nach, daß der Hertzsche Vorschlag praktisch nicht durchführbar ist.

Bei der Kugelfallprobe, welche ebenfalls, wenn die Rücksprunghöhe die Meßgröße bildet, als eine Vertreterin der elastischen Richtung betrachtet werden muß, liegen die Verhältnisse anders. Hier handelt es sich um einen dynamischen Vorgang, welcher die Elastizitätsgrenze an sich nicht feststellt, sondern bleibende Formänderungen meßbarer Größe nicht beabsichtigt. Die Größe des Rücksprunges soll hier ein „Maß" für die „Härte" ergeben, eine willkürlich getroffene Festsetzung, die nicht überall Zustimmung gefunden hat[99]) (Bd. II A, S. 411).

Wenden wir uns nunmehr der plastischen Richtung der Härteprüfung zu. Die Erforschung der plastischen Formänderungen stellt die Wissenschaft vor die schwierigsten Aufgaben, und es ist bis nun trotz sehr verdienstvoller Versuche noch keineswegs gelungen, diese in ein streng mathematisches Gewand zu kleiden.

Die Untersuchung von Prandtl, der in neuester Zeit das Problem zu lösen versuchte, erstreckt sich vorläufig nur auf das zweidimensionale (ebene) Problem und geht von folgenden Annahmen aus: Die plastischen Formänderungen erstrecken sich nur auf die der Kraftangriffstelle zunächst liegenden Gebiete der Körper; in den entfernteren ist die Elastizitätsgrenze nicht überschritten. Da die elastischen Formänderungen bei den meisten Stoffen außerordentlich klein sind, die plastischen aber häufig wesentlich größer, so sind die elastischen Formänderungen zur Vereinfachung ganz vernachlässigt behandelt. Die plastischen Formänderungen sollen überdies noch als so klein angesehen werden, daß die geometrische Gestalt der Körper nicht wesentlich durch sie geändert sein möge. Die Volumenänderung soll entsprechend der Vernachlässigung aller elastischen Änderungen auch im plastischen Teil zu Null angenommen werden, so daß die übrigbleibenden Formänderungen als reine Gleitungen aufgefaßt werden können. Über den Spannungszustand im plastischen Gebiet soll nach O. Mohr*) oder auch A. Föppl[37]) angenommen werden, daß die Schubspannungen in den Gleitflächen überall einen von der jeweiligen Normalspannung in diesen Flächen abhängigen Wert hat, aber dabei von dem Betrage der Gleitbewegung unabhängig sein soll. Diese letzte Annahme trifft für die wirklich plastischen Körper meist nur mit geringer Genauigkeit zu; sie würde sich z. B. beim Zug- oder Druckversuch durch ein Spannungs-Dehnungs-Diagramm gemäß Abb. 2 kundgeben, also der mit zunehmender Formänderung eintretenden Verfestigung keine Rechnung tragen. Für die Durchführbarkeit der Prandtlschen Rechnungen ist sie aber unvermeidbar. Bezüglich des Zusammenhanges der Schubspannungen mit den Normalspannungen sind die Prandtlschen Annahmen — für das ebene Problem wenigstens — so allgemein, als irgend verlangt werden kann. Unter diesen Voraussetzungen ergibt sich für das Eindringen eines Stempels in einen von einer Ebene begrenzten unendlich ausgedehnten Körper nebenstehende Abbildung.

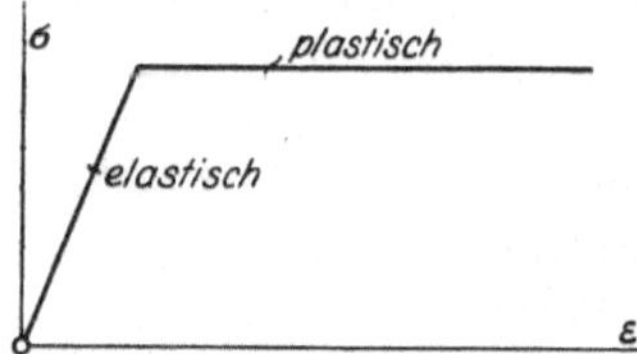

Abb. 2. Spannungs-Dehnungs-Diagramm nach Prandtl.

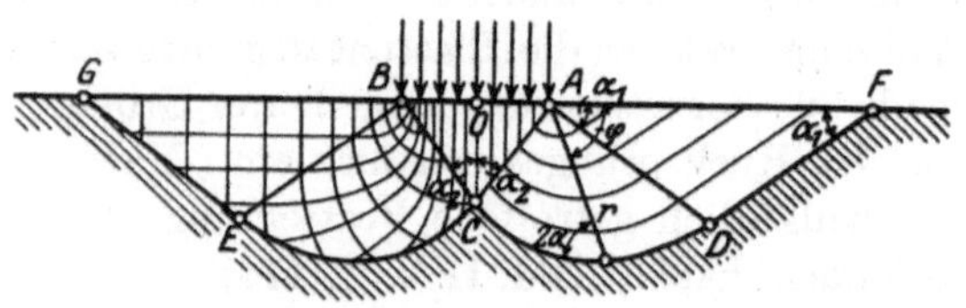

Abb. 3. Eindringen eines Stempels in eine Ebene.

Entsprechend der Annahme des ebenen Problems muß man sich den Stempel senkrecht zur Bildebene als sehr ausgedehnt vorstellen**).

Ein Dreieck ABC (entsprechend der bei Druckvorgängen bereits vielfach erkannten Rutschkegelbildung) [124]) wird unter hohem Druck nach innen gepreßt, die Dreiecke ADF und BEG werden durch die in den Sektoren ACD und BCE auf sie übertragenen Spannungen schräg nach oben herausgeschoben, stehen dabei unter Spannungen, wie ein auf einfachen Druck beanspruchter Körper (Druck parallel der ebenen Begrenzung). Die rechte Hälfte der Abbildung zeigt die „Stromlinien" der plastischen Bewegung, die linke die Spannungstrajektorien.

Prandtl ist in der Lage, auf Grund obiger Überlegungen die Verhältnisse für die Eindringungsfestigkeit einer Ebene zahlenmäßig

*) Abhandlungen aus dem Gebiete der Mechanik. Abt. V. Berlin 1906.

**) Rotationssymmetrisch gedacht ergibt sich die Analogie mit der Kugeldruckprobe.

zu entwickeln. Bezüglich der sehr interessanten Ableitung muß auf die Originalabhandlung verwiesen werden. Anschließend daran führte A. Nádai*) den experimentellen Nachweis, daß die sich aus den Prandtlschen Berechnungen ergebenden Zahlenwerte für die Spannung σ_s in der Druckfläche, welche als ein Maß für die „Härte" des Materials, bezogen auf den ebenen Spannungszustand, betrachtet werden können, mit den experimentellen Ergebnissen recht gut übereinstimmen. Es muß hier bemerkt werden, daß diese Zahlenwerte natürlich mit der Kugeldruckhärte nicht übereinstimmen und auch nicht mit ihr verglichen werden können. Erst durch die Einführungen der oben wiedergegebenen Annahmen Prandtls in die Plastizitätstheorie, nämlich die Annahme einer starren Grenze des plastischen Gebietes, konnten die diesbezüglichen Verhältnisse derart vereinfacht werden, daß die Verschiebungen und Spannungen im plastischen Bereich zum ersten Male einer zahlenmäßigen Rechnung zugänglich wurden.

Angeregt durch die Arbeiten von Haar und Kármán sowie Prandtl und Nádai, beschäftigte sich H. Hencky[56]) in sehr erfolgreicher Weise mit der Weiterentwicklung der von erstgenannten Autoren entwickelten Theorien. Hencky führt in sehr glücklicher Weise den Begriff der „statischen Bestimmtheit" in die Plastizitätstheorie ein, welcher durch die besondere praktische Bedeutung einiger Fälle, bei welchen die Spannungsverteilung unabhängig von den Formänderungen gerechtfertigt erscheint. Zu diesen Fällen gehört das rotationsymmetrische Problem des vollplastischen Zustandes, zu welchen auch die Kugeldruckprobe an Metallen zählt.

In Anlehnung an Haar und Kármán unterscheidet Hencky einen vollplastischen und einen halbplastischen Zustand. Sind σ_1, σ_2, σ_3 die Hauptspannungen in einem Punkte und ist k die Grenzschubspannung, so sind bekanntlich die maximalen Schubspannungen ihrem absoluten Werte nach den Differenzen je zweier Hauptspannungen gleich:

$$|\sigma_1 - \sigma_2| \leqq 2k, \qquad |\sigma_1 - \sigma_3| \leqq 2k, \qquad |\sigma_2 - \sigma_3| \leqq 2k.$$

Gelten hierin die 3 Ungleichheitszeichen, so haben wir den elastischen Zustand der gewöhnlichen Elastizitätstheorie. Gilt ein Gleichheitszeichen und 2 Ungleichheitszeichen, so haben wir den halbplastischen Zustand. Gelten 2 Gleichheitszeichen, so haben wir den vollplastischen Zustand. Alle 3 Gleichheitszeichen können natürlich niemals gelten. Jedem dieser plastischen Zustände entspricht ein größerer oder geringerer Grad des Kontinuums. Mit abnehmenden Werten für k nähert sich die Plastikostatik mehr und mehr der Hydrostatik und geht für $k = 0$ schließlich in die Hydrostatik über. Diese Fassung charakte-

*) Zeitschrift für angewandte Mathematik und Mechanik. 1921. Bd. I, Heft 1, S. 20÷28.

risiert also gewissermaßen den „Flüssigkeitsgrad fester Körper"; ein Begriff, der von B. Kirsch in die technische Mechanik eingeführt worden ist (vgl. B. Kirsch[69])).

Das rotationsymmetrische Problem ist natürlich nur dann statisch bestimmt, wenn ein vollplastischer Zustand vorliegt, was aber natürlich nicht von vornherein vorausgesetzt werden kann. Man kann die Bedingungen, unter denen ein vollplastischer Zustand überhaupt eintritt, aufsuchen und angeben. Von den möglichen drei Fällen interessiert hier nur der, in welchem ein zylindrischer Stempel in die Halbebene einzudringen sucht. Wegen seiner Analogie mit der B.K.P. und der Ludwikschen Kegeldruckprobe ist dieser Fall besonders wichtig.

Die Untersuchungen Henckys versprechen den Ausgangspunkt weiterer Bemühungen zur Lösung des Härteproblems zu werden, welche die aufgewendete Arbeit jedoch nur dann rechtfertigen würden, wenn es gelingt, den Einfluß der Verfestigung mit in die Ableitungen zu fassen. Es scheint Aussicht vorhanden zu sein, auch diesen berücksichtigen zu können, nur bietet die mathematische Behandlung dieses Problems nicht unbedeutende Schwierigkeiten.

Die im vorhergehenden gegebene Darstellung des Härteproblems vom Standpunkte der Plastizitätstheorie dürfte vielen Ingenieuren neu sein, wenigstens sind in den in Ingenieurkreisen im allgemeinen gelesenen Büchern und Zeitschriften nur ganz vereinzelt Hinweise auf die diesbezüglichen Abhandlungen zu finden, und doch scheint der oben skizzierte Gedankengang ein wichtiger Weg zur Lösung des Härteproblems zu bilden.

Rückblickend auf das Vorhergehende erhalten wir also das nebenstehende Schema für die Einteilung der Härteprüfungsverfahren.

Dieses Schema soll keine lückenlose Aufzählung aller bekannten Härteprüfverfahren bilden, sondern nur eine Vorstellung von der Einordnung der gebräuchlichsten Methoden geben. Es weicht insofern von der bisherigen Einteilung (Martens, Wawrziniok) ab, als es die wichtigen Begriffe: elastisch bzw. plastisch als Unterscheidungsmerkmale enthält. Die Wichtigkeit dieser Unterscheidung ist bisher nicht genügend beachtet worden, indessen kann aber nach dem heutigen Stande der Härtetheorie auf diese Unterscheidung nach plastisch und elastisch nicht mehr verzichtet werden.

Von den beiden Richtungen hat sich die elastische für praktische Zwecke nur in sehr beschränkten Maße als brauchbar erwiesen, wohingegen die plastische Richtung in der Technik am meisten Beachtung und Verbreitung gefunden hat und auch theoretisch die beste Aussicht auf eine mathematische Erfassung zu bieten scheint.

I. Härtebestimmung aus den Festigkeitseigenschaften:
Zerreißversuche, Druckversuche, Biegeversuche.

II. Härtebestimmung durch Eindringen eines zweiten Körpers:

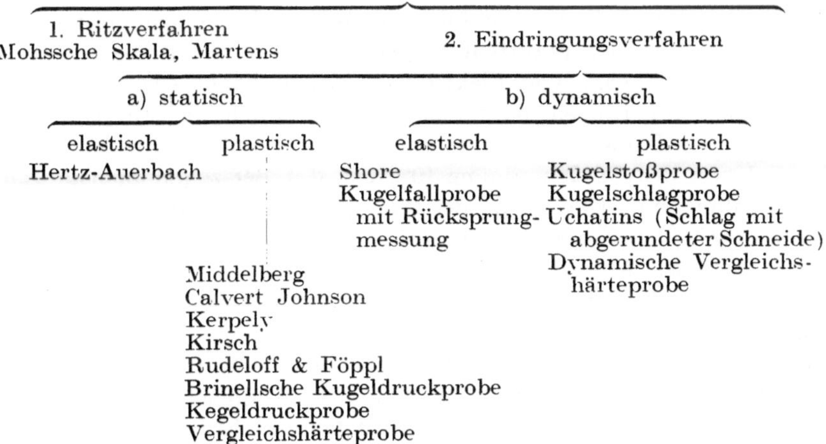

II. Die Härte vom Standpunkt der Atomlehre.

Die Erforschung der Molekulareigenschaften der Stoffe ist nicht allein vom Standpunkte der Härtetheorie, sondern auch für die allgemeine Materialprüfung von besonderer Wichtigkeit. Solange es nicht gelingt, über die molekularen Verhältnisse der Stoffe Klarheit zu erhalten, wird es nicht möglich sein, die wichtigsten Stoffeigenschaften zu erfassen. Wir sind heute z. B. noch nicht in der Lage, eine restlose Erklärung für viele Stoffeigenschaften zu geben, wie: Härte, Zähigkeit, Sprödigkeit, Elastizität usw. Diese Eigenschaften der Stoffe werden vielfach auf die entsprechenden Eigenschaften der Körper- bzw. Stoffelemente zurückgeführt, ohne damit eine eigentliche Lösung des Problems zu bieten. Auch manche andere Begriffe und Ausdrücke, die in der Literatur vielfach angetroffen werden, entbehren oft ihrer scharfen wissenschaftlichen Begriffsbestimmung, so z. B. innere Reibung, spezifische Schiebung, Schubgrenze; ja man ist sogar nicht einmal in der Lage, eine scharfe Grenze zwischen flüssigen und festen Stoffen zu ziehen [69]). Alle diese Fragen können nur durch eine eingehende Erforschung der Molekülstruktur der Stoffe und aller damit zusammenhängenden Verhältnisse gelöst werden.

Vom Standpunkte der Härte interessiert der molekulare Aufbau der Stoffe nach folgenden vier Richtungen:

1. Der Atombau selbst.
2. Der allgemeine Aufbau fester Körper.
3. Der Aufbau der Kristalle und ihr innerer Zusammenhang.
4. Der Zusammenhang der Kristalle unter sich.

Den Atombau müssen wir uns nach den Untersuchungen von Rutherford und Bohr wie folgt vorstellen: Um einen positiv geladenen Kern, in dem praktisch die gesamte Masse des Atoms vereinigt ist, kreist eine Schar von Elektronen. Diese haben eine bestimmte Anordnung auf Ringen oder Schalen und laufen nur auf gewissen Bahnen. Die Radien der einzelnen Atome sind außerordentlich klein; sie sind von der Größenordnung 10^{-8} cm, d. i. der zehnmillionste Teil eines Millimeters. Die Anzahl der Atome beträgt bei den einatomigen Gasen nach den Überlegungen von Loschmidt in einem Kubikzentimeter bei Atomsphärendruck 27,2 Trillionen, d. i. $27{,}2 \cdot 10^{18}$ (Loschmidtsche Zahl). Ihre Masse folgt daraus zu $1{,}64 \cdot 10^{-24} \times$ dem Atomgewicht des betreffenden Gases.

Durch eine Reihe sehr scharfsinniger Überlegungen ergibt sich, daß diese Masse jedoch nur eine scheinbare ist. Vergleicht man die Abmessungen eines Wasserstoffatoms mit denen der Erdkugel, so verhält sich seine Masse zu der eines Grammes ungefähr wie die Masse eines Kilogramms zu der Masse der ganzen Erdkugel (rd. $2 \cdot 10^{24}$). Denken wir uns das Atom von der Größe 10^{-8} cm so vergrößert, daß es den Raum der Erdkugel vom Radius 6350 km einnimmt, so hat der Kern des Wasserstoffatoms nur einen Radius von 6 cm, entspricht also ungefähr der Größe einer Orange, während ein Elektron in demselben Maßstab etwa dem Raum einer großen Kaserne entspricht, da sein Radius 120 m beträgt. Die Raumerfüllung der Atome ist daher eine erstaunlich geringe, und wir vermögen es uns kaum vorzustellen, daß beispielsweise ein Kubikmeter des massigsten Stoffes Platin nur ein Eigenvolumen kleiner als Stecknadelgröße besitzt. Alles andere Volumen dieses Kubikmeters ist so leer wie etwa der Himmelsraum und nur von Kraftfeldern erfüllt. Vom Standpunkte der Härte müssen wir uns daher die Undurchdringlichkeit der Materie durch die schnell kreisende Bewegung der Elektronen erklären, welche den von den Kreisbahnen umschlossenen Raum für andere Atome undurchdringlich macht. Bei einem Wasserstoffatom beträgt die Zahl der Umläufe beispielsweise 6600 Billionen in der Sekunde.

Wenn nun auch die Anschauung von der Unzerstörbarkeit und Undurchdringlichkeit der Atome durch die Experimente Rutherfords erschüttert zu sein scheint, so müssen wir uns doch praktisch die Atome, welcher Art auch immer, als unzerstörbar und undurchdringlich durch andere Atome, welche mit mechanischen Mitteln diesen genähert werden, vorstellen. Wir können daher auch keine Spitze oder Schneide herstellen, welche so fein wäre, daß sie nur von einem Atom oder einer einfachen

Atomreihe gebildet wäre, um sie als Werkzeug bei Härte- bzw. Eindringungsversuchen zu verwenden. In jedem Falle wird eine Spitze oder Schneide an ihrem schärfsten Teil von einer verhältnismäßig großen Anzahl Atomen gebildet werden.

Da nun aus den bisherigen Ergebnissen der Atomlehre insbesondere, aus dem Atombau, der Größe, der Kernladung, der Anzahl der Elektronen, sowie der von diesen besetzten Kugelschalen keinerlei Schlüsse irgendwelcher Art auf die zu erwartenden physikalischen Eigenschaften der Stoffe, insbesondere der Härte bekanntgeworden sind, so darf die Betrachtung über den Atombau selbst mit dem dadurch nicht weniger wertvollen negativen Ergebnis geschlossen werden, daß es bisher nicht gelungen ist, einen Zusammenhang der Härte mit dem Atombau zu erkennen.

Wenden wir uns nunmehr dem zweiten Punkte, dem allgemeinen Aufbau der Materie bzw. dem Zusammenhang der Atome, zu. Ebensowenig wie die Atome den Raum, den sie einnehmen, vollständig erfüllen, ebenso erfüllen auch die Stoffe den von ihnen eingenommenen Raum nicht vollständig; die einzelnen Atome liegen nicht dicht aneinander, sondern befinden sich in einem gewissen Abstand voneinander. Diese molekularen Zwischenräume sind natürlich nicht mit den sinnlich wahrnehmbaren (oder auf andere Weise nachweisbaren Poren) zu verwechseln, so ist doch z. B. Glas für Flüssigkeiten und auch Gase vollständig undurchlässig, also nicht porös, trotzdem muß das Glas aber Molekularzwischenräume besitzen. Der innere Zusammenhang der Stoffe beruht auf den zwischen den einzelnen Atomen wirksamen Kräften. Diese darf man sich aber nicht ausschließlich als anziehende Kräfte vorstellen; man ist vielmehr gezwungen, anziehende und abstoßende Kräfte anzunehmen, die sich normalerweise das Gleichgewicht halten. In dem verschiedenartigen Verhalten der beiden Arten von Molekularkräften liegt die Erklärung der verschiedenen Aggregatzustände der Stoffe. Während bei Gasen die Entfernung der kleinsten Teilchen eine so große ist, daß die anziehenden Kräfte fast gar nicht wirksam sind, liegen die Teilchen bei flüssigen Stoffen schon dichter beieinander, jedoch nicht so dicht, daß ihre Verschiebbarkeit gegeneinander gänzlich beschränkt wäre. Bei festen Körpern dagegen ist die Verschiebbarkeit infolge noch dichterer Lagerung nur eine sehr beschränkte, man kann sie praktisch fast als ganz aufgehoben betrachten. Nach der kinetischen Theorie der Materie (Clausius 1857) hat man sich überdies noch vorzustellen, daß die einzelnen Molekel nicht in der Ruhe sind, sondern sich in steter Bewegung befinden. Bei Gasen fliegen sie mit verschiedener Geschwindigkeit ganz regellos durch- und gegeneinander und gegen die Gefäßwände an. Dieses Anprallen an die Gefäßwände ist der Druck, den ein Gas auf die Gefäßwände ausübt. Je mehr

Molekel in einem bestimmten Raum vorhanden sind, um so größer ist auch der Druck, aber auch je größer die Geschwindigkeit der einzelnen Molekel ist, um so mehr werden in der Zeiteinheit auf die Flächeneinheit aufprallen und dadurch einen größeren Druck hervorbringen. Man kann sich leicht vorstellen, daß eine mit Luft gefüllte Blase um so härter ist, je mehr Luft in sie hineingepumpt wird.

In treffender Weise wird die kinetische Theorie von Mars[96]) zur Erklärung des Wesens der Härte herangezogen. Nach Mars könnte man die Härte u. a. als die nach außen gerichtete kinetische Molekularenergie eines festen Körpers bezeichnen.

P. Ludwik[88]) untersuchte eingehend die Beziehung zwischen Härte und Atomkonzentration. Die Atomkonzentration, d. i. die Anzahl der in der Volumeneinheit enthaltenen Atome, ist bekanntlich umgekehrt proportional dem Atomvolumen $\frac{\alpha}{\gamma}$, wenn α das Atomgewicht und γ das spezifische Gewicht ist. Beziehungen zwischen Atomkonzentration und Härte wurden schon im Jahre 1873 von Bottone vermutet, ein Gedanke, der auch von anderer Seite, Benediks, Rydberg und Traube weiter verfolgt worden ist. Benediks versuchte diesen Gedanken auch auf Legierungen anzuwenden, indem er fand, daß gleiche molekulare Mengen verschiedener Metalle in α Eisen gelöst die Härte des Eisens um gleiche Beträge erhöhen.

Nach dem heutigen Stande der Forschung scheinen jedoch noch keine hinreichenden Unterlagen vorzuliegen, um aus der Atomkonzentration mit einiger Sicherheit die Härte rechnerisch ermitteln zu können. Größere Aussicht auf Erfolg dürfte die neuerdings so erfolgreich in Angriff genommene Erforschung der Gitterstruktur der Metalle versprechen.

Mit den Beziehungen der Atomschwingungen zu anderen Materialkonstanten, wie z. B. zu elastischen und thermischen Konstanten (Ausdehnungskoeffizienten, Kompressibilität, Elastizitätsbestimmung usw.) haben sich die Untersuchungen von Einstein, Debye, Gröneisen und Born mit v. Kármán befaßt. Leider fehlt es auch hier an genügenden Unterlagen, um aus diesen Schlüsse für die Praxis ziehen zu können, Von der Vorstellung der stetigen Bewegung der Atome ausgehend, können wir hoffen, schließlich auch zu einer Erklärung der Sprödigkeit und der Zähigkeit oder dem Flüssigkeitsgrade der Stoffe zu gelangen, z. B. die langsame Zähflüssigkeit gepaart mit großer Schlagempfindlichkeit von Asphalt und karamelisiertem Zucker, ferner die Nachwirkungserscheinungen bei Materialversuchen. Es ist offenbar die Art der Schwingungen, ihre Anzahl und Länge, welche im Verein mit den anziehenden und abstoßenden Kräften der Moleküle einen entscheidenden Einfluß auf die physikalischen Eigenschaften der Stoffe ausüben, daß aber die mehr oder minder regelmäßige Anordnung im Raum auch eine bedeutende Rolle spielt, soll im folgenden beleuchtet werden.

Bei den Gasen, Flüssigkeiten und vielen festen Stoffen ist die Anordnung der Atome bzw. Moleküle eine vollständig regellose und ungeordnete. Derartige feste Stoffe werden amorph genannt, sie pflegen nach allen Richtungen hin isotrop, d. i. von gleicher Eigenschaft zu sein. Im Gegensatz zu diesen Stoffen stehen die Kristalle, welche eine aus ebenen geometrischen Figuren gesetzmäßig gebildete Oberfläche haben und nach verschiedenen Richtungen verschiedene physikalische (bei durchsichtigen Kristallen auch optische) Eigenschaften haben, insbesondere besitzen sie die Neigung, beim Zerteilen sich nach bestimmten gleichfalls ebenen Flächen zu spalten, während amorphe Körper völlig unregelmäßig geformt sind und in regellose, zufällige Stücke mit meist muscheligem Bruch zerspringen. Amorphe Stoffe lassen sich als Flüssigkeiten sehr hoher Zähigkeit auffassen, sie erweichen beim Erhitzen langsam und werden mit steigender Temperatur allmählich dünnflüssiger, wohingegen die Kristalle bei einem bestimmten Punkte plötzlich schmelzen. Die meisten Metalle besitzen Kristallstruktur.

Die Neigung der Kristalle, besonders leicht in bestimmten Weisen zu brechen, beweist, daß die Widerstandsfähigkeit im Innern nicht gleichmäßig verteilt ist, sondern nach gewissen Richtungen größer, nach anderen wieder kleiner ist. Auch die Härteeigenschaften der Kristalle sind nicht nach allen Richtungen gleich.

Die Ursache für dieses eigenartige Verhalten der Kristalle liegt in der gesetzmäßig regelmäßigen Anordnung der Atome in ihnen. Diese Gesetzmäßigkeit besteht bekanntlich darin, daß die Moleküle bzw. Atome der Kristalle längs gewisser Richtungen der kristallographischen Achsen perlschnurartig gleiche Abstände voneinander haben. In diesem Sinne spricht man auch von dem Raumgitter der Kristalle. Es ist das Verdienst von Laue im Jahre 1912, durch die Interferenz der Röntgenstrahlen beim Durchleuchten von Kristallen den Beweis für die Existenz dieser Raumgitter erbracht zu haben. Auf Grund dieser Untersuchungen ist es gelungen, die Raumgitter verschiedener Substanzen zu konstruieren. Für die Metalle haben sich obige Raumgitterformen ergeben (Abb. 4).

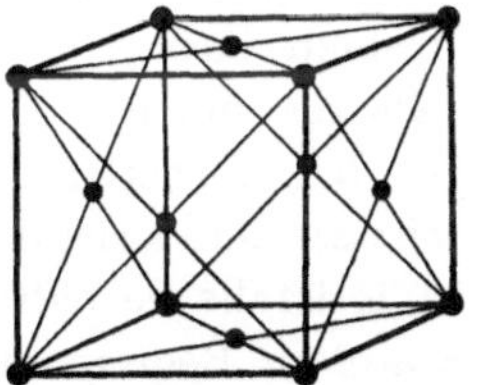
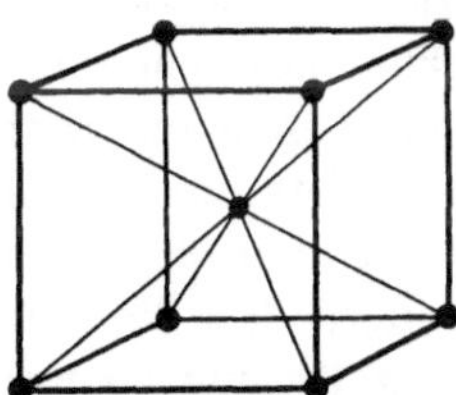

Abb. 4. Raumgitterformen von Metallen.

Es ist bemerkenswert, daß fast allen technisch wichtigen Metallen, mit wenigen Ausnahmen, dasselbe Raumgitter zukommt.

Eine wichtige Tatsache, die in der Kristallstruktur der Metalle ihre Erklärung findet, ist die Bildung von Gleitflächen bei plastischen Formänderungen. Sie wird als die Ursache der Plastizität angesehen, und diese ist um so größer, je größer die Anzahl der Gleitflächen wird. Denkt man sich nun ein solches Kristall normal zu einer Begrenzungsfläche geschnitten, so werden seine Härteeigenschaften in der Schnittfläche andere sein als in der Begrenzungsfläche; man kann hier als Vergleich vielleicht an den Schnitt durch einen Holzstamm denken. Der Unterschied zwischen Langholz und Hirnholz bietet eine gewisse Ähnlichkeit zwischen dem Verhalten der Kristalle nach verschiedenen Richtungen hin. Auch die Spaltbarkeit des Glimmers beruht auf kristallinisch verschiedenen Eigenschaften. In bezug auf die Härte können wir aus der Raumgitterstruktur den Schluß ziehen: ein Kristall ist um so härter, je geringer seine Neigung ist, Gleitflächen zu bilden, und um so weicher, je ausgeprägter sein Bildungsvermögen für Gleitflächen ist. Wir können uns ferner noch vorstellen, wie wir das Raumgitter eines Stoffes verändern müssen, um es härter zu machen. Wenn es uns nämlich gelingt, das an sich nicht starre kubische Raumgitter, sei es in den Flächen oder im Raum durch Einfügung weiterer Moleküle bzw. Atome zu versteifen, so muß das betreffende Kristall härter werden. Dies wird praktisch durch Legieren ausgeführt; bekanntlich sind viele Legierungen wesentlich härter als jeder einzelne ihrer Grundbestandteile.

Wir wenden uns nun dem letzten Punkte, dem Zusammenhang der Kristalle unter sich, zu. Es scheint, als ob die Bedeutung dieses Punktes in seinem Einfluß auf die Härte nicht die Beachtung gefunden hat, die ihm vielleicht zukommen dürfte. Man nimmt an, daß die Begrenzungsflächen der einzelnen Kristalle, insbesondere bei Metallen, fester aneinanderhaften als die inneren Kristallflächen. Wird daher ein kristallinischer Körper bei normaler Temperatur zerbrochen, so findet man oft, daß er nicht an den Kristallbegrenzungsflächen bricht, sondern daß die einzelnen Kristalle gespalten sind; je größer nun die Kristalle, um so weniger äußere Begrenzungsflächen sind vorhanden, um so leichter ist also der betreffende Körper zu verformen. Je feinkristallinischer aber ein Körper ist, um so mehr äußere Begrenzungsflächen sind vorhanden und um so fester wird der Körper sein. Von diesem Umstande macht man bei der Stahlherstellung Gebrauch, indem man bestrebt ist, einen möglichst feinkörnigen Stahl herzustellen; der Zusatz von Nickel, Chrom, Wolfram u. a. zielt auf die Ausbildung einer feinkörnigen Struktur hin, so ist z. B. der beste Schnelldrehstahl derartig feinkristallinisch, daß man mit bloßem Auge keine Kristalle mehr wahrnehmen kann, sondern glaubt einen amorphen, muscheligen Bruch vor sich zu haben, und doch ist dieser Stahl kristallinisch, nur sind die einzelnen Kristalle derart klein, daß man sie nur in starker Vergrößerung wahrnehmen kann. Entsprechend ist auch das Verhalten solcher feinkristallinischer Stoffe in bezug auf die Härte; insbesondere bei Stählen trifft es meistens zu, daß feinkristallinische Sorten härter sind als grobkristallinische. Ebenso zielt das Abschrecken der Stähle u. a. auch auf eine Verfeinerung der Struktur sowie einer gleichmäßigen Verteilung aller härtesteigernder Zusätze und damit Versteifung der Raumgitter hin.

III. Die Brinellsche Kugeldruckprobe.

Es war die Absicht Brinells, eine Härteprüfmethode in die Technik einzuführen, welche einmal für praktische Zwecke genügend genaue Ergebnisse liefert, andermal aber schnell und zuverlässig durch eine beliebige Arbeitskraft vorgenommen werden kann, vor allem aber — und das ist der wichtigste Punkt, der zur Verbreitung der B.K.P. so viel beigetragen hat — weder sich eines empfindlichen oder schwer zu beschaffenden Druckstempels bedient, noch die Anfertigung eines besonderen Probekörpers erfordert, sondern es gestattet, fertige oder halbfertige Werkstücke zu prüfen, ohne sie zu zerstören und ohne sie einer zeitraubenden und kostspieligen mechanischen Bearbeitung unterwerfen zu müssen.

In der Erfüllung dieser Vorbedingungen liegt die Erklärung für den beispiellosen Erfolg, den Brinell mit seiner Methode erzielt hat. Ein weiterer Umstand, der keine minder bedeutende Rolle hierbei gespielt hat, ist der Zusammenhang zwischen der Zerreißfestigkeit und dem Kugeldruckdurchmesser. Sie genügt aber auch noch einer wichtigen Bedingung des Materialprüfwesens, nämlich der Forderung, daß alle Meßgrößen Anschluß an anerkannte Maßsysteme haben müssen und jederzeit auch an anderen Orten wieder aus den Urmaßen abgeleitet und hierauf leicht nachgeprüft werden können. Bei der Shoreschen „Härte"prüfung und der Mohsschen Härteskala trifft dies beispielsweise nicht zu, auch die Schlaghärteprüfer genügen dieser Forderung nicht vollständig.

Es war der glückliche Gedanke Brinells, als Druckstempel eine Kugel zu nehmen. Mit den Fortschritten der Stahlkugelindustrie hatte die genaue Herstellung der Kugel eine solche Vollkommenheit erreicht, insbesondere war der Spielraum in der Abweichung des wirklichen Durchmessers vom Nenndurchmesser derart herabgedrückt, daß man bei Verwendung von hierauf besonders ausgesuchten Kugeln fast mit theoretischer Genauigkeit den gewünschten Durchmesser erhalten kann. Auch die Einhaltung der genauen Kugelgestalt läßt bei einem erstklassigen Erzeugnis nichts zu wünschen übrig; ferner hat man in der für die meisten praktischen Zwecke ausreichenden, gleichmäßigen Härte und sauberen Politur eine gute Gewähr für die immer wieder in gleicher Güte Beschaffbarkeit der Kugeln. Die zur Zeit käuflichen Kugeln sind vorwiegend aus einem hochkohlenstoffhaltigen Stahl von 1,00 bis 1,2% Kohlenstoff hergestellt; die größeren Abmessungen über ½″ enthalten auch bis zu etwa 1,2% Chrom. Sie sind in Wasser gehärtet und nicht angelassen oder höchstens durch ein Anwärmen auf niedere Temperaturen von schädlichen Härtespannungen befreit. Ihre Härte ist die größte, die im allgemeinen mit gehärtetem Stahl erreicht werden kann. Prof. Stribeck, der sich eingehend mit ihrer Untersuchung befaßte, fand, daß man im allgemeinen bei den käuflichen Kugeln mit einer Härte rechnen kann, die für die normale Anwendungsweise der B.K.P. vollständig ausreichend ist und daher die besondere Ermittlung der Prüfkugelhärte, sowie ihre Berücksichtigung bei den Ergebnissen erübrigt. Stribeck hat diese Härte auch zahlenmäßig untersucht und durchschnittlich 650 kg/mm² gefunden. Regelmäßige Prüfung Schweinfurter Kugeln ergab selten eine Härte unter 700 kg/mm². Eine besondere Kugelsorte mit 1,4% Kohlenstoff, 0,6% Chrom und 4% Wolfram einer amerikanischen Firma soll noch etwas größere Härte ergeben.

In letzter Zeit will Axel Hultgren durch Kalthärtung einen beträchtlichen Erfolg bei der Steigerung der Härte erzielt haben. Mit diesen kalt gehärteten Kugeln sollen Werkstoffe bis zu einer Härte von 562 Brinell ohne Fehler und ohne daß diese Kugeln eine Abplattung erleiden, geprüft werden können, während man die obere Prüfgrenze für gewöhnliche Kugeln im allgemeinen mit etwa 460 Brinell annimmt. Für grundlegende Versuche, z. B. über das Stahlhärten usw., empfiehlt Stribeck[130]), die Härte der Prüfkugeln nach seiner Methode zu ermitteln, dies geschieht, indem man zwei gleich große und annähernd gleich harte Kugeln mit einem Druck von 500 d^2 (d = Kugeldurchmesser in Zentimeter), nachdem man die Berührungsflächen vor dem Versuch zuerst mit einer rußenden Flamme leicht geschwärzt hat, gegeneinander preßt, nach dem Versuch die blank erscheinenden Druckflächen mit einem Komparator ausmißt und aus ihrer Größe die mittlere Spannung berechnet.

In seinen „Untersuchungen über Härteprüfung und Härte“ gibt E. Meyer an, daß die elastischen Formänderungen, die die Prüfkugeln bei dem Versuch erleiden, derart gering sind, daß allenfalls auftretende Abplattungen keinen merkbaren Einfluß auf die Versuchsergebnisse haben, solange keine bleibenden Eindrücke an den Kugeln entstehen. Martens und Heyn halten die Art, wie E. Meyer die elastische Formänderung der Kugel feststellt, nicht für einwandfrei. Meyer beobachtet nämlich die Formänderung der Kugel in der Äquatorzone bei Druck auf die Pole. Diese Änderung in der Äquatorzone kann aber, selbst bei starken Abplattungen an den Polen, sehr schwach sein und unter den

Meßbereich der Mikrometerlehre fallen. Martens und Heyn weisen darauf hin, daß sich die Kugel ganz erheblich abplatten kann; die Abplattung soll bis zu 80% der bleibenden Eindrucktiefe h ausmachen und bei niederen Drücken größer sein als bei höheren und bei harten Probestoffen größer als bei weichen.

Die Eindrucktiefe h ist daher eine viel unsichere Meßgröße als der Randkreisdurchmesser d. Dies hat sich in der Praxis vielfach bestätigt und die Bemühungen, die Eindrucktiefe h als Meßgröße bei der B.K.P. einzuführen, müssen als erfolglos bezeichnet werden. Der dem Brinellschen Verfahren zugrunde liegende Gedanke verlangt, daß die Prüfkugel erheblich härter sei als die Probe. Die sich aus diesen Überlegungen ergebende obere Anwendungsgrenze der B.K.P. liegt jedoch so hoch, daß sie für ungehärtete Stähle, die normalerweise selten über 430 Brinell-Einheiten zu haben pflegen, nicht hinderlich ist. Erst bei gehärteten Stählen, wenn sie Härtezahlen von über 532 ergeben, ist eine besondere Beachtung der Härte der Prüfkugeln erforderlich.

Das Wesen der B.K.P. besteht darin, daß eine Kugel aus gehärtetem Stahl mit ruhigem Druck in die blanke, ebene Oberfläche des zu prüfenden Stoffes eingedrückt wird, jedoch derart, daß der Eindruckwinkel $\varphi = abc$ (s. Abb. 5) 90^0 nicht übersteigt. Der hierbei entstehende bleibende Eindruck wird gemessen, und sein Durchmesser dient als Rechenunterlage für einen Vergleichswert der Härte. Dividiert man den Prüfdruck, gemessen in Kilogramm durch die Fläche des sphärischen Kugeleindruckes, gemessen in Millimeter, so ist die so erhaltene Zahl die Brinellsche Härtezahl, sie hat sich in dieser Form als Härtemaß in der Industrie eingebürgert.

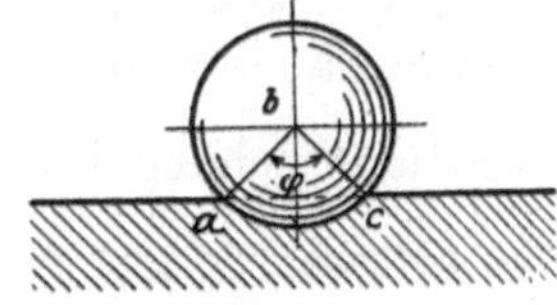

Abb. 5. Kugeleindruck.

Bezeichnet: D = den Durchmesser der Prüfkugel in Millimeter, d = den Randkreisdurchmesser des bleibenden Eindruckes in Millimeter nach der Entlastung bzw. nach der Entfernung der Prüfkugel, P = den Prüfdruck, mit welchem die Prüfkugel eine bestimmte Zeit in das Probestück eingedrückt wird, in Kilogramm, so erhalten wir die Brinellsche Härtezahl in der Form des folgenden Ausdruckes:

$$H_B = \frac{P}{O}\ \text{kg/mm}^2.$$

Hierin ist $O = \frac{\pi D^2}{2} - \frac{\pi D}{2}\sqrt{D^2 - d^2}$ die Oberfläche des Kugeleindruckes in Millimeter.

Man findet diese Formel vielfach auch in folgender Form geschrieben:

$$H_B = \frac{P}{\frac{\pi D^2}{2} - \frac{\pi D}{2}\sqrt{D^2 - d^2}} \text{ kg/mm}^2 \qquad \text{I}$$

oder

$$H_B = \frac{P}{\frac{\pi D}{2}\left(D - \sqrt{D^2 - d^2}\right)} \text{ kg/mm}^2 \qquad \text{II}$$

bzw. noch einfacher:

$$H_D = \frac{2P}{\pi D\left(D - \sqrt{D^2 - d^2}\right)} \text{ kg/mm}^2. \qquad \text{III}$$

Der sich aus obiger Formel ergebende Wert stellt die mittlere spezifische Flächenpressung dar, bezogen auf die Flächeneinheit der Eindruckkalotte.

Die Einführung der Kugelkalottenoberfläche in die Härteformel ist mehrfach kritisiert worden (Meyer[105]) und Stribeck[130]).

Durch die Einführung der Oberfläche der Kugelkalotte, deren Werte schneller anwachsen als die Werte des Randkreisinhalts, bot sich jedoch die Möglichkeit, einen gewissen Ausgleich gegen den Einfluß der Verfestigung auf die Härtezahl zu schaffen. Brinell war sich wohl bewußt, daß die Beziehung des Druckes auf die Einheit der Druckfläche $f = \frac{\pi}{4} d^2$ theoretisch richtiger wäre als die Beziehung auf die Einheit der Kalottenoberfläche. Um einen Begriff von der Größe der durch diese beiden Werte bedingten Abweichungen zu erhalten, sind sie in der nachfolgenden Zahlentafel für die hauptsächlich in Frage kommenden Eindruckdurchmesser für einen Kugeldurchmesser von 10 mm zusammengestellt:

Zahlentafel 1. Gegenüberstellung der Werte von O und $\frac{d^2\pi}{4}$ für verschiedene Kugel-Eindruckdurchmesser.

d	1	2	3	4	5	6	7
$\frac{d^2\pi}{4}$	0,7854	3,1416	7,0686	12,566	19,635	28,274	38,485
O	0,787	3,18	7,24	13,11	21,04	31,4	44,9
$O : \frac{d^2\pi}{4}$	1,002	1,0122	1,0242	1,043	1,072	1,112	1,167
$O < \frac{d^2\pi}{4}$	0,0016	0,0384	0,1714	0,5436	1,405	3,126	6,415
% bezogen auf O	0,2	1,2	2,35	4,15	6,7	10	14,3

Die Brinellsche Härtezahl ist also durchwegs kleiner als der mittlere Druck aus dem Eindruckdurchmesser; für kleine Eindruckdurchmesser weicht sie zwar nur unbedeutend von diesem Wert ab, für 4 mm Eindruckdurchmesser beträgt aber der Unterschied schon 4,15%, für 7 mm Eindruckdurchmesser sogar 14,3% bezogen auf O. Zwar fehlt nun dieser Berechnungsweise die theoretische Begründung, vielmehr lagert sich über den physikalischen Zusammenhang zwischen der Belastung und dem Eindruckdurchmesser der nicht ganz einfache geometrische Zusammenhang zwischen der Kugelabschnittoberfläche und ihrer Grundfläche, trotzdem hat sie sich in der Praxis allgemein eingebürgert. E. Meyer[105]) hat diese Verhältnisse zum Gegenstande eingehender Untersuchungen gemacht.

Diese ergaben zunächst die sehr wichtige Tatsache, daß auch für die Kugeldruckprobe das Gesetz von E. Rasch[120]) und A. Föppl[36]) gilt:

$$P = a\,d^n\,.$$

Hierin bedeutet P die Belastung in Kilogramm, d den Eindruckdurchmesser in Millimeter und a und n Konstanten, von denen a die Belastung bedeutet, welche erforderlich ist, den Eindruckdurchmesser 1 zu erzeugen, denn für $d = 1$ wird $P = a$, während n die Steigung der Geraden angibt, wenn man P als Funktion von d im logarithmischen Koordinatensystem aufzeichnet.

In Zahlentafel 2 sind für 28 von Meyer untersuchte Stoffe die Werte a und n angegeben.

Abb. 6 stellt die Beziehung $P = a \cdot d^n$ im logarithmischen Koordinatensystem dar. Es ist als ein Beweis für das Gesetz anzusehen, daß sich im logarithmischen Koordinatensystem gerade Linien ergeben, da es sich auch in der Form schreiben läßt:

$$\log P = \log a + n \log d\,.$$

Aus dieser Gleichung lassen sich die Werte für a und n berechnen, wenn man Kugeleindrücke bei zwei verschiedenen Belastungen mit derselben Kugel macht.

Bezeichnet man den Kugeldruckdurchmesser bei der größeren Belastung mit x_2 und bei der kleineren Belastung mit x_1, die zugehörigen Belastungen aber mit y_2 und y_1, so ist

$$n = \frac{\log y_2 - \log y_1}{\log x_2 - \log x_1}\,.$$

Hat man beispielsweise gefunden bei

500 kg einen Kugeldruck von 2,05 mm
3000 ,, ,, ,, ,, 4,65 ,, ,

so ist

$$n = \frac{\log 3000 - \log 500}{\log 4{,}65 - \log 2{,}05} = \frac{3{,}47712 - 2{,}69897}{0{,}66745 - 0{,}31275} = \frac{0{,}77815}{0{,}3557} = 2{,}19\,.$$

Zahlentafel 2. Werte für a und n von 28 verschiedenen Stoffen.

Bezeichnung	Stoff	Werte für die Konstanten a kg/mm²	Werte für die Konstanten n	Härte kg/mm² für den Eindruckdurchmesser $d = 1$ mm	Härte kg/mm² für die Belastung $P = 3000$ kg	Chemische Zusammensetzung	Bruchdehnung φ auf $l = 11,3\sqrt{f}$ %	Querschnittverminderung ψ %	Proportionalitätsgrenze kg/mm²	Streckgrenze für Zug kg/mm²	Quetschgrenze kg/mm²	Zugfestigkeit kg/mm²
Bl	Blei	20,3	1,91	25,8	—	—	—	—	—	—	—	—
Al	Aluminium	28,5	2,07	36,3	42,4	—	—	—	—	—	—	—
ADV_4	Aluminium-Legierung I	39	2,26	49,65	81,6	85 Al 8 Cu 5 Sn 2 Ni	0,7	—	—	6,1	—	10,6
AD	„ „ II	41	2,26	52,25	85,6	80 Al 7 Cu 9 Sn 4 Zn	1,25	—	—	7,1	—	14
C_2	Zink-Legierung „	49,5	2,17	63,1	87	86 Zn 0,4 Al 5 Cu 9,0 Sn	0,15	—	—	3,5	—	6,5
Cu I	Walzkupfer I	45	2,085	57,3	68,3	—	46	79	—	16,6	18,7	22,8
Cu II	„ II	76	2,05	96,8	106,2	—	—	—	—	—	—	—
M	Messing „	100	2,13	127,3	156,7	—	—	—	—	—	—	—
GW	Weißes Gußeisen	116	2,31	147,8	229,2	—	—	—	—	—	—	19,3
GG I	Graues Gußeisen I	81	2,38	103,1	181,7	—	—	—	—	—	—	13,4
GG II	„ „ II	92,5	2,21	117,1	164	—	—	—	—	—	—	—
Fl. I	Flußeisen I „	78,5	2,18	100	135,3	—	30	59	—	26	31,5	46,5
Fl. II	„ II	80	2,22	101,8	145,6	—	—	—	—	—	—	—
Fl III	„ III	143	2,14	182,3	222	—	—	—	—	—	—	—
Fl. IV	„ IV	73,5	2,22	93,7	135	—	—	—	—	—	—	—
St	Stahl „	174	2,20	221,6	283	—	—	—	—	—	—	—
2 B	Eisen-Nickel-Legierung	67	2,22	85,4	124	0,04 Ni 0,16 C*) 0,07 Mn 0,06 Si	18,7	31	7,4	14,2	20	36,6
3 B	„ „ „	76	2,22	96,8	144,5	3,01 Ni 0,05 C 0,11 Mn 0,02 Si	29,9	71	29,3	29,3	26,6	40,8
4 B	„ „ „	84,8	2,28	108	166,7	2,96 Ni 0,15 C 0,36 Mn 0,06 Si	25,7	59	30,6	31,8	30,6	47,9
5 B	„ „ „	86,5	2,20	110,1	152	3,10 Ni 0,11 C 0,16 Mn 0,03 Si	25,7	42	15	23,4	29	42,6
7 B	„ „ „	174	2,22	221,6	294	3,15 Ni 0,48 C 0,39 Mn 0,04 Si	0,3	0	[16,3]	(44,4)	75,1	49,5
8 B	„ „ „	167	2,32	213	316	3,13 Ni 0,59 C 0,68 Mn 0,08 Si	13	39	35,7	53,5	—	97,5
10 B	„ „ „	95	2,35	221	203	0,08 Ni 0,75 C 0,04 Mn 0,05 Si	13,8	26	9,1	20,8	[59,4]	59,4
19	„ „ „	170	2,29	216,5	310	0,14 Ni 1,01 C 0,69 Mn 0,15 Si	8,9	13	37,3	48,9	64,4	100,3
8 C	„ „ „	186	2,30	236,8	338	3,20 Ni 0,85 C 0,38 Mn 0,24 Si	11,1	22	48,4	58,6	—	108,9
5 T	„ „ „	230	2,32	293	420	16,3 Ni 0,15 C 0,62 Mn 0,07 Si	9,2	56	41,3	(105,5)	—	117
22 T	„ „ „	258	2,32	329	464	11,9 Ni 0,25 C 0,49 Mn 0,16 Si	8,9	46	29,3	(135)	—	165
23 T	„ „ „	270	2,26	344	452	16,26 Ni 0,30 C 0,56 Mn 0,13 Si	10,8	51	21,7	(111,5)	—	140,2

[ ] bedeutet: nicht deutlich ausgeprägt. ( ) bedeutet: unwahrscheinlich.

*) Keine Probe enthielt Graphit in bestimmbarer Menge.

Für a ergibt sich dann ferner:

$$\log a = \log P - n \log d = 3{,}47712 - 2{,}19 \cdot 0{,}66745 = 2{,}017$$

$$\log a = 2{,}017$$

$$a = 104{,}0\,.$$

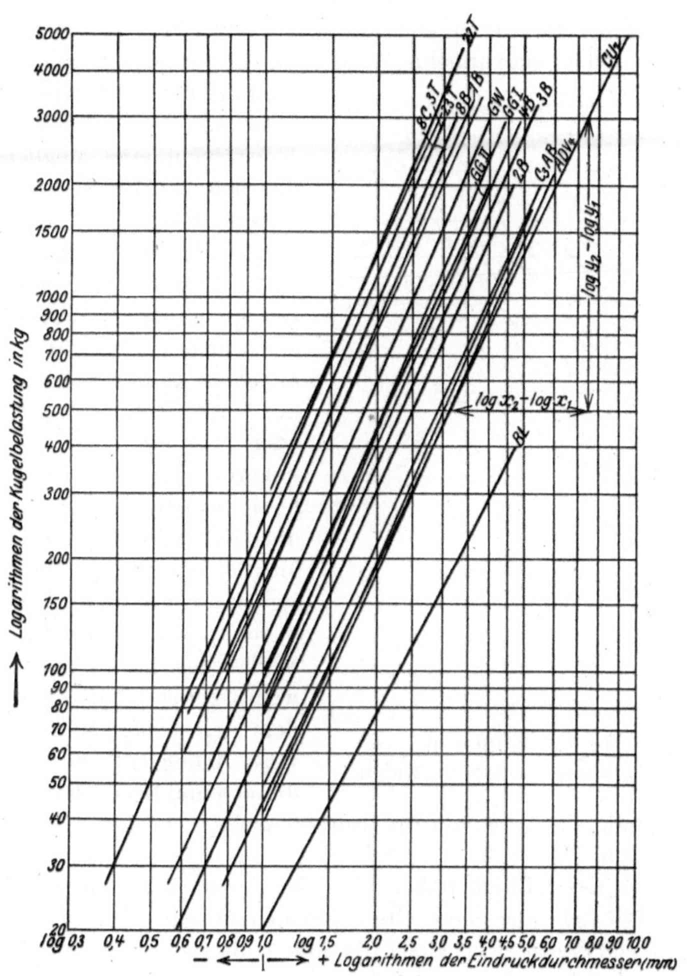

Abb. 6. Beziehung $P = a d^n$ im logarithmischen Koordinatensystem.

Nach den Untersuchungen von Kürth[74—78]) kommt dem Exponenten n die Bedeutung eines Maßes für den Kaltbearbeitungszustand des betreffenden Stoffes zu, wovon man sich unschwer eine Vorstellung machen kann, wenn man Abb. 7 betrachtet.

Diese stellt die Linien für die verschiedenen Werte von n bei verschiedenen Kaltbearbeitungszuständen von Kupfer dar. Wie man leicht erkennen kann, verlaufen diese Geraden nicht parallel, sondern bilden ein Büschel von Strahlen, deren Neigung gegen die Abszissenachse mit fortschreitender Kaltbearbeitung des Stoffes zunimmt. Im ausgeglühten Zustand ist der Wert n am größten, mit zunehmender Kaltbearbeitung nimmt er ab und nähert sich schließlich dem Grenzwert $n = 2$, von welchem man annehmen kann, daß er den höchsterreichbaren Zustand der Kaltverfestigung ausdrückt. Hierdurch ist unter Umständen eine Möglichkeit gegeben, bei Metallen, die denselben Koeffizienten a besitzen, durch Vergleich der n-Werte Schlüsse auf den inneren Spannungszustand zu tun, etwa in der Weise, daß man angeben kann, welches von den beiden Metallen geglüht ist oder welches sich in einem höheren Grad von Kaltverfestigung befindet. Für die industrielle Technik ist diese Möglichkeit von großer Wichtigkeit; leider muß bemerkt werden, daß man sich dieses Verfahrens bisher noch sehr wenig bedient hat. Auch in dem einschlägigen Schriftwesen mangelt es an Anwendungen und Beispielen, die der Betriebstechnik als Anregung für weitere Arbeiten in dieser Richtung dienen könnten.

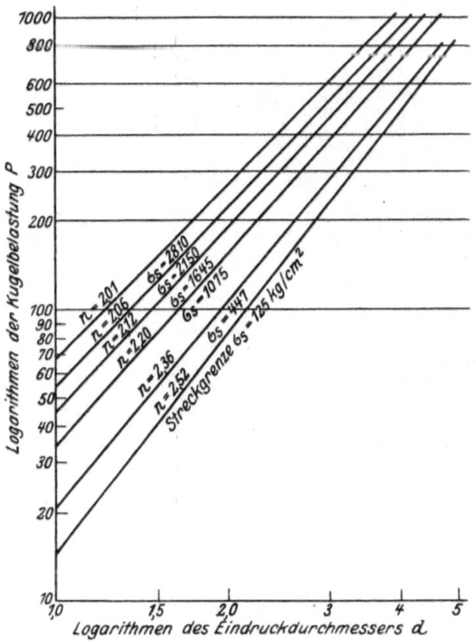

Abb. 7. n-Werte für Kupfer bei verschiedenen Kaltbearbeitungszuständen.

Bezüglich des Gültigkeitsbereiches des Gesetzes $P = a \cdot d^n$ ist zu erwähnen, daß sich eine obere Grenze nicht angeben läßt; eine untere Grenze dagegen ergibt sich jedoch für seine Gültigkeit aus der Lage der Elastizitätsgrenze, denn da unter d der bleibende Eindruck verstanden ist, kann das Gesetz erst mit Überschreiten der Elastizitätsgrenze Gültigkeit erlangen und diese Überschreitung muß auch eine gewisse Größe erreichen, damit der Anteil der elastischen Spannungen an der Belastung P vernachlässigt werden kann. Meyer gibt als untere Grenze $d = 0{,}9$ mm an; für $d = 1$ bei einem Kugeldurchmesser von 10 mm ist das Gesetz für alle Stoffe gültig.

In derselben bereits erwähnten Arbeit untersucht Meyer[105]) auch die Abhängigkeit des Eindruckdurchmessers und des mittleren Druckes p_m von dem Durchmesser D der verwendeten Kugeln. Bezeichnet man mit φ den Zentriwinkel des Eindruckdurchmessers, so besteht die Beziehung:

$$d = D \cdot \sin \frac{\varphi}{2},$$

woraus folgt:

$$p_m = \frac{P}{\frac{\pi}{4} D^2 \sin^2 \frac{\varphi}{2}} \ \text{kg/mm}^2.$$

Sinngemäß gilt auch für die Brinellsche Härtezahl mit der Beziehung $d = D \cdot \sin \frac{\varphi}{2}$

$$H = \frac{P}{\frac{\pi}{2} D\left(D - \sqrt{D^2 - D^2 \sin^2 \frac{\varphi}{2}}\right)} = \frac{P}{\frac{\pi}{2} D^2\left(1 - \sqrt{1 - \sin^2 \frac{\varphi}{2}}\right)} \ \text{kg/mm}^2.$$

Man erhält also an ein und demselben Stoff mit verschiedenen Kugeldurchmessern D_1 und D_2 nur dann gleiche Härtezahlen bei gleichen Eindruckwinkeln, wenn die Bedingung erfüllt ist:

$$\frac{P_1}{D_1^2} = \frac{P_2}{D_2^2}.$$

Die Drücke P, die bei verschiedenen Durchmessern gleiche Eindruckwinkel und gleiche Härtezahlen ergeben, müssen sich daher verhalten wie die Quadrate der Kugeldurchmesser.

Meyer fand dieses Gesetz für eine Anzahl verschiedener Stoffe innerhalb der Fehlergrenzen des Versuchsverfahrens bestätigt. Es wurde übrigens in der Form

$$\frac{P}{D^2} = f\,(p_m)$$

auch schon von Stribeck[130]) ausgesprochen. Es ist leicht einzusehen, daß die Konstante n der Gleichung $P = a\, d^n$ bei ein und demselben homogenen Stoff für verschiedene Kugeldurchmesser denselben Wert hat, also von der Größe der bei der Kugeldruckprobe verwendeten Kugel unabhängig ist, es dürfte sich daher wohl erübrigen, den mathematischen Beweis dafür zu erbringen.

Dagegen ändert sich die Konstante a mit dem Kugeldurchmesser. Ist der Wert für a_1 beim Durchmesser D_1 bekannt, so ermittelt sich der Wert a_2 für den Durchmesser D_2 aus der Gleichung:

$$a_2 = a_1 \left(\frac{D_1}{D_2}\right)^{n-2}.$$

Aus dieser Gleichung ist noch die interessante Schlußfolgerung zu ziehen, daß für einen Stoff, für den $n = 2$ ist, $d_1 = d_2$ ist, d. h. die Härte ist unabhängig von dem Durchmesser der verwendeten Kugeln.

Setzt man in die Formel $p_m = \frac{P}{\frac{d^2 \pi}{4}}$ den Wert für $P = a d^n$ ein, so erhält man

$$p_m = \frac{P}{\frac{\pi}{4} d^2} = \frac{a \cdot d^n}{\frac{\pi}{4} d^2} = \frac{4\,a}{\pi} d^{n-2}.$$

Für den Eindruckdurchmesser $d = 1$ und auch für $n = 2$ würde man einen Ausdruck erhalten

$$p_m = \frac{4\,a}{\pi},$$

mit Hilfe dessen man die Härte verschiedener Stoffe miteinander vergleichen könnte; unter Weglassung des konstanten Faktors $\frac{4}{\pi}$ käme der Wert a als Vergleichshärtezahl in Frage. Da aber nach den Untersuchungen von Kürth der Wert n ein Maß für die Kaltbearbeitung ist, würde man durch Verzicht auf diesen Wert ein wichtiges Kennzeichen für die Härtebeurteilung verlieren, wobei noch unerörtert bleiben mag, auf welche Weise man praktisch den Eindruck von genau 1 mm erzeugt. Wie man rechnerisch zu dem Wert a gelangt, ist auf S. 20 gezeigt worden. Zu einer Härtevergleichsgröße wäre also der Wert a nur für Stoffe mit gleichen n-Werten geeignet. Anderseits ist es auch nicht zu verkennen, daß ein Härtevergleich auf Grund zweier Werte für die Wissenschaft wohl etwas Bestechendes hat, für die Praxis aber kann sich ein solches Verfahren als unbequem erweisen.

In der Praxis hat sich das Verfahren Brinells eingebürgert, nach welchem Stahl und Eisen mit einer Kugel von 10 mm bei 3000 kg Druck und weichere Metalle bei 1000 kg geprüft werden. In der DINORM 1605 sind die gebräuchlichen Belastungen P für die zugehörigen Kugeln von dem Durchmesser D für die verschiedenen Werkstoffe und Probeabmessungen in erweiterter Form festgelegt:

Zahlentafel 3.
Prüfbelastung P für verschiedene Kugeldurchmesser nach DINORM 1605.

Dicke der Probe a mm	Kugeldurchmesser D mm	Belastung P in kg		
		$30\,D^2$ f. Gußeisen u. Stahl	$10\,D^2$ f. hart. Kupfer, Messing, Bronze u. a.	$2{,}5\,D^2$ f. weichere Metalle
über 6	10	3000	1000	250
von 6—3	5	750	250	62,5
unter 3	2,5	187,5	62,5	15,6

Wie bereits von Meyer[105]) und Ludwick[84]) festgestellt, erhält man für H bei einer gewissen Belastung, die für die verschiedenen Stoffe nicht gleich ist, Höchstwerte, welche den größten Spannungen (den Kz-Werten) in den Spannungs-Dehnungs-Diagrammen des klassischen Zerreißversuches entsprechen.

Wenn es gelingt, die Kulminationspunkte der in nebenstehender Abbildung dargestellten Linien auf einfache Weise zu bestimmen, ohne daß die Versuchsdurchführung der Kugeldruckprobe wesentlich geändert zu werden braucht, dann verdient diese sogenannte „Größthärtezahl" offenbar den Vorzug vor den bisher gebräuchlichen Härtezahlen bei willkürlicher Belastung, gerade wie auch beim klassischen Zerreißversuch die Höchstspannung der Festigkeitsrechnung zugrunde gelegt wird.

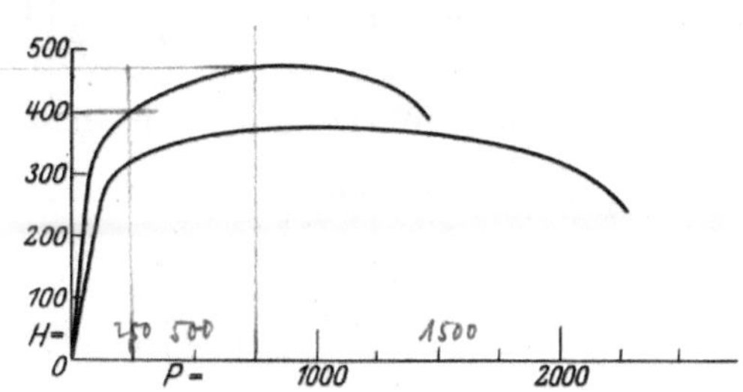

Abb. 8. Höchstwertlinien H bei verschiedener Prüflast.

Die Gleichung der Härtekurve ist gegeben durch die Beziehung

$$H = \frac{P}{\frac{\pi}{2} D^2 \left(1 - \sqrt{1 - \sin^2 \frac{\varphi}{2}}\right)}.$$

Da bei verschiedenen Kugeldurchmessern die Beziehung gilt:

$$a_1 \cdot D_1^{n-2} = a_2 D_2^{n-2} = a \cdot D^{n-2} = \text{const},$$

kann man für jeden beliebigen Stoff eine vom Kugeldurchmesser unabhängige Konstante berechnen:

$$A = a D^{n-2}.$$

Setzt man diesen Wert in das Potenzgesetz ein, so erhält man

$$P = \frac{A}{D^{n-2}} d^n \,\text{kg},$$

mit diesem Wert für P kann man den Ausdruck für die Härtezahl auch in folgender Form schreiben:

$$H = \frac{\frac{A}{D^{n-2}} d^n}{\frac{\pi}{2} D^2 \left(1 - \sqrt{1 - \sin^2 \frac{\varphi}{2}}\right)}$$

oder unter Einführung von $d = D \sin \frac{\varphi}{2}$

$$H = \frac{\frac{A}{D^{n-2}} D^n \cdot \sin^n \frac{\varphi}{2}}{\frac{\pi}{2} D^2 \left(1 - \sqrt{1 - \sin^2 \frac{\varphi}{2}}\right)} = \frac{A \cdot \sin^n \frac{\varphi}{2}}{\frac{\pi}{2}\left(1 - \sqrt{1 - \sin^2 \frac{\varphi}{2}}\right)} .$$

Setzt man nach Waizenegger in diesem Ausdruck $\frac{H}{A} = A_1$ und $\sin^n \frac{\varphi}{2} = P_1$, so erhält man

$$H_1 = \frac{P_1}{\frac{\pi}{2}\left(1 - \sqrt{1 - \sqrt[n]{P_1^2}}\right)} .$$

In diesem Ausdruck sind H_1 und P_1 die voneinander abhängigen Variabeln und man kann den Größtwert für $H_1 = H_{1\,max}$ finden, indem man die Differentialquotienten der Funktion untersucht.

Leiten wir H_1 nach P_1 ab, so erhalten wir

$$\frac{d H_1}{d P_1} = \frac{\frac{\pi}{2}\left(1 - \sqrt{1 - \sqrt[n]{P_1^2}}\right) - P_1 \left(\frac{\pi}{2} \frac{\sqrt[n]{P_1^2}}{n \cdot P_1 \sqrt{1 - \sqrt[n]{P_1^2}}}\right)}{\left[\frac{\pi}{2}\left(1 - \sqrt{1 - \sqrt[n]{P_1^2}}\right)\right]^2} .$$

Dieser Differentialquotient $= 0$ gesetzt, ergibt die Größtwertbedingung für H_1

$$1 - \sqrt{1 - \sqrt[n]{P_1^2}} - \frac{\sqrt[n]{P_1^2}}{n \sqrt{1 - \sqrt[n]{P_2^1}}} = 0$$

oder

$$n \sqrt{1 - \sqrt[n]{P_1^2}} - n\left(1 - \sqrt[n]{P_1^2}\right) - \sqrt[n]{P_1^2} = 0 .$$

Diese Gleichung nach $\sqrt[n]{P_1^2}$ aufgelöst ergibt

$$\sqrt[n]{P_1^2} = \frac{n\,(n-2)}{(n-1)^2} ,$$

für diesen Wert erreicht also H seinen Größtwert. Setzen wir in diese Gleichung den Wert für $P_1 = \sin^n \frac{\varphi}{2}$ ein, so erhalten wir für $H_{1\,max}$

$$\sqrt[n]{\sin^{2n} \frac{\varphi}{2}} = \frac{n\,(n-2)}{(n-1)^2}$$

oder

$$\sin\frac{\varphi}{2} = \frac{\sqrt{n(n-2)}}{n-1}.$$

Und für P_1 ergibt sich der Wert:

$$P_1 = \left[\frac{\sqrt{n(n-2)}}{n-1}\right]^n.$$

Diese Werte in die Formel für H_1 eingesetzt, ergeben für $H_{1\,max}$

$$H_{1\,max} = \frac{\left[\frac{\sqrt{n(n-2)}}{n-1}\right]^n}{\frac{\pi}{2}\left(1-\sqrt{1-\frac{n(n-2)}{(n-1)^2}}\right)} = \frac{\left[\frac{\sqrt{n(n-2)}}{n-1}\right]^n}{\frac{\pi}{2}\left(\frac{n-2}{n-1}\right)}.$$

Die Werte für H_{1max}, die zugehörigen Werte für P_1 und $\sin\frac{\varphi}{2}$ sind nach Waizenegger in nachstehender Zahlentafel für die verschiedenen Werte von n zusammengestellt:

Zahlentafel 4. Werte von $H_{1\,max}$, P_1 und $\sin\frac{\varphi}{2}$ für die verschiedenen n-Werte.

n	$\sin\frac{\varphi}{2}$	P_1	$H_{1\,max}$
2,00	0	0	1,2732
2,05	0,3049	0,0876	1,1712
2,10	0,4166	0,1590	1,1133
2,15	0,4938	0,2194	1,0706
2,20	0,5528	0,2714	1,0367
2,25	0,6000	0,3168	1,0085
2,30	0,6390	0,3570	0,9848
2,35	0,6718	0,3927	0,9641
2,40	0,6999	0,4246	0,9462
2,45	0,7241	0,4535	0,9302
2,50	0,7454	0,4797	0,9160

H_{max} ergibt sich dann aus der Beziehung

$$H_{max} = H_{1max} \cdot A.$$

Die Berechnung der Größthärtezahl nach dieser Ableitung setzt also die Kenntnis der Werte für a und n voraus, deren Ermittlung mit Hilfe zweier Kugeldrucke nach der auf S. 20 gegebenen Anleitung erfolgen kann. Wegen etwaigen Abweichungen bei den Versuchsergebnissen ist es jedoch sehr empfehlenswert, mehr als zwei Eindrücke zu machen.

Hat man auf diese Weise zum Beispiel gefunden:

$$a = 104{,}0 \quad \text{und} \quad n = 2{,}19,$$

so muß man zunächst für $D = 10$ den Wert bestimmen für

$$A = a\,D^{n-2} = 104 \cdot 10^{2,19-2} = 104 \cdot 1,549 = 161\ \text{kg/mm}^2.$$

Aus der Zahlentafel 4 entnimmt man dann den zu $n = 2,19$ gehörigen Wert von $H_{1\max}$ und erhält damit

$$H_{\max} = A \cdot H_{1\max} = 161 \cdot 1,0435 = 168\,\text{kg/mm}^2,$$

gegenüber einem Brinellwert von

$$H_{B_{3000}} = 166\ \text{kg/mm}^2.$$

Für die Bedürfnisse der Praxis ist diese Berechnungsweise der Größthärtezahl jedoch zu schwerfällig und zu umständlich. Es müßte gefordert werden, daß sich $H_{\max}$ unmittelbar aus den beim Versuch gemessenen Eindruckdurchmessern mit Hilfe des Rechenschiebers oder an Hand einiger Zahlentafeln oder Fluchtlinienzeichnungen bestimmen läßt.

Hierzu zeigt Waizenegger [137]) einen gangbaren Weg. Leider hat sich diese Berechnungsweise bisher in der Praxis noch nicht durchsetzen können, vermutlich weil sie noch nicht einfach genug ist. Nachstehend soll versucht werden, den Berechnungsgang möglichst noch mehr zu vereinfachen.

Die nachfolgenden Betrachtungen beziehen sich nur auf einen Kugeldurchmesser, nämlich den gebräuchlichsten von 10 mm; von der Behandlung anderer Durchmesser soll im Interesse der Einfachheit abgesehen werden.

Man kann die auf S. 43 gegebene Berechnungsweise von n vereinfachen, wenn man die Belastungen derart wählt, daß sie in bestimmten Verhältnissen zueinander stehen, etwa derart, daß die größere Last das Dreifache der geringeren ist; den praktischen Bedürfnissen dürften Prüflasten von 1000 und 3000 kg am besten entsprechen. 3000 kg als üblicher Druck beim Brinellversuch und 1000 kg als niedrigster Druck, denn für $P = 500$ befinden wir uns bei harten Stoffen schon nahe an der Grenze der Gültigkeit des Potenzgesetzes.

Mit $P_1 = 1000 = y_1$ und $P_2 = 3000 = y_2$ nimmt die Gleichung für n folgende Form an:

$$n = \frac{\log y_2 - \log y_1}{\log x_2 - \log x_1} = \frac{\log 3}{\log\left(\frac{x_2}{x_1}\right)}$$

oder für das Verhältnis

$$\frac{x_2}{x_1} = \sqrt[n]{3}\,.$$

In nachstehender Zahlentafel sind für das Verhältnis $\frac{P_2}{P_1} = 3$ die Werte von n berechnet.

Zahlentafel 5. Werte von n für das Verhältnis $\frac{P_2}{P_1} = 3$.

$\frac{P_2}{P_1} = 3$	n	$\frac{P_2}{P_1} = 3$	n
1,732	2,00	1,626	2,26
1,727	2,01	1,622	2,27
1,722	2,02	1,618	2,28
1,717	2,03	1,615	2,29
1,713	2,04	1,612	2,30
1,709	2,05	1,608	2,31
1,704	2,06	1,605	2,32
1,699	2,07	1,602	2,33
1,695	2,08	1,599	2,34
1,691	2,09	1,596	2,35
1,687	2,10	1,593	2,36
1,683	2,11	1,590	2,37
1,679	2,12	1,587	2,38
1,675	2,13	1,584	2,39
1,671	2,14	1,581	2,40
1,667	2,15	1,578	2,41
1,663	2,16	1,575	2,42
1,659	2,17	1,572	2,43
1,655	2,18	1,569	2,44
1,651	2,19	1,566	2,45
1,648	2,20	1,563	2,46
1,644	2,21	1,560	2,47
1,640	2,22	1,557	2,48
1,636	2,23	1,554	2,49
1,633	2,24	1,552	2,50
1,630	2,25		

Um also für einen bestimmten Stoff seinen n-Wert zu erhalten, dividiert man den größeren Kugeldruck bei 3000 kg durch den kleineren und entnimmt aus der Zahlentafel den zugehörigen Wert für n.

Hat man beispielsweise für einen Stahl von 0,2% C gefunden:

$$d_{3000} = 4{,}7; \quad d_{1000} = 2{,}8, \quad \text{so ist} \quad \frac{4{,}7}{2{,}8} = 1{,}679 \qquad n = 2{,}12.$$

Mit diesem Wert für n suche man nun für den bei 1000 kg gefundenen Kugeleindruck in der Fluchtlinientafel (Abb. 9) den Wert für H_{max} auf und erhält

$$H_{max} = 163,$$

gegenüber einer Brinellhärte von 159 bei 1000 kg und 163 bei 3000 kg. Man erkennt, daß bei $P = 1000$ der Höchstwert noch nicht erreicht ist, während in diesem Falle H_{max} und H_B zusammenfallen.

Welche praktische Bedeutung kommt nun der Größthärtezahl zu? Diese Frage beantworten die Untersuchungen von Meyer. In nachstehender Abb. 10 sind für acht verschiedene Stoffe die Härtewerte als Funktionen der Belastungen aufgezeichnet.

H_B und p_m fallen anfänglich zusammen, gehen aber dann mit zunehmender Belastung stark auseinander. Die Höchstwerte von H treten dabei für die verschiedenen Stoffe nicht bei den gleichen Belastungen auf, sondern je nach dem Stoff bei geringeren oder größeren Belastungen.

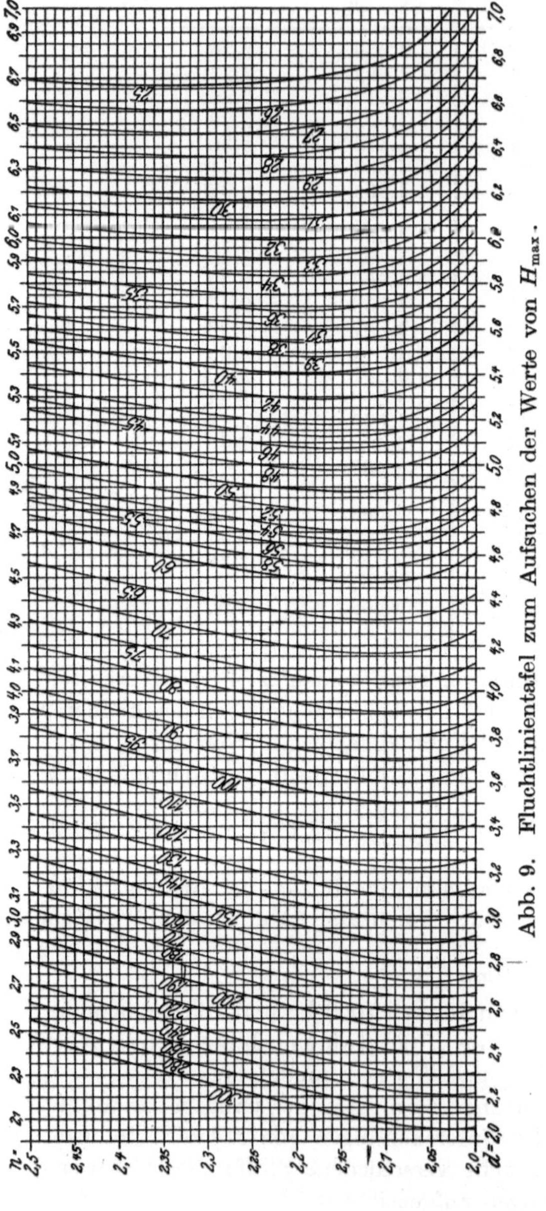

Abb. 9. Fluchtlinientafel zum Aufsuchen der Werte von H_{max}.

Der Höchstwert von H tritt nicht für alle Stoffe bei gleicher Belastung P auf. Durch die Größthärtezahl sind wir in der Lage, diesem Umstand Rücksicht zu tragen.

Man sieht an diesen Kurven, wie glücklich die von Brinell vorgeschlagene Prüflast von 3000 kg gewählt ist. Man hat oftmals diese willkürliche Wahl der Belastung kritisiert. Brinell war auf Grund seiner langjährigen Versuche zu der Vorschrift gelangt, für alle Härteversuche möglichst gleiche Belastungen und diese möglichst hoch zu wählen, und es entspricht die Wahl von 3000 kg Belastung am besten den Anforderungen, da bei höherem Druck unter Umständen die Kugeln von 10 mm Durchmesser zu stark beansprucht werden.

Für Stahl von 0,2 % C fällt, wie wir an dem obenstehenden Beispiel gesehen haben, H_{max} und H_B zusammen. Für einen Stahl von 1,00 % C, für den sich beispielsweise ergeben hat

$$d_{3000} = 4{,}3; \qquad d_{1000} = 2{,}6 \qquad \frac{4{,}3}{2{,}6} = 1{,}651 \quad n = 2{,}19 \quad H_{max} = 198$$

gegenüber einer Brinellhärte $H_{B_{3000}}$ von 196 trifft dies jedoch nicht zu; je größer aber die Härtezahlen absolut genommen sind, um so geringer wird der Unterschied $H_{\max} - H_B$ im Verhältnis zu ihrem Zahlenwert. Für praktische Zwecke kann er für Stahl mit höheren Härtewerten vernachlässigt werden. Beim Vergleich der Härtezahlen von Eisen-

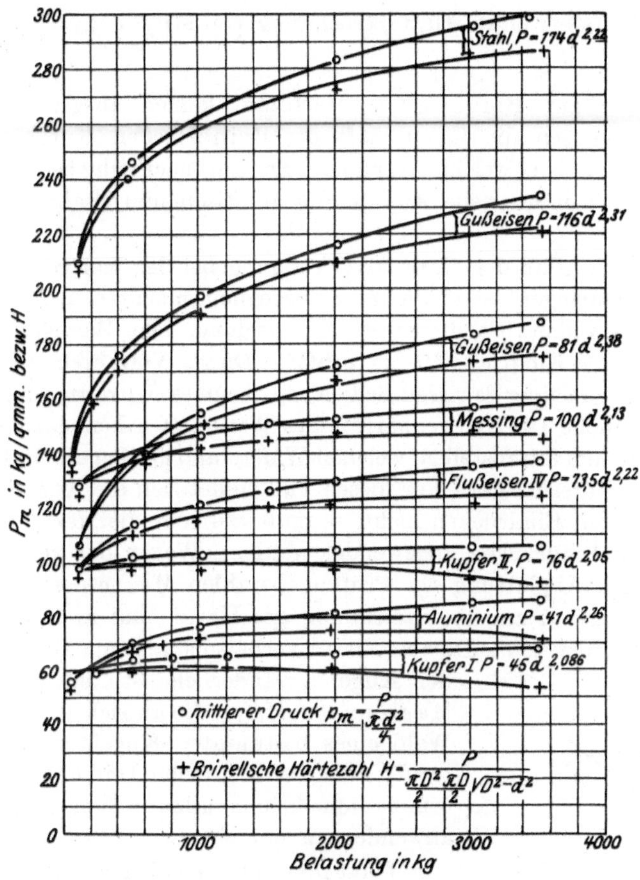

Abb. 10. Abhängigkeit der Werte H_B und p_m von der Belastung.

und Stahlsorten auf Grund der Kugeldruckprobe mit einer Kugel von 10 mm und 3000 kg Druck können wir auf die Größthärtezahl verzichten. Beim Vergleich der Härtezahlen von Messing, Kupfer, Aluminium untereinander und mit Eisen und Stahl dagegen ergeben die Größthärtezahlen Werte, die besser vergleichbar sind als solche, welche bei willkürlicher Wahl der Belastungen gewonnen würden.

Beziehungen zu anderen Stoffeigenschaften lassen sich mit Hilfe der Größthärtezahlen vorläufig noch nicht gewinnen.

Es hat nicht an Vorschlägen gefehlt, die Berechnung einer Härtezahl aus den Werten der Kugeldruckprobe auf eine andere Weise vorzunehmen, als Brinell es vorgeschlagen hatte, doch hat sich kein anderes Verfahren in der Praxis einbürgern können.

Die bereits erwähnte Härteberechnung von Meyer $p_m = \frac{P}{\frac{\pi}{4} d^2}$ hat im Gegensatz zur Brinellschen Härtezahl keinen ausgezeichneten Punkt, wohingegen die Eigenschaft der Brinellschen Kurve, einen Höchstwert zu haben, welche von anderer Seite als nachteilig beanstandet wurde, für ihre industrielle Anwendung an Eisen und Stahl ein Vorzug ist.

Um den Einfluß der Materialverfestigung bei der Kaltverformung durch das Eindringen der Prüfkugel zu begegnen, machten A. Martens und E. Heyn den beachtenswerten Vorschlag, alle Werkstoffe bei gleichbleibender Eindrucktiefe zu prüfen. Dieses Verfahren wäre besonders dann von einer gewissen Bedeutung, wenn es sich darum handelt, die ursprüngliche Oberflächenhärte eines Werkstoffes kennenzulernen, beispielsweise um festzustellen, welchen Widerstand ein Lagermetall dem Lagerdruck entgegensetzt. Für diesen Fall eignet sich die Kugeldruckprobe mit tiefen Eindrucken nicht, es muß vielmehr die Härteprüfung mit kleinen Eindrücken angewendet werden. Wegen der verhältnismäßig starken Abplattung der Prüfkugel wählen Marten und Heyn die Eindringtiefe h zur Kennzeichnung der Härte, und zwar im Verhältnis zu Prüfdruck P. Da aber dieses Verhältnis mit dem Halbmesser der Kugel veränderlich ist, müssen auch Martens und Heyn die an sich willkürliche Wahl eines bestimmten Kugeldurchmessers treffen; sie wählten einen Durchmesser von 5 mm, um keinen allzu hohen Prüfdruck anwenden zu müssen.

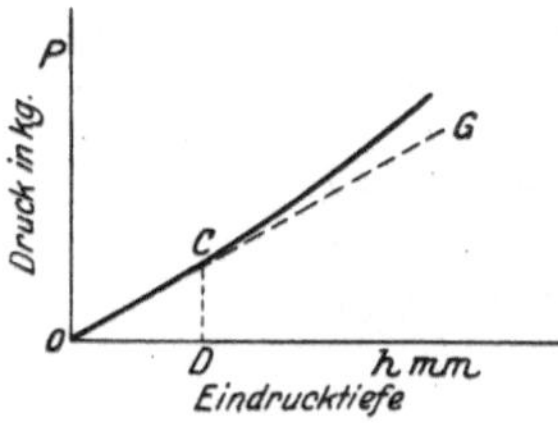

Abb. 11. Abhängigkeit der P-Werte von der Eindrucktiefe h.

Trägt man für verschiedene Stoffe P als Ordinate zu der Eindrucktiefe h als Abszisse auf, so erhält man Kurven nach Art des Schemas in Abb. 11. Die Fortsetzung der Kurven geht durch den Koordinatenursprung. Für niedrige Drücke schmiegt sie sich an eine Gerade G an. Bei größeren Drücken weicht sie von der Geraden meist nach oben, selten nach unten ab.

Es ist somit nicht nötig, die ganze Funktion $P = f(h)$ als Kennzeichen der Härte festzustellen, sondern es genügt, für irgendeine sehr kleine Eindrucktiefe h, die kleiner ist als OD in Abb. 11, für die also $P = f(h)$ noch genügend genau als Gerade aufgefaßt werden kann, den Druck zu ermitteln. Für den Martens-Heynschen Härteprüfer*) und für die 5-mm-Kugel hat sich $h = 0{,}05$ mm als zweckmäßig und dieser Bedingung entsprechend herausgestellt. Martens und Heyn schlagen als Härtemaßstab vor, den Druck $P_{0{,}05}$, der nötig ist, um eine Kugel von 5 mm Durchmesser 0,05 mm tief in den Stoff einzudrücken.

Die Richtigkeit des Gesetzes $P = f(h)$ für sehr kleine Eindrucktiefen läßt sich auch rechnerisch beweisen, diesbezüglich möge jedoch auf die Quelle [97 u. 98]) verwiesen werden.

Das von Martens und Heyn vorgeschlagene Verfahren ist nur zur Bestimmung der Oberflächenhärte geeignet. Wird die Kugeldruckprobe als Ersatz für die Zerreißprobe verwendet, wie dies in der Industrie in ausgedehntem Maße der Fall ist, will man also aus den Angaben der B.K.P. auf die Zugfestigkeit K_z eines Stoffes schließen, so wird man mit tiefen Eindrücken dem Ziele näher kommen als mit flachen, denn der Zugversuch erschöpft ja auch die Arbeitsfähigkeit des Stoffes bis zu einem gewissen Grade und erfolgt unter fortgesetztem Kaltrecken.

Auf diesen Umstand machen Martens und Heyn in ihren Abhandlungen selbst ausdrücklich aufmerksam. In der industriellen Technik hat dieses Verfahren daher nur eine beschränkte Anwendung gefunden.

Le Chatelier veröffentlichte [28]) eine von Benedicks aufgestellte Formel für eine von Kugeldurchmesser und Belastung unabhängige Härtezahl:

$$H = H_{DP} \sqrt[5]{\frac{D}{10} \frac{20000}{17000 + P}}.$$

Hierin ist H_{DP} die bei einem bestimmten Kugeldurchmesser D und einer bestimmten Belastung P sich ergebende Brinellhärtezahl; für $P = 3000$ und $D = 10$ wird der Wurzelwert $= 1$. Nach den Untersuchungen von Harold Moore [110]) liefert aber auch diese Methode keine konstante Härtezahl für einen bestimmten Stoff. Moore macht den auch von anderer Seite bereits in Erwägung gezogenen Vorschlag, unter konstantem Eindruckwinkel zu prüfen, und zwar so, daß dieser Winkel 60^0 beträgt, wobei also der Eindruckmesser die Hälfte des Kugeldurchmessers sein würde. Die Wahl eines bestimmten Eindruckmessers gegenüber einer bestimmten Belastung und einem bestimmten Kugeldurchmesser soll nach Moore Vorteile bieten und auch insbesondere

*) Die Beschreibung der Bauart und der Wirkungsweise des Martens-Heynschen Härteprüfers erfolgt unter dem Abschnitt: Deutsche Kugeldruckprüfmaschinen.

theoretisch richtiger sein. Es ist aber nicht leicht, in der Praxis einen derartigen Durchmesser genau und mit Sicherheit zu erzielen. Auch wird bei harten Materialien der erforderliche Druck die zulässige Belastung der Kugeln unter Umständen übersteigen. Moore schlägt daher vor, eine bekannte Belastung anzuwenden und den sich derart ergebenden Kugeleindruckdurchmesser zu messen.

Man erhält sodann die Härtezahl nach Moore aus den bei beliebigen Belastungen und beliebigen Kugeldurchmessern sich ergebenden Abmessungen durch Anwendung der Formel

$$H_{\text{Moore}} = \frac{16\, P\, D^{n-2}}{\pi\, (2\, d)^n}\,.$$

Die nach der Brinellschen Methode für denselben Eindruckwinkel sich ergebende Härtezahl soll nach Moore sein

$$H_B = \frac{H_{\text{Moore}}}{1{,}0718}\,.$$

Für die auf S. 29 bzw. S. 30 genannten Beispiele ist

$$d = 4{,}7 \quad n = 2{,}12 \quad H_{\text{Moore}} = \frac{16 \cdot 3000 \cdot 1{,}318}{\pi\, (2 \cdot 4{,}7)^{2{,}12}} = 174$$

gegenüber $H_{\max} = 163$ oder $H_B = 159$

$$d = 4{,}3 \quad n = 2{,}19 \quad H_{\text{Moore}} = \frac{16 \cdot 3000 \cdot 1{,}549}{\pi \cdot (2 \cdot 4{,}3)^{2{,}19}} = 207$$

gegenüber $H_{\max} = 198$ $H_B = 196$.

Für $174 : 159 = 1{,}09$ oder $207 : 196 = 1{,}065$, demnach scheint das Verhältnis $H_{\text{Moore}} : H_B$ nicht konstant zu sein.

Schließlich sei noch die Martelsche Härtezahl erwähnt, die von Martel (nach einem Bericht von C. Unwin [135]) im Jahre 1895 und 1900 auf der Pariser Konferenz für Materialprüfung bekanntgegeben wurde.

Die Martelsche Härtezahl ist nicht an statischen Kugeldruckversuchen gewonnen worden, sondern bezieht sich auf dynamische Kugeldruckproben.

Aus der Fallhöhe F eines Hammers von dem Gewichte P und dem Volumen des Kugeleindrucks stellt Martel die Beziehung auf:

$$D = \frac{P \cdot F}{V}\ \text{kg/mm}^3.$$

D ist also die Arbeit, die erforderlich ist, um eine Kubikeinheit der Eindrückung zu erzeugen. Soweit die Umstände erkennen lassen, scheint D unabhängig von der Form des Prüfstempels zu sein. Die Versuche von Martel haben jedoch keine Übereinstimmung der auf dynamischem und statischem Wege erhaltenen Härtezahlen ergeben.

Die Erklärung dafür liegt in dem verschiedenen elastischen Verhalten der Stoffe.

Wie sich mathematisch beweisen läßt, ist die Martelsche Härtezahl mit der Brinellschen wesensgleich, nur in der Anwendungsweise sind die Unterschiede in ihren Ergebnissen begründet.

Die Martelschen Härtezahlen haben in der Praxis nur beschränkte Anwendung gefunden, und zwar hauptsächlich zu dynamischen Härteversuchen, siehe diese.

Vergleich der Kugeldruckprobe mit anderen Härteprüfungsverfahren.

Nach dem im vorigen Abschnitt Ausgeführten ist die Frage der einwandfreien Vergleichung der mit verschiedenen Prüfungsbelastungen und Kugeln von verschiedenen Durchmessern an ein und demselben Stoff und an verschiedenen Stoffen noch keineswegs als befriedigend gelöst zu betrachten. Die Gründe, warum eine vollständig befriedigende Lösung dieser Frage nicht zu erwarten war, sind in den ersten beiden Abschnitten ausgeführt. Das dringende Bedürfnis der Technik verlangte aber nach einem hinreichend brauchbaren Härteprüfverfahren, welches die verschiedenen Stoffe erstens in der Reihenfolge einordnet, wie es der Auffassung des täglichen Lebens entspricht, und zweitens für die so gefundenen Härtewerte Zahlen angibt, welche es ermöglichen, diese Werte jederzeit aus den Urmaßen wieder abzuleiten, d. h. Angabe der Belastungen in der Gewichtseinheit, der Prüfstempelabmessungen in der Längeneinheit usw. Bekanntlich haben verschiedene Härteprüfverfahren keinen Anschluß an unser gebräuchliches Maßsystem (Mohs, Shore).

Es soll nun zunächst untersucht werden, ob die B. K. P. dem zuerst genannten Punkt entspricht, nämlich die Stoffe so einordnet, wie es der Auffassung des täglichen Lebens, insbesondere der industriellen Technik entspricht. Die Zahlentafeln 20, 21 und 22 geben nach Brinell eine Übersicht über die Einordnung einer großen Anzahl von Werkstoffen nach ihrer Brinellhärte. Die Einordnung entspricht durchaus dem praktischen Empfinden. Es finden sich keine außergewöhnlichen Zahlen vor, die der praktischen Auffassung widerstreben, wie z. B. bei Einordnung der Stoffe nach der Shoreschen Skleroskophärte, nach welcher sich beispielsweise Kautschuk härter ergibt als Gußeisen [97]) (IIA, S. 411).

Eingehende Vergleichsuntersuchungen hat Meyer [105]) mit verschiedenen Härteprüfungsverfahren und der B. K. P. angestellt. Für das Föppl-Schwerdsche Zylinderdruckverfahren [36]) (s. Zahlentafel 6 und Abb. 12—14) hat sich folgendes ergeben:

Zahlentafel 6. Verhältnis der bei der Zylinderdruckprobe ermittelten Härte zu der bei der Kugeldruckprobe bestimmten.

Stoff	Werte der Konstanten				Verhältnis der bei der Zylinderdruckprobe ermittelten Härte zu der bei der Kugeldruckprobe bestimmten		
	für das Föpplsche Zylinderdruckverfahren		für die Brinellsche Kugeldruckprobe		beim Eindruckdurchmesser		bei 3000 kg Belastung
	a kg/mm²	n	a kg/mm²	n	$d = 1$ mm	$d = 4$ mm	
Walzkupfer I . .	28,0	2,28	45,0	2,085	0,62	0,82	0,93
Flußeisen II . .	50,0	2,27	80,0	2,22	0,63	0,67	0,71
Graues Gußeisen	37,0	2,39	81,0	2,38	0,46	0,47	0,53
Weißes ,,	52,5	2,34	116,0	2,31	0,45	0,47	0,53

Die absoluten Werte für Härtezahlen aus der Zylinderdruckprobe sind zahlenmäßig kleiner als die entsprechenden Brinellhärten, daher ergeben sich auch für a niedrigere Werte, während die n-Werte nicht bedeutend voneinander abweichen. Der Verlauf der verschiedenen Härtekurven ist für zähe Stoffe (Kupfer und Flußeisen) praktisch genommen parallel, während für spröde Stoffe (weißes und graues Gußeisen) wohl ein annähernd gleicher Richtungsverlauf, aber keine ausgesprochene Parallelität vorhanden ist.

Versucht man aber auf Grund des Zylinderdruckverfahrens die Stoffe nach ihrer Härte zu ordnen, so erhält man eine andere Reihenfolge als nach dem Kugeldruckverfahren.

Das Flußeisen II ist nach der Kugeldruckprobe annähernd gleich hart als das graue Gußeisen, während es nach der Zylinderdruckprobe beträchtlich härter ist.

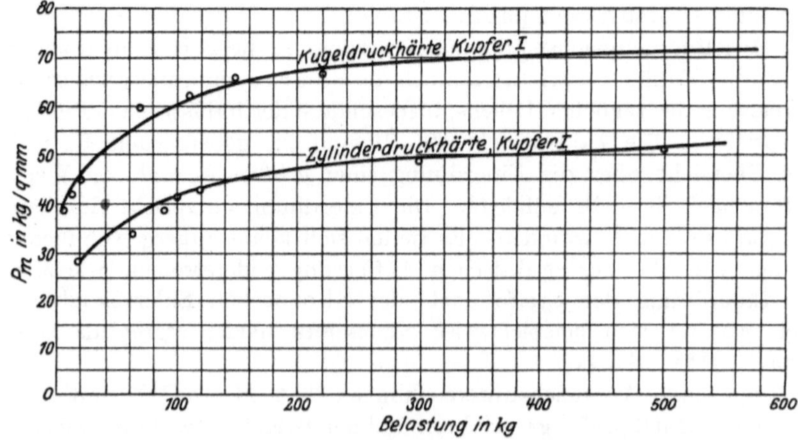

Abb. 12. Verhältnis der bei der Zylinderdruckprobe ermittelten Härte zu der bei der Kugeldruckprobe bestimmten.

Da nun bei der Zylinderdruckprobe genau wie bei der Kugeldruckprobe als Härte der mittlere Druck auf die bleibend eingedrückte Fläche bezeichnet wird, sind die beiden Verfahren grundsätzlich wesensgleich. Es gilt also für die Zylinderdruckprobe genau dasselbe wie für die Kugeldruckprobe, nämlich daß selbst bei Vereinbarung stets gleicher Zylinder- bzw. Kugeldurchmesser die Härtezahlen von der Belastung abhängen. Mittels der Kugeldruckprobe ist es jedoch möglich, einen Körper an verschiedenen Stellen auf seine Härte zu prüfen, während der oft erwähnte scheinbare Vorzug der Zylinderprobe, daß bei ihr zwei Körper aus dem gleichen Stoff, also nahezu gleicher Härte, gegeneinander gedrückt werden, daß also ein fremder Körper nicht als Eindringungsstempel benutzt wird, sich als Nachteil erweist. Da man übrigens für diese Probe stets besondere Probekörper benötigt, welche aus dem zu untersuchenden Material erst herausgearbeitet werden müssen, während die Kugeldruckprobe an jedem beliebigen Körper, z. B. auch an fertigen Maschinenteilen, fast ohne weiteres ausgeführt werden kann, hat die letztere für die Praxis entschieden bedeutende Vorteile gegenüber der Zylinderdruckprobe.

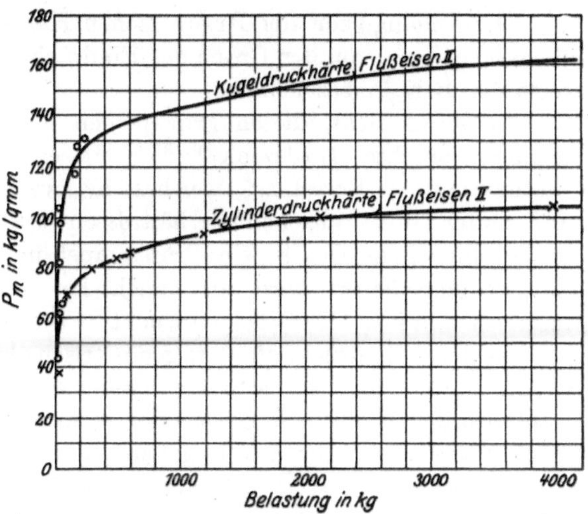

Abb. 13.

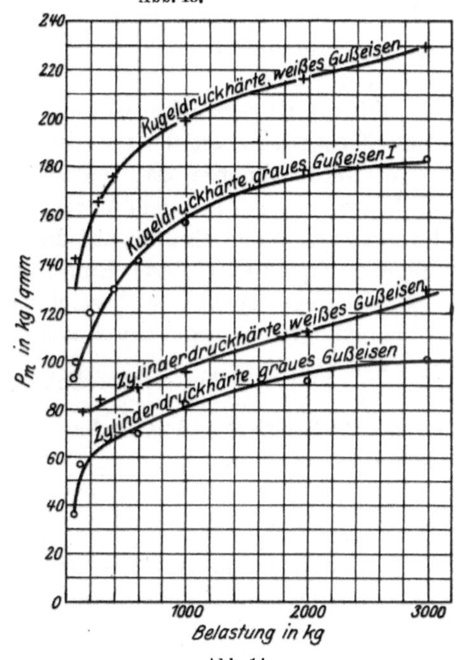

Abb. 14.

Abb. 13 und 14. Verhältnis der bei der Zylinderdruckprobe ermittelten Härte zu der bei der Kugeldruckprobe bestimmten.

Die Abhängigkeit der Brinellschen Härtezahl von der Größe der Belastung, bzw. von der Größe des Eindruckes, wurde als die Achillesferse der B.K.P. bezeichnet.

In der Absicht, diesen prinzipiellen Fehler der B.K.P. zu vermeiden, brachte Ludwick[80, 82 u. 83]) ein Verfahren zur Härtebestimmung in Vorschlag, welches im wesentlichen darin besteht, daß unter sonst gleichen Verhältnissen wie bei der B.K.P., d. h. unter statischem Druck, ein Prüfstempel in den zu untersuchenden Körper eingedrückt wird, der auch bei weiterem Eindringen geometrisch ähnliche Eindrücke erzeugt. Die Körperform, welche bei verschiedener Eindrucktiefe stets geometrisch ähnliche Eindrücke liefert, ist der Kegel, für den als Spitzenwinkel der Wert 90^0 willkürlich gewählt wurde. Nach dem Gesetz der proportionalen Widerstände von Kick müssen sich für den Kegel in jedem Stadium des Eindringens die Belastungen wie die Quadrate analoger linearer Dimensionen verhalten, vorausgesetzt, daß das Kicksche Ähnlichkeitsgesetz für die Härteprüfung nach dem Eindringungsverfahren vollständig gültig ist, was für die Kugeldruckprobe von Meyer durch Versuche bewiesen wurde*).

Für die Kugeldruckprobe muß die Gültigkeit des Kickschen Ähnlichkeitsgesetzes ebenfalls als zutreffend erachtet werden, obwohl vermutet werden könnte, daß bei sehr tiefen Kegeleindrücken die Oberflächenreibung des mit dem Material in Berührung stehenden Teiles des Prüfstempels einen Einfluß auf die Ergebnisse haben könnte. Bei der Kugeldruckprobe ist dieser Einfluß sehr gering.

Als Kegeldruckhärte bezeichnete Ludwick früher den Druck P in Kilogramm pro Quadratmillimeter bleibende Eindruckfläche $\left(f = \frac{\pi d^2}{4} \sqrt{2}\right)$, welcher erforderlich ist, einen rechtwinkligen Kreiskegel ($\sphericalangle \alpha = 90^0$) normal zur Oberfläche des zu prüfenden Stoffes (beliebig tief) einzudrücken.

$$H_k = \frac{P}{f} \text{ kg/mm}^2 .$$

Die Berechnung der Eindruckfläche sollte aus der Eindrucktiefe t erfolgen; da sich aber bei den Kegeldruckproben meistens ein nicht

*) Es soll nicht unerwähnt bleiben, daß die Gültigkeit des Ähnlichkeitsgesetzes für die Kugeldruckprobe von Benedicks[53]) (S. 84) bestritten wird. Bei einem Druck von 500 kg und 5-mm-Kugel erhielt Benedicks eine bestimmte Härtezahl; bei einer Kugel von 10 mm müßte sich mit einem Druck von 2000 dieselbe Härtezahl ergeben, wenn das Kicksche Ähnlichkeitsgesetz gültig wäre. Um jedoch zu derselben Härtezahl zu gelangen, mußten 3000 kg angewendet werden. Über die diesbezüglichen Versuche berichtet Benedicks in seiner Doktordissertation.

unbeträchtlicher Wulst bildet, wird hierdurch ein ziemlich bedeutender Fehler gemacht (s. Abb. 15). Wie aus den Versuchen von Meyer hervorgeht, ergibt sich nur dann eine befriedigende Übereinstimmung der Versuchsergebnisse mit dem Kickschen Ähnlichkeitsgesetz, wenn der Randwulst bei der Berechnung der Kegeldruckhärte mit in Betracht gezogen wird. Da sich aus der Tiefenmessung auch noch eine Menge anderer Nachteile ergeben haben, deren Erörterung hier zu weit führen würde, hat Ludwick in richtiger Erkenntnis der Sachlage die Tiefenmessung für die Kegeldruckprobe fallen lassen und bezieht die Kegeldruckhärte auch nicht mehr auf die Mantelfläche des Kegeleindruckes $f = \frac{\pi d^2}{4} \sqrt{2}$, sondern auf die Eindruckkreisfläche $\frac{\pi d^2}{4}$ berechnet aus dem nach Art der Kugeldruckproben gemessenen Eindruckdurchmesser.

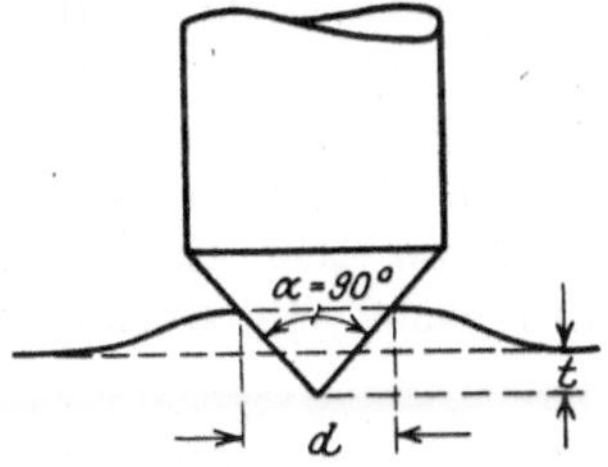

Abb. 15. Kegeleindruck.

Unter Kegeldruckhärte ist daher jetzt zu verstehen jener Druck P, bezogen auf die Kreisfläche des Kegeleindruckes $\frac{d^2 \pi}{4}$, der erforderlich ist, um einen rechtwinkligen Kreiskegel normal in den Probekörper beliebig tief einzudrücken.

$$H_K = \frac{P}{\frac{d^2 \pi}{4}} \text{ kg/mm}^2 .$$

Damit entfallen aber die meisten Bedenken und Einwände, die gegen die Kegeldruckprobe geltend gemacht worden sind, in der Hauptsache. Ein großer Teil der früher angestellten Härteversuche mit der Kegeldruckprobe wird aber auch dadurch hinfällig. Soweit die früheren Untersuchungen von Meyer noch eine Deutung bzw. einen Vergleich zulassen, geht jedoch aus denselben hervor, daß die Ergebnisse beider Verfahren eine für viele Fälle hinreichende Übereinstimmung zu zeigen scheinen. Leider hat es sich gezeigt, daß bei der Kegeldruckprobe die Nebenumstände, die das Ergebnis der Versuche trüben, schwieriger auszuschließen sind als bei der Kugeldruckprobe, daß daher die mit der Kegeldruckprobe unter anscheinend gleichen Verhältnissen angestellten Versuche viel weniger Übereinstimmung zeigen als bei der Kugeldruckprobe. Zur Vermeidung weiterer Zersplitterung dürfte es daher empfehlenswert sein, alle Kräfte zur weiteren Entwicklung der Kugeldruckprobe zusammenzufassen, die ja auf dem Wege der Größthärtezahlen noch manche Fortschritte erwarten läßt.

Schließlich stellte Meyer noch einen Vergleich zwischen der Ritzhärteprobe und der B.K.P. an. Wegen der Wesensverschiedenheit dieser beiden Härteprüfverfahren war nur an solchen Stoffen, die eine ähnliche Gefügebeschaffenheit haben, eine Übereinstimmung der Härtefolge zu erwarten. Es ergeben sich für diese beiden Härteprüfverfahren übereinstimmende Verhältniszahlen für Stoffe von ähnlichem Gefügeaufbau, die zwar kein unmittelbares Ineinanderrechnen gestattet, immerhin aber einen rohen Vergleich zulassen, ähnlich wie bei der Shoreschen Skleroskophärte.

Einfluß der Zeit auf die B.K.P.

Zur Ermittlung des Einflusses der Zeit auf die Ergebnisse der Materialversuche sind im Materialprüfwesen viele Versuche ausgeführt worden mit dem unzweifelhaften Ergebnis, daß bei einer Anzahl von Stoffen ganz erhebliche Nachwirkungserscheinungen festgestellt wurden, z. B. Zink, Zinn, Kupfer, Magnesia u. a. Werden unter denselben Versuchsbedingungen Zerreißversuche an solchen Stoffen vorgenommen, so kann man beispielsweise nach Martens bei Zink die Bruchfestigkeit durch Veränderung der Streckgeschwindigkeit auf den doppelten Betrag bringen. Für Zinn, Blei und andere weiche Metalle gilt Ähnliches. Anders ist es jedoch für die eigentlichen Konstruktionsmetalle wie beispielsweise Eisen und Stahl; für diese haben Bauschinger und Le Chatelier nachgewiesen, daß man den Einfluß der Geschwindigkeit bei Materialversuchen mit diesen Stoffen vernachlässigen darf, da allenfalls dadurch verursachte Abweichungen innerhalb der Versuchsfehler liegen. Nach den Erfahrungen von Martens erreichen sie kaum 1 bis 1,5%. Vorstehende Angaben beziehen sich auf Zugversuche, deren Dauer bei der üblichen Streckgeschwindigkeit von 1—2% Dehnungszuwachs pro Minute je nach Material eine verhältnismäßig große ist gegenüber der B.K.P.; infolgedessen hat besonders weiches Material genügend Zeit, sich auszuwirken. Es ist die Frage zu klären, ob man bei der B.K.P. ebenfalls wie beim Zugversuch den Einfluß der Versuchsgeschwindigkeit gänzlich vernachlässigen darf.

Man findet in der einschlägigen Literatur nur sehr wenige Mitteilungen über Versuche, die in dieser Richtung gemacht worden sind.

C. Grard, Paris[43]) macht folgende Angaben über den Einfluß der Zeit auf die B.K.P.

1. Der Einfluß der Druckgeschwindigkeit. Bei Druckgeschwindigkeiten von zwei Minuten und darüber weichen die Eindruckdurchmesser nur unbedeutend voneinander ab.

2. Der Einfluß der Druckdauer. Für genaue Untersuchungen soll nach Grard eine Zeitdauer des Druckes von fünf Minuten das

Minimum darstellen, unter welches man nicht gehen sollte. Soll zwecks rascherer Durchführung des Versuches eine kürzere Zeitdauer gewählt werden, so ist es notwendig, für alle Proben eine einheitliche Zeitdauer festzusetzen.

Wie weit man in der Abkürzung der Versuchzeit herabgehen kann, ist in dem Bericht nicht angegeben, auch nicht, für welche Materialien die Grundsätze gelten. Da Grard in seinem Bericht nur Flußeisen- und Stahlsorten behandelt, darf wohl angenommen werden, daß sie sich auf diese beziehen. In diesem Falle scheint aber die Zeitdauer des Druckes von fünf Minuten derart hoch gegriffen, daß er die höchsten wissenschaftlichen Ansprüche überreichlich befriedigen dürfte. Für die praktische Anwendung in der industriellen Technik kommt eine Versuchsdauer von fünf Minuten nicht in Frage.

Weitere Angaben über den Einfluß der Zeit auf die B.K.P. macht der durch frühere Arbeiten über dieselbe bekannte Forscher M. Guillery in einer Abhandlung der neuesten Zeit. Die Abb. 16 stellt Versuche von Guillery an weichem Flußeisen dar. In dieser zeichnerischen Darstellung ist der Zeitnullpunkt in dem Augenblick angebracht, wo die Belastung 3000 kg erreicht. Die Abszissen stellen die Zeit dar, die Ordinaten y die Eindruckdurchmesser, die aus der gleichförmig von 0 bis 3000 kg wachsenden und von da ab konstant verlaufenden Belastung von 3000 kg entstehen. Hierbei entspricht der Bereich $X'O$ der Periode der Belastungssteigerung und der Bereich OX der Periode der Belastungsbeibehaltung. Die Kurvenzüge stellen die Eindruckdurchmesser in Abhängigkeit von der Zeit dar, und da die Belastungen proportional den Zeiten angenommen sind, also auch in Abhängigkeit von den Belastungen. Während der Periode der Belastungssteigerung haben die zugehörigen Kurvenäste parabolische Form. Wenn die Belastung ihren Höchstwert von 3000 kg erreicht hat, zeigen die Kurvenzüge Knicke und ihre Fortsetzung ist sehr flach, fast geradlinig. Nach ungefähr fünf Minuten ist das Gleichgewicht erreicht und eine nennenswerte Zunahme nicht mehr festzustellen, wie lang auch die Belastungsdauer genommen wird. Die

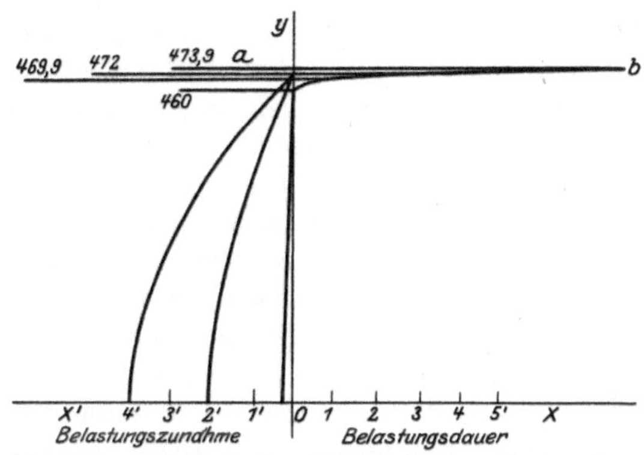

Abb. 16. Einfluß der Zeit auf den Eindruckdurchmesser.

Kurven haben sich dann der Asymptote *ab* unendlich genähert; diese stellte den Eindruck der gut ausgeführten klassischen B.K.P. dar.

Aus der Abbildung ist ersichtlich, daß der nachträgliche Zuwachs der Eindruckdurchmesser dann am größten zu sein pflegt, wenn, was meistens der Fall ist, die Druckgeschwindigkeit ziemlich rasch erfolgt. In dem Versuchsbeispiel beträgt sie insgesamt etwa 3%, von diesen entfällt aber die Hälfte auf die ersten 24 Sekunden. Wenn wir also einen Versuchsfehler von 1,5% zulassen wollen, genügt es, den Druck etwa 30 Sekunden wirken zu lassen. Bei Massenbrinellierungen, wie sie z. B. in der Automobilindustrie vielfach angewendet wird, wird die Dauer der B.K.P. trotzdem noch hindernd empfunden; wird doch dadurch die Leistungsfähigkeit einer Brinell-Presse auf etwa höchstens 60—70 Kugeldrucke per Stunde begrenzt, wenn es sich um leichte Teile handelt, deren Handhabung keinen Zeitaufwand außerdem noch erfordert. Guillery versuchte nun durch die Anwendung eines genau bestimmten Überdruckes einen Zeitgewinn zu erzielen. So praktisch dieser Gedanke erscheint, so schwierig ausführbar ist er in der Praxis, muß man doch für jeden Werkstoff den erforderlichen Überdruck durch mehrere Versuche feststellen, welche in den seltensten Fällen gänzlich übereinstimmend ausfallen.

Es ist daher sehr zu begrüßen, daß man sich schon frühzeitig auf eine bestimmte Zeit geeinigt hat, und zwar werden für Eisen und Stahl $^1/_4$ Minute und für weichere Materialien $\frac{1}{2}$ Minute als ausreichend angesehen. Der deutsche Verband für die Materialprüfungen der Technik geht in seinen Normen Nr. 1605 bei Stahl von $H < 140$ (also über etwa 50 kg Zerreißfestigkeit) sogar auf 10 Sekunden herunter. Da aber die überwiegende Menge der im Automobilbau verwendeten Stahlsorten über 50 kg Zerreißfestigkeit aufweisen, kann also die Beschränkung der Versuchsgeschwindigkeit durch die kurze Spannzeit von 10 Sekunden, während welcher der Prüfdruck konstant zu halten ist, nicht wesentlich hindernd ins Gewicht fallen.

Beziehung zwischen Zugfestigkeit und Brinellhärte.

Wenden wir uns nun der praktisch so wichtigen Frage der Beziehung zwischen Brinellhärte und Zugfestigkeit zu.

Unter Zugfestigkeit K_z ist im folgenden den deutschen Industrienormen DIN 1602 gemäß der Quotient aus der Höchstbelastung P_B, bezogen auf den Querschnitt F_0, den der Probestab vor Beginn des Versuches hatte, verstanden.

$$K_z = \frac{P_B}{F_0}.$$

Es soll zunächst hervorgehoben werden, daß eine bestimmte Beziehung zwischen K_z und H_B nicht ohne weiteres zu erwarten ist, da die Form des Zerreißdiagramms und die Umstände des Kugeldruckversuches von besonderem Einfluß sein können. Dies schließt jedoch durchaus nicht die Möglichkeit aus, innerhalb einigermaßen gleichartiger Materialgruppen mit für praktische Zwecke genügender Annäherung die Zugfestigkeit des betreffenden Stoffes aus der Härte mittels Rechnungsformel und Erfahrungswerten, welche nur für diese Materialgruppen gültig sind, zu bestimmen. In bezug auf die Zugfestigkeit von Eisen- und Stahlsorten kann die Frage als befriedigend gelöst betrachtet werden, während dies jedoch mit bezug auf andere Metalle nicht behauptet werden kann.

Es ist das Verdienst von Brinell, zuerst erkannt und darauf aufmerksam gemacht zu haben, daß eine Beziehung zwischen der Zerreißfestigkeit und der Härtezahl besteht, und es ist, wie bereits erwähnt, dieser Umstand, für den bisher noch keine wissenschaftliche Erklärung gefunden werden konnte, einer der Gründe, weshalb sich bis heute von den vielen bisher bekanntgewordenen, wissenschaftlichen oft überaus interessanten Härtebestimmungsverfahren nur die B.K.P. allgemein Eingang in die Materialprüfung der Technik verschaffen konnte. Nach Brinell erhält man für ungehärteten Stahl von 0,8% Kohlenstoff und darunter, also für untereutektoiden Stahl, in dem Zustande, wie er das Walzwerk verläßt, die Bruchfestigkeit, indem man die Härtezahl durch 2,88 dividiert. Brinell nahm also an und ihm schlossen sich mit wenigen Ausnahmen [29, 2]) alle anderen Forscher auf diesem Gebiete an, daß die von ihm gefundene Beziehung zwischen H_B und K_z durch folgende Beziehung ausgedrückt werden kann:

$$K_z = \frac{H_B}{c}.$$

Man hat aus Gründen der bequemeren Rechnungsweise später anstatt c als Divisor, seinen reziproken Wert $\frac{1}{c} = C$ als Multiplikator eingeführt und pflegt die Beziehung zwischen K_z und H_B wie folgt zu schreiben:

$$K_z = C \cdot H_B.$$

Für den von Brinell angegebenen Wert von $c = 2,88$ ist dann

$$C = \frac{1}{2,88} = 0,347.$$

Bereits im Jahre 1902 erschien ein umfangreicher Bericht der Materialprüfanstalt der Königl. Technischen Hochschule zu Stockholm [19]) über eingehende Ermittlungen zur Klärung verschiedener wichtiger Fragen betreffs der B.K.P., aus welchem besonders hervorzuheben ist, daß auf Grund sehr sorgfältiger Untersuchungen durch etwa 300 Zerreißproben, 1500 Kugeldruckproben und 60 vollständigen Analysen die Richtigkeit der Annahme Brinells bestätigt werden konnte, daß zwischen K_z und H_B ein bestimmter Zusammenhang besteht.

Die Angaben hierüber lauten:

Für Material mit einem Kohlenstoffgehalt von weniger als 0,55 %
$C = 0{,}366$ senkrecht zur Walzrichtung,
$C = 0{,}348$ parallel zur Walzrichtung.

Für Material mit einem Kohlenstoffgehalt von mehr als 0,55 %
$C = 0{,}349$ senkrecht zur Walzrichtung,
$C = 0{,}325$ parallel zur Walzrichtung.

Wie man sieht, ist die Abweichung dieser Zahlen von dem zuerst von Brinell angegebenen Wert nicht sehr bedeutend. Ebenso gering ist die Abweichung von den im folgenden Jahre (1903) von derselben Stelle angegebenen Wert, nämlich:

Bei Härtezahlen unter 175
$C = 0{,}362$ für Proben senkrecht gegen die Walzrichtung,
$C = 0{,}354$ für Proben parallel zur Walzrichtung.

Bei Härtezahlen über 175
$C = 0{,}344$ für Proben senkrecht gegen die Walzrichtung,
$C = 0{,}324$ für Proben parallel zur Walzrichtung.

Es verdient Erwähnung, daß eine große Anzahl Edelstahlwerke der verschiedensten Länder diese Werte noch heute in unveränderter Form benutzen, obwohl sie doch ursprünglich nur für Eisen- und Stahlsorten schwedischer Herkunft festgestellt waren und eine gänzliche Neuentwicklung der Beziehung für größere Stahlwerke doch nahe gelegen hätte, insbesondere, da die schwedischen Untersuchungen sich nur auf Kohlenstoffstähle erstrecken.

Für die weitere Beurteilung der Werte für C ist es bemerkenswert, daß man bei den weiter fortgesetzten genaueren Untersuchungen an der Techn. Hochschule zu Stockholm den Wert c nicht mehr durch eine einzige Zahl ausdrücken konnte, sondern zu einer Unterscheidung einmal für die verschiedenen Härtestufen bzw. Kohlenstoffgehalte, andermal für die verschiedenen Richtungen des Prüfdruckes greifen mußte. Dies hat einmal seinen Grund in dem mit wachsender Eindrucktiefe zunehmenden Grad der Kaltbearbeitung, wodurch sich besonders bei niedrigen Härtezahlen zu geringe Werte gegenüber einem fiktiven wahren Wert ergeben, andermal hat diese Verschiedenheit vermutlich ihren Grund in Kornstreckungen und Kernseigerungen, welche infolge von Schwefel- und Phosphoranreicherungen eine scheinbare Steigerung der Härte verursachen.

Bald nach Erscheinen der Stockholmer Untersuchungen wurden Ergebnisse von französischer Seite bekannt [20]). Aus den Versuchen von Breuil geht hervor, daß der Wert des Koeffizienten C zwischen

0,322 und 0,376 schwankt, und zwar derart, daß der kleinere Wert für Stähle mit höherem und der größere Wert für Stähle mit niedrigerem Kohlenstoffgehalt gilt, entsprechend den Stockholmer Ergebnissen, bei denen dieselbe Feststellung zu machen ist. Eingehender sind die Ergebnisse der gleichzeitig veröffentlichten Untersuchungen Charpys, welche zeichnerisch ausgewertet die Formel

$$K_z = 0{,}32\,H + 5\ \mathrm{kg/mm^2}$$

ergeben.

Weitere Veröffentlichungen über die Beziehung zwischen K_z und H_B erfolgten von Révillon[123]), dieser gibt als Ergebnis zahlreicher Versuche für C bei Kohlenstoffstählen für ziemlich abweichenden Gehalt an Silizium und Mangan den Wert an:

$$C = 0{,}389 \pm 0{,}013\,.$$

Im Jahre 1912 legte C. Grard, Paris, dem VI. Kongreß des Internationalen Verbandes für die Materialprüfungen der Technik zu New-York einen Bericht vor[43]), in welchem er folgende Angaben über die Verhältniszahlen für die B.K.P. macht:

Zahlentafel 8. Verhältniszahlen von Grard.

Stahlsorte	Festigkeit	C ausgeglüht		C gehärtet und angelassen bei	
		$\perp$	$\parallel$		
Extraweich	34—40	0,36	—	—	—
Weich und halbweich .	40—45	0,355	0,342	0,346	500°—700°
Halbhart	55—65	0,353	0,337	0,344	500°—600°
Hart	65—75	0,349	0,342	0,318	500°—600°

Es bedeutet: $\perp$ senkrecht und $\parallel$ parallel zur Walzrichtung.

Die Feststellungen beziehen sich auf gewöhnliche Kohlenstoffstahlsorten. Die Ergebnisse liegen bei der zeichnerischen Darstellung so nahe beieinander (mit Ausnahme des Wertes für harten Stahl parallel zur Walzrichtung, d. i. $C = 0{,}321$), daß zur Vereinfachung des Vergleiches eine Mittelbildung erlaubt erscheint, und zwar ergibt sich als Mittelwert annähernd:

$$C = 0{,}35\,.$$

L. Guillet gibt einen Wert von $C = 0{,}34$ an.

Eine sehr interessante und wertvolle Arbeit veröffentlichten im Jahre 1915 die englischen Metallurgen Andrew McWilliam und Ernest Jefferson Barnes[141]).

Die zeichnerische Auswertung ergibt folgende Formel für die Zerreißfestigkeit:

$$K_z = 0{,}353\,H + 4{,}8\ \mathrm{kg/mm^2}\,.$$

Die Ergebnisse sind an Nickel-, Chromnickel- und Vanadiumstählen gewonnen.

Im Jahre 1917 erschien im „Motorwagen“ eine zeichnerische Darstellung der Beziehung zwischen Härte und Zerreißfestigkeit, welche, soweit es sich aus der Abbildung ermitteln ließ, für die Zerreißfestigkeit folgende Formel ergibt:

$$K_z = 0{,}4\,H - 8\,.$$

In der Arbeit selbst ist eine Formel für die Beziehung nicht angegeben.

Im März 1918 veröffentlichte der durch seine hervorragenden Arbeiten auf dem Gebiete der Stahlforschung bekannte englische Stahlwerker Rob. Hadfield[2]) eine Zusammenstellung seiner Versuche betreffend den Zusammenhang zwischen Zerreißfestigkeit und Brinellhärte, welche er in der Formel zusammenfaßt:

$$K_z = 0{,}312\,H + 10\,.$$

Diese Formel ist dem Verfasser erst im Juli 1920 bekanntgeworden, nachdem seine Arbeit über dasselbe Thema, in welcher er zu der Formel kommt:

$$K_z = 0{,}343\,H + 4{,}8$$

bereits erschienen war[29]). (Diese lag bereits am 28. Februar 1918 der W.T. im Manuskript vor, konnte aber erst im Februar 1919 erscheinen.)

Von den in letzter Zeit erschienenen Veröffentlichungen über die Beziehung der Zerreißfestigkeit zur Härtezahl bei der B.K.P. ist das Normenblatt Nr. 1605 der deutschen Industrienormen zu nennen, welches folgende Werte angibt:

$C = 0{,}36$ für Kohlenstoffstähle von 30—100 kg Festigkeit,
$C = 0{,}34$ für Chromnickelstähle von 65—100 kg Festigkeit.

Diese Zahlen weichen von den zuerst von der Technischen Hochschule in Stockholm ermittelten Werte (S. 44) nur insofern ab, als die dritte Dezimale weggelassen worden ist. Der Vorschlag des Verfassers, ein Verbesserungsglied einzuführen, wurde von der betreffenden Kommission nicht angenommen.

Von weiteren Druckschriften, welche bestimmte Zahlen für die Beziehung zwischen der Zerreißfestigkeit und der Brinellschen Härtezahl machen, sind noch zu erwähnen:

Der Katalog der Vereinigten Edelstahlwerke, Dortmund enthält auf S. 133 eine Zahlentafel über die Beziehung der Zerreißfestigkeit zu den Brinellhärtezahlen, welche mit einer ähnlichen Zahlentafel in dem Katalog der Poldihütte, Kladno (Prag) fast vollkommen identisch ist und zeichnerisch ausgewertet sich ungefähr durch einen Ausdruck wie folgt ausdrücken läßt:

$$K_z = 0{,}343\,H + 2{,}8\,.$$

Von den Werten, nach welchen verschiedene andere Edelstahlwerke rechnen, seien noch folgende hervorgehoben:

$C = 0{,}35$ für Nickel- und Chromnickelstähle
$C = 0{,}36$ für Kohlenstoffstähle
$C = 0{,}34$ } Grenzwerte aus einer Anzahl Nickel-
$C = 0{,}45$ } und Chromnickelstähle
$C = 0{,}36$ für $H < 175$ } verschiedene Konstruktions-
$C = 0{,}39$ für $H > 175$ } stähle des Automobilbaues
$C = 0{,}374$ über 100 kg }
$C = 0{,}324$ geglühte Werkzeug- und Konstruktionsstähle
$K_z = 0{,}344\,H + 5\,\%$ für unlegierte } vergütete Kon-
$K_z = 0{,}344\,H + 10\,\%$ für legierte } struktionsstähle.

Interessant sind die letzten beiden Angaben für K_z, welche ein Berichtigungsglied für 100 haben. Diese könnte man doch einfacher schreiben: $K_z = 0{,}361\,H$ bzw. $K_z = 0{,}378\,H$ also $C = 0{,}361$ bzw. $C = 0{,}378$, womit diese also auf die Formel $K_z = c \cdot H_B$ zurückgeführt sind.

Hiermit sind alle dem Verfasser bisher bekanntgewordenen Beiworte erwähnt. Der Merkwürdigkeit halber sei aber noch eine Formel angegeben, die der Verfasser jüngst entwickelt hat in dem Bestreben, eine ganz einfache Faustformel zu geben. Sie lautet:

$$\boldsymbol{K_z = \frac{1314}{d^2}}\ \mathbf{kg/mm^2} \quad (d \text{ in Millimeter}).$$

Ihre Ableitung soll im folgenden noch gegeben werden; ihre Werte decken sich fast vollständig mit dem im folgenden neu errechneten Mittelwert: $K_z = 0{,}35\,H + 2$.

In Zahlentafel 9 sind alle vorstehend erwähnten Beiwerte zusammengestellt (s. S. 48).

Die zeichnerische Darstellung aller dieser Werte ergibt Abb. 17. In den einzelnen Diagrammen ist der Übersicht und des Vergleiches halber der Mittelwert $0{,}35\,H + 2$ jedesmal mit eingezeichnet*).

In Diagramm XIX sind alle Ergebnisse zusammen aufgezeichnet. Der Übersichtlichkeit halber sind die Grenzwerte in Diagramm XX noch einmal besonders herausgezeichnet. Wie man aus dieser Zeichnung ersieht, umschließen die äußersten oberen und unteren Grenzlinien eine ziemlich breite Zone.

Die Formel der Linie, welche in möglichst vielen Punkten dem Mittelwert möglichst nahekommt, müßte annähernd lauten:

$$\boldsymbol{K_z = 0{,}35\,H + 2}\,.$$

Bei der Berechnung der Zerreißfestigkeit aus den Härtezahlen der B.K.P. wäre mit der Möglichkeit einer Abweichung von durchschnittlich rund 11 % nach oben und unten zu rechnen, was die Anwendbarkeit der B.K.P. für die industrielle Praxis in ihrem Werte herabmindern würde.

*) Wobei zu beachten ist, daß diese Linie nicht durch den Koordinatenursprung geht, sondern die y-Achse bei $+ 2$ schneidet.

Zahlentafel 9.

Vergleichende Zusammenstellung der bisher bekanntgewordenen Beiwerte zur Berechnung der Festigkeit aus den Härtezahlen nach Brinell.

I.	Brinellscher Wert	$C = 0{,}346$
II.	Techn. Hochschule Stockholm	$C = 0{,}362$ für $H < 175$
		$C = 0{,}344$ für $H > 175$
III.	Französische Versuche Breuil	$C = 0{,}322$ bis $0{,}376$
IV.	Französische Versuche Charpy	$K_z = 0{,}32\,H + 5$
V.	Louis Révillon	$C = 0{,}389 \pm 0{,}013$
VI.	Capt. C. Grard	$C = 0{,}35$
VII.	L. Guillet (1910)	$C = 0{,}34$
VIII.	Wiliam und Barnes	$K_z = 0{,}353\,H + 4{,}8$
IX.	„Der Motorwagen“	$K_z = 0{,}4\,H - 8$
X.	Sir Robert Hadfield	$K_z = 0{,}312\,H + 10$
XI.	DINORM	
	Chromnickelstahl von 65—100 kg	$C = 0{,}34$
	C-Stahl von 30—100 kg	$C = 0{,}36$
XII.	Vereinigte Edelstahlwerke und Poldihütte	$K_z = 0{,}343\,H + 2{,}8$
	Verschiedene Edelstahlwerke:	
XIII.	Nickel- und Chromnickelstähle	$C = 0{,}35$
	Kohlenstoffstähle	$C = 0{,}36$
XIV.	Grenzwerte aus einer Anzahl Nickel- und Chromnickelstähle	$C = 0{,}34$
		$C = 0{,}45$
XV.	Verschiedene Konstruktionsstähle des Automobilbaues	$C = 0{,}36$ für $H < 175$
		$C = 0{,}39$ für $H > 175$
		$C = 0{,}374$ über 100 kg
XVI.	Geglühte Werkzeug- und Konstruktionsstähle	$C = 0{,}324$
	Vergütete Konstruktionsstähle	
	unlegiert	$K_z = 0{,}344\,H + 5\% = 0{,}361\,H$
	legiert	$K_z = 0{,}344\,H + 10\% = 0{,}378\,H$
XVII.	Döhmer	$K_z = 0{,}343\,H + 4{,}8$
XVIII.	Döhmer, neue Faustformel	$K_z = \frac{1314}{d^2}$
XX.	Grenzen und Gesamtmittelwert	$K_z = 0{,}35\,H + 2$

Die römischen Ziffern verweisen auf die zugehörigen zeichnerischen Darstellungen.

Bei der Betrachtung der Ergebnisse ist aber zu berücksichtigen, daß ihre Gegenüberstellung ohne Rücksicht auf die näheren Umstände und den Zeitpunkt ihrer Entstehung erfolgt ist und daß alle Unsicherheitsfaktoren, die nur irgend denkbar sind, in den Ergebnissen zusammengefaßt erscheinen. Insbesondere sind bei den meisten untersuchten Eisen- und Stahlsorten keine oder nur unzureichende Angaben über ihren Kohlenstoffgehalt, die Wärmebehandlung, ihren Gehalt an

Stahlbildnern (Si, Mn, Cr, Ni) oder Stahlschädlingen (P, S, O) gemacht werden. Ferner liegen die ersten bekanntgewordenen Ergebnisse und die in den letzten Jahren veröffentlichten zeitlich so weit auseinander, daß man wohl mit Recht annehmen darf, daß auch die Fortschritte, die die Metallurgie in diesen Jahren gemacht hat, nicht ganz ohne Einfluß auf die Ergebnisse geblieben sein werden. Auch konnte die Anzahl der von den einzelnen Forschern zugrunde gelegten Versuche nicht berücksichtigt werden.

Es wäre jedoch unrichtig, wollte man aus der zeichnerischen Darstellung der Abb. 17 den Schluß ziehen, daß man in jedem Falle mit Abweichungen von mehr als 10% nach oben und unten zu rechnen habe. In Wirklichkeit sind die Abweichungen von den bisher wohl am weitesten verbreiteten Beziehungen (Diagramm II, Technische Hochschule Stockholm) in den weitaus meisten Fällen bedeutend geringer als 10%. Bei einem Einzelergebnis würde man natürlich mit einer Unsicherheit von ± 10% rechnen müssen, daher auch die immer wieder auftauchenden Stimmen gegen diese Art der Festigkeitsberechnung. Auf ihren typischen Anwendungsgebieten aber bietet die B.K.P. durch ihre Massenanwendung die Möglichkeit, sich von dieser Unsicherheit zu einem großen Teil frei zu machen. Hat man nämlich eine größere Zahl einzelner Teile zu prüfen, und unterwirft diese der B.K.P., kurz gesagt brinelliert sie, und schreibt die abgelesenen Kugeldruckdurchmesser nach Millimetern geordnet zusammen, so wird man in den meisten Fällen zu dem Ergebnis kommen, daß sich die Stückzahlen der geprüften Teile um einen bestimmten Kugeldruckdurchmesser ordnen, wie es beispielsweise in folgender Aufstellung angedeutet ist:

Kugeldruckdurchmesser:	5,7	5,6	5,5	5,4	5,3	5,2	5,1	5,0
Stückzahl:	—	2	10	18	20	18	4	1

Man wird nun keinen großen Fehler mehr begehen, wenn man annimmt, daß die äußersten oberen und unteren Werte als die Grenzen für mögliche Abweichungen zu betrachten sind, und demgemäß den Wert, bei welchem sich die höchste Stückzahl findet, als den Mittelwert betrachtet und aus diesem mit dem Mittelwert nach Abb. 17, Diagramm XX, die Zerreißfestigkeit berechnet. Die Erfahrung hat gelehrt, daß auf solche Weise ermittelte Festigkeitsziffern verblüffend genau mit den Zerreißproben übereinstimmen. Es ist also vollkommen berechtigt, in Fällen, wie oben erwähnt, wenn man eine größere Anzahl Kugeldruckproben an gleichen Teilen einer Werkstoffsorte vorgenommen hat, von dem mittleren Kugeldruckdurchmesser auf die annähernde Zerreißfestigkeit zu schließen.

Insbesondere ist das oben geschilderte Verfahren geeignet bei der Abnahme von Massensendungen von Preß- und Schmiedestücken und Stangenmaterial aller Art. Ungleichmäßigkeiten oder Abweichungen

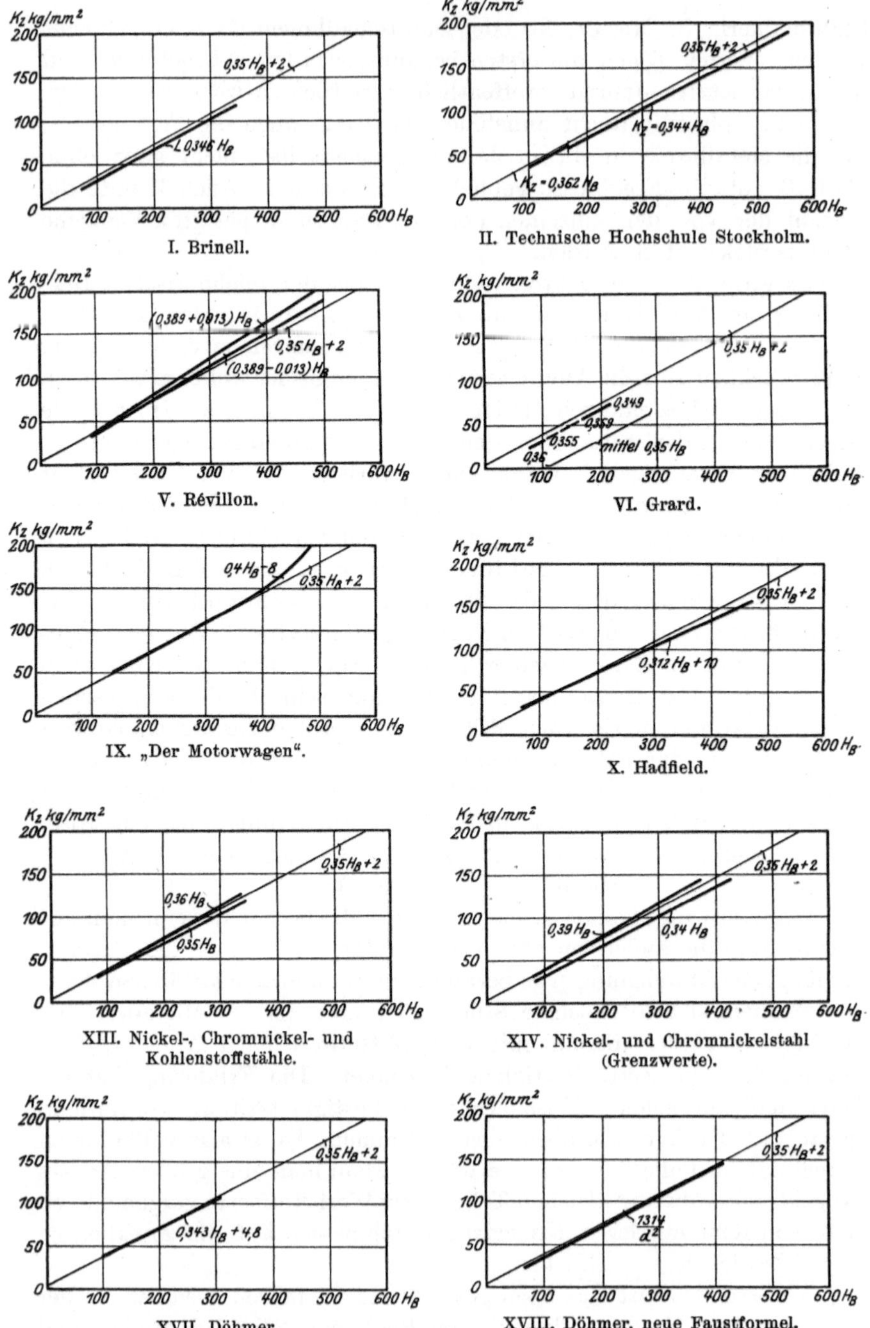

I. Brinell. II. Technische Hochschule Stockholm.

V. Révillon. VI. Grard.

IX. „Der Motorwagen“. X. Hadfield.

XIII. Nickel-, Chromnickel- und Kohlenstoffstähle. XIV. Nickel- und Chromnickelstahl (Grenzwerte).

XVII. Döhmer. XVIII. Döhmer, neue Faustformel.

Abb. 17. Zeichnerische Darstellung der Beiwerte.

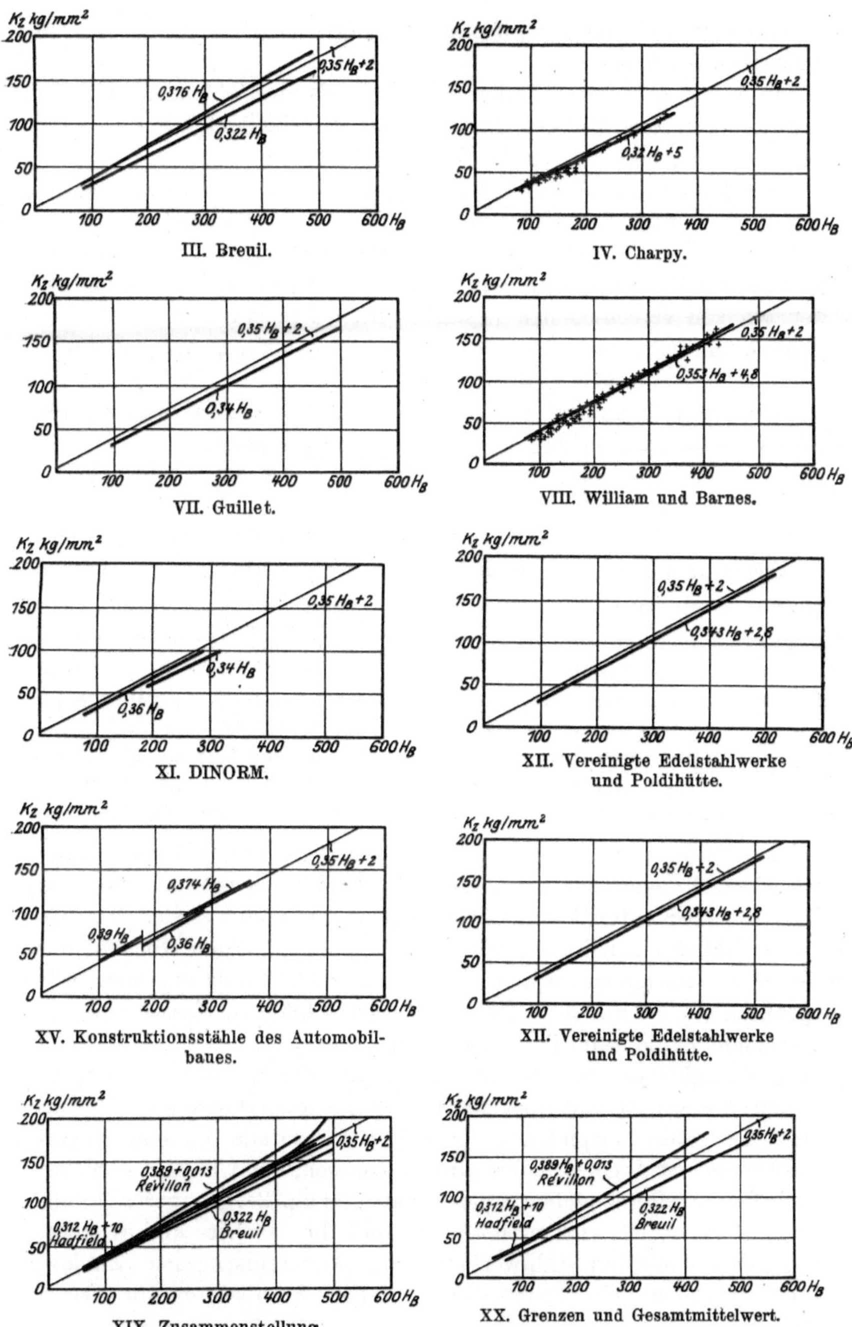

III. Breuil.

IV. Charpy.

VII. Guillet.

VIII. William und Barnes.

XI. DINORM.

XII. Vereinigte Edelstahlwerke und Poldihütte.

XV. Konstruktionsstähle des Automobilbaues.

XII. Vereinigte Edelstahlwerke und Poldihütte.

XIX. Zusammenstellung.

XX. Grenzen und Gesamtmittelwert.

zur Berechnung der Festigkeit aus den Härtezahlen.

von der vorgeschriebenen Sollfestigkeit prägen sich bei dieser Art der Aufschreibung scharf aus.

Man erhält in solchen Fällen dann oftmals zwei Höchstwerte, dies bedeutet, daß zwei Werkstoffsorten von verschiedenen Festigkeiten durcheinander gekommen sind. Beispielsweise:

Kugeldruckdurchmesser:	5,8	5,7	5,6	5,5	5,4	5,3	5,2	5,1	5,0	4,9
Stückzahl:	2	9	14	10	5	2	4	8	6	2

Oder aber die aufgeschriebenen Ergebnisse zeigen an irgendeiner Stelle eine Lücke; auch in diesem Falle handelt es sich um zwei Werkstoffsorten von verschiedenen Festigkeiten; beispielsweise:

Kugeldruckdurchmesser:	5,8	5,7	5,6	5,5	5,4	5,3	5,2	5,1	5,0	4,9
Stückzahl:	2	10	20	15	5	—	—	2	4	2

Auch der Fall kommt vor, daß von einer größeren Sendung ein einzelnes Stück ganz erheblich abweicht; beispielsweise:

Kugeldruckdurchmesser:	5,8	5,7	5,6	5,5	5,4	5,3	5,2	5,1	5,0	4,9
Stückzahl:	1	9	12	4	2	—	—	—	1	—

Auch Verschiebungen der tatsächlichen Festigkeit im Verhältnis zur Sollfestigkeit lassen sich recht gut durch diese Aufschreibungsweise erkennen; beispielsweise:

					Sollwert								
a)	Kugeldruckdurchmesser:	5,8	5,7	5,6	(5,5	5,4	5,3	5.2	5,1)	5,0	4,9	4,8	4,7
	Stückzahl:	2	9	14	(10	6	2	—	—)	—	—	—	—
b)	Kugeldruckdurchmesser:	5,8	5,7	5,6	(5,5	5,4	5,3	5,2	5,1)	5,0	4,9	4,8	4,7
	Stückzahl:	—	—	—	(3	11	16	9	6)	3	—	—	—
c)	Kugeldruckdurchmesser:	5,8	5,7	5,6	(5,5	5,4	5,3	5,2	5,1)	5,0	4,9	4,8	4,7
	Stückzahl:	—	—	—	(—	—	2	7	9)	15	10	2	—

a) zu geringe Festigkeit; b) richtige Festigkeit; c) zu hohe Festigkeit*).

Um bei Einzelergebnissen einen Überblick über die allenfalls möglichen Abweichungen der tatsächlichen Zerreißfestigkeit von der aus der B.K.P. errechneten Festigkeit zu haben, empfiehlt es sich, anstatt wie bisher üblich einen Einzelwert, jeweils die zugehörigen Höchst- und Mindestwerte anzugeben, wie sie sich aus der Abbildung ergeben. Für den praktischen Gebrauch in der Werkstatt schlägt Verfasser vor, die nachstehende Zahlentafel 12 einzuführen.

Die Festigkeitswerte sind nur von 34 bis 200 kg ausgerechnet, da Festigkeiten unter 34 und über 200 kg seltene Ausnahmen sein dürfen.

Hat man nun beispielsweise in einem Einzelfalle 5,3 mm Kugeldruckdurchmesser abgelesen, so empfiehlt es sich, nicht mehr wie bisher 46 kg als Festigkeit anzugeben, sondern: 40 ÷ 50 kg. Bei genauerer Durchsicht der Zahlentafel wird man finden, daß die Höchst- und Kleinstwerte recht gut mit den Stahlwerkstoleranzen übereinstimmen. Zahlentafel 13 vergleicht die Toleranzen einzelner Stahlsorten mit denen der B.K.P.

*) Vorstehende Beispiele sind alle der Praxis entnommen.

Zahlentafel 12. Härtezahlen und Zerreißfestigkeit in Abhängigkeit vom Kugeldruckdurchmesser.

d	H_B	K_z			d	H_B	K_z		
	3000	kleinst	mittel	größt		3000	kleinst	mittel	größt
2,5	601	193,5	—	—	4,5	179	57,6	64,7	72
2,6	555	178,7	196,3	—	4,6	170	54,7	61,5	68,3
2,7	514	165,5	181,9	—	4,7	163	52,5	59,1	65,5
2,8	477	153,6	167	191,8	4,8	156	50,2	56,6	62,7
2,9	444	143	157,4	178,5	4,9	149	48	54,2	59,9
3,0	415	133,6	147,2	166,8	5,0	143	46	52,1	57,5
3,1	388	124,9	137,8	156,0	5,1	137	44,1	50	55,1
3,2	363	116,9	129	145,9	5,2	131	42,2	47,9	52,7
3,3	341	109,8	121,3	137,1	5,3	126	40,6	46,1	50,7
3,4	321	103,4	114,4	129,0	5,4	121	39	44,4	48,6
3,5	302	97,2	107,7	121,4	5,5	116	37,4	42,6	46,6
3,6	285	91,8	101,7	114,6	5,6	111	35,7	40,9	44,6
3,7	269	86,6	96,1	108,1	5,7	107	34,5	39,5	43,4
3,8	255	82,1	91,2	102,5	5,8	103	—	38,1	42,1
3,9	241	77,6	86,2	96,9	5,9	99,2	—	36,7	41
4,0	229	73,7	82,1	92,1	6,0	95,5	—	35,3	39,8
4,1	217	69,9	77,9	87,2	6,1	92	—	34,2	38,7
4,2	207	66,7	74,4	83,2	6,2	88,7	—	—	37,7
4,3	197	63,4	71	79,2	6,3	85,5	—	—	36,7
4,4	187	60,2	67,5	75,2	6,4	82,5	—	—	35,7

Zahlentafel 13. Vergleich zwischen den Stahlwerkstoleranzen und den Toleranzen der B.K.P.

	geglüht K_z kg/mm²	Differenz	entsprechende Festigkeit der B.K.P. kg/mm²	Differenz
MW 8	30÷45	15	34,5÷43,4	8,9
MW 7	32÷48	16	35,7÷44,6	8,9
MW 6	40÷55	15	42,2÷52,7	10,5
MW 5	50÷70	20	52,5÷65,5	13
MW 4	60÷75	15	60,2÷75,2	15
NC 4	75÷100	25	77,6÷96,9	19,3

Wenn für andere Stahlsorten allenfalls engere Toleranzen angegeben werden, so kann darauf ruhig erwidert werden, daß diese nicht eingehalten werden und auch zur Zeit nicht eingehalten werden können, zum mindesten nicht bei normaler Herstellungsweise, d. h. ohne Aufwand einer besonderen Sorgfalt im einzelnen Falle.

Zum Beweis möge Zahlentafel 14 dienen.

Diese enthält die Kugeldruckergebnisse 21 verschiedener Stahlsorten, deren Marken hier begreiflicherweise nicht genannt sind. Es sind durchweg Stähle führender Edelstahlwerke. Die Ergebnisse sind über einen längeren Zeitraum (ein Jahr und mehr) gesammelt und von verschiedenen Sendungen nach der oben beschriebenen Methode aufgeschrieben und zusammengezogen. Wie man sieht, füllen die Ergebnisse einiger dieser Stahlmarken eine außerordentlich breite Zone aus, dies bedeutet, daß sie verhältnismäßig ungleichmäßig zur Anlieferung gelangt sind.

Zahlentafel 14. Übersicht über die Gleichmäßigkeit einer Anzahl von Stahlsorten.

Nr. der Stahlsorte	Kugeldruckdurchmesser 10/3000																													
	3,0	3,1	3,2	3,3	3,4	3,5	3,6	3,7	3,8	3,9	4,0	4,1	4,2	4,3	4,4	4,5	4,6	4,7	4,8	4,9	5,0	5,1	5,2	5,3	5,4	5,5	5,6	5,7	5,8	5,9	6,0
1	—	—	—	—	—	—	—	—	2	5	61	26	288	297	184	31	8	—	—	—	—	—	—	—	—	—	—	—	—	—	—
2	—	—	—	—	—	—	—	—	—	—	12	57	199	60	5	8	—	—	—	—	—	—	—	—	—	—	—	—	—	—	—
3	—	—	—	—	—	—	—	3	23	20	40	7	1	—	—	—	—	—	—	—	—	—	—	—	—	—	—	—	—	—	—
4	—	—	—	—	—	—	2	5	16	12	15	24	67	80	32	46	63	28	26	20	12	—	—	—	—	—	—	—	—	—	—
5	—	—	—	—	1	1	6	14	23	32	139	189	366	336	215	103	47	16	—	—	—	—	—	—	—	—	—	—	—	—	—
6	—	—	—	—	—	—	—	—	2	5	11	6	111	90	113	35	36	30	22	16	3	2	1	—	—	—	—	—	—	—	—
7	2	8	29	26	55	208	223	116	67	95	74	80	47	15	—	—	—	—	—	—	—	—	—	—	—	—	—	—	—	—	—
8	—	—	—	—	—	—	1	23	112	101	328	147	108	45	27	4	2	1	—	—	—	—	—	—	—	—	—	—	—	—	—
9	—	—	—	—	—	—	—	—	—	—	—	26	21	36	22	3	6	—	—	—	—	—	—	—	—	—	—	—	—	—	—
10	—	—	—	—	—	2	13	6	13	19	25	34	44	23	24	6	40	57	14	4	1	—	—	—	—	—	—	—	—	—	—
11	—	—	—	—	—	—	—	—	—	—	—	—	—	—	—	—	3	5	23	29	110	86	57	49	26	3	—	—	—	—	—
12	—	—	—	—	—	—	—	3	17	51	91	31	20	10	17	40	12	3	1	—	—	—	—	—	—	—	—	—	—	—	—
13	—	—	—	—	—	—	—	—	—	6	4	—	5	5	5	7	17	9	23	7	8	—	—	—	—	—	—	—	—	—	—
14	—	—	—	—	—	—	2	13	41	76	52	30	14	5	1	3	7	1	—	—	—	—	—	—	—	—	—	—	—	—	—
15	—	—	—	—	—	—	10	5	13	62	174	93	53	54	25	8	—	—	1	—	—	—	—	—	—	—	—	—	—	—	—
16	—	—	—	—	—	—	—	—	—	—	—	—	—	—	—	—	1	—	10	13	27	14	12	17	17	17	7	1	3	—	—
17	—	—	—	—	—	—	1	11	40	114	161	173	180	33	13	—	—	—	—	—	—	—	—	—	—	—	—	—	—	—	—
18	—	—	—	—	—	—	4	9	19	14	43	34	155	121	97	70	25	17	11	8	8	3	—	—	1	—	—	—	—	—	—
19	—	—	—	—	—	—	—	—	—	—	2	7	14	31	258	113	100	103	76	56	66	31	43	27	5	—	—	—	—	—	—
20	—	—	—	—	—	—	—	—	—	—	—	—	—	—	—	14	44	44	52	39	108	58	69	166	179	131	159	111	72	21	41
21	—	—	—	—	—	1	2	6	13	17	19	2	—	—	—	—	—	—	—	—	—	—	—	—	—	—	—	—	—	—	—

Die geringste Toleranz besitzen die Sorten 2, 3 und 9, welche über einen längeren Zeitraum herüber in stets gleichbleibenden Sendungen von nur $^5/_{10}$ mm Kugeldruckdurchmesser Unterschied geliefert wurden, was in Festigkeit ausgedrückt einen Unterschied von rund 13 bis 22 kg ergibt. Alle übrigen Stahlsorten haben bedeutend weiter gesteckte Toleranzen. Man möge also aus obiger Zusammenstellung ersehen, daß die von den Stahlwerken angestrebten Toleranzen zur Zeit von keiner Seite auch nur im entferntesten eingehalten werden und daß die B.K.P. trotz ihrer scheinbar großen Toleranzen immerhin ein recht brauchbares Hilfsmittel ist, um bei größeren Stahllieferungen die Durchschnittsfestigkeit mit einer für die industrielle Praxis vollkommen ausreichenden Genaüigkeit feststellen zu können.

Bei weiterer Betrachtung der in der Aufstellung Zahlentafel 1 zusammengestellten Forschungsergebnisse ist bemerkenswert, daß, wie bereits eingangs erwähnt, die meisten Forscher sich kritiklos der von Brinell zuerst angegebenen Berechnungsweise von K_z aus der Formel

$$K_z = C \cdot H$$

angeschlossen haben. Mit Ausnahme von Hadfield [2]) und Döhmer [29]) ist trotz sonst sehr eingehender Erforschung aller mit der B.K.P. zusammenhängenden Verhältnisse hartnäckig an der Ausdrucksweise für C nach der Formel $K_z = C \cdot H_B$ festgehalten worden. Dies ist durchaus erklärlich und hat wahrscheinlich folgende Gründe: Hat man nämlich an einem Probestück in richtiger Weise den Zerreißwert und den Kugeldruckdurchmesser bzw. die Härtezahl ermittelt, so liegen zwei Zahlen vor; beispielsweise:

Härtezahl: 149 Festigkeit: 55,9.

Es scheint gar nicht anders möglich, diese beiden Zahlen auf eine andere Weise miteinander in Beziehung zu bringen als nach Formel $K_z = C \cdot H_B$, und man erhält ein $C = 0{,}375$.

Vor einer anscheinend unlösbaren Aufgabe steht man dann, wenn man bei einem weiteren Versuche findet:

Härtezahl: 126 Festigkeit: 48.

Hieraus ergibt sich nach obiger Formel ein C von 0,381, oder mit $C = 0{,}375$ gerechnet eine Festigkeit von 47,3 kg. Der Unterschied scheint zu klein, um ein mathematisches Gesetz ahnen zu lassen, er wird der Abweichung beim Versuch zugeschrieben. Anders wäre das Ergebnis gewesen, hätte man die beiden Werte in ein Koordinatensystem gezeichnet und mit einer Geraden verbunden und diesen bis zum Schnitt mit den Achsen verlängert, dann wäre sofort aufgefallen, daß diese Linie nicht durch den Koordinatenursprung geht und daher nicht durch eine einfache Beziehung von dem Aufbau

$$y = m \cdot x$$

auszudrücken ist, sondern nur unter Zuhilfenahme eines Berichtigungsgliedes nach der Formel

$$y = m \cdot x \pm p .$$

Selbstverständlich konnte dieser Schluß nicht auf Grund von nur zwei Ergebnissen gezogen werden, erst eine größere Anzahl Werte ergab diese Gewißheit, hier ein mathematisches Gesetz vor sich zu haben und nicht vor Abweichungen in den Versuchsergebnissen zu stehen.

Es ist jedoch noch sehr die Frage, ob ein Ausdruck in dieser Form die Beziehung zwischen Zerreißfestigkeit und Brinellhärtezahl restlos darzustellen imstande ist. Verfasser dieses hat vor Bekanntgabe seiner Ergebnisse [29]) noch eine Formel nach dem Aufbau

$$y = m \cdot x \pm \frac{x}{p} \pm k$$

in Betracht gezogen und als konkrete Formel für die Festigkeit etwa folgende Werte gefunden:

$$K_z = 0{,}354 \cdot H + \frac{650}{H} - 1{,}6 .$$

Später hat sich die Formel

$$K_z = 0{,}354 \cdot H + \frac{328}{H}$$

als noch zutreffender erwiesen. Hierin ist $k = 0$.

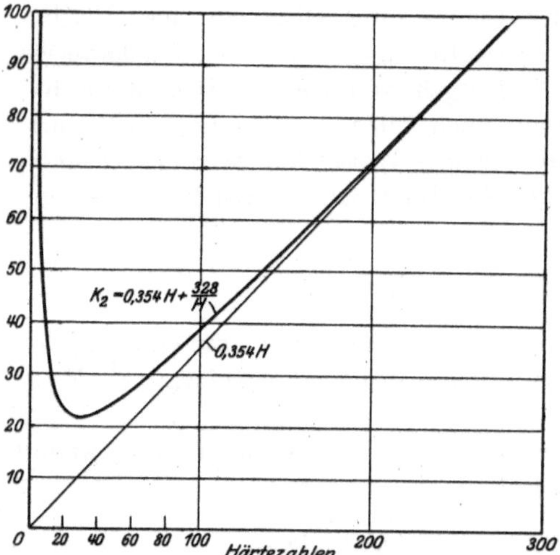

Diese Formel ergibt eine Kurve von nebenstehender Form.

Abb. 18. Linienzug nach der Formel: $K_z = 0{,}354\,H + \frac{328}{H}$.

Diese Kurve hat die Eigenschaft, an einer bestimmten Stelle ein Minimum zu besitzen und von da zur y-Achse hin fast senkrecht anzusteigen, während sie sich nach der anderen Seite mit leichter Krümmung einer Linie asymptotisch nähert, deren Winkel durch das erste Glied der rechten Seite obiger Gleichungen bestimmt ist. Es erschien dem Verfasser viel wahrscheinlicher, daß die Beziehung zwischen der Festigkeit und Brinellhärtezahl nicht durch einen einfachen Ausdruck nach der Form

$$y = m \cdot x \pm p,$$

sondern durch einen weniger einfachen nach der Form

$$y = m \cdot x \pm \frac{x}{p} \pm k$$

gegeben sei, besonders, da diese Linie auffälligerweise da umbiegt, wo man die Mindestzerreißfestigkeit des Eisens vermutet. Da jedoch keinerlei Anhalt zu der Annahme einer Krümmung, der die Beziehung darstellenden Linie vorhanden war, entschloß sich Verfasser, aus Gründen der Einfachheit und Übersichtlichkeit, ferner leichterer Errechenbarkeit zur Veröffentlichung seiner Formel

$$K_z = 0{,}343\,H + 4{,}8\,,$$

es weiteren Untersuchungen überlassend, ob nicht doch eine der oben angegebenen Formeln noch besser geeignet ist, die Beziehung auszudrücken.

Es ist nach vorstehendem leicht begreiflich, warum die Bemühungen so vieler Forscher, eine Beziehung zwischen Zerreißfestigkeit und Härtezahl zu finden, so wenig befriedigende Ergebnisse gezeitigt haben. Hatten doch schon die durch die Technischen Hochschule Stockholm bekanntgegebenen Ergebnisse den Nachteil, bei $H = 173$ einen Absatz

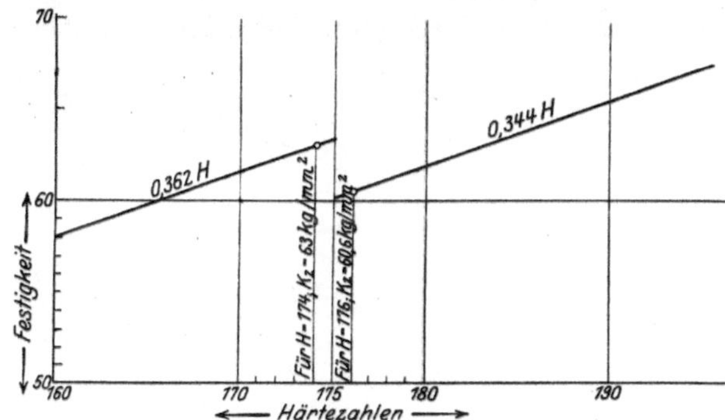

Abb. 19. Vergrößerte Darstellung der Unstetigkeit beim Übergang von H 170 auf 180 für die Beiwerte 0,362 und 3,44.

aufzuweisen. Wenn man genau nach Vorschrift vorging, so erhielt man beispielsweise folgende Worte für K_z:

$$H = 174;\ C = 0{,}362;\ K_z = 63\ \ \text{kg/mm}^2$$
$$H = 176;\ C = 0{,}344;\ K_z = 60{,}6\ \text{kg/mm}^2.$$

In den Festigkeitszahlentafeln mußte man sich daher so gut es ging mit einer Abänderung der Zahlen helfen, die zeichnerisch vergrößert dargestellt ein recht eigenartiges Bild bieten (Abb. 19).

Mangels zeichnerischer Darstellung und analytischer Behandlung sind so viele hervorragende Untersuchungen nur zum Teil fruchtbringend ausgewertet worden. Z. B. die glänzenden Ergebnisse von William und Barnes[141]) und manche andere.

Es sei nun noch einmal das Verhältnis der bereits eingangs erwähnten von E. Meyer vorgeschlagenen Härtezahl

$$p_m = \frac{P}{\frac{d^2 \pi}{4}}.$$

zur Brinellschen Härtezahl

$$H_B = \frac{2P}{\pi D\left(D - \sqrt{D^2 - d^2}\right)}$$

betrachtet, und zwar besonders bezüglich der Beziehung zur Zerreißfestigkeit. Wie bereits auf S. 18 erwähnt, wächst die Oberfläche der Kugelkalotte mit wachsender Eindrucktiefe schneller als die Fläche des Eindruckkreises, infolgedessen nimmt der Quotient $\frac{P}{H_B}$ schneller ab als der Quotient $\frac{P}{p_m}$.

In nachstehenden Diagrammen ist das Verhältnis der genannten Werte zueinander zeichnerisch dargestellt, und zwar ist in Abb. 20 das

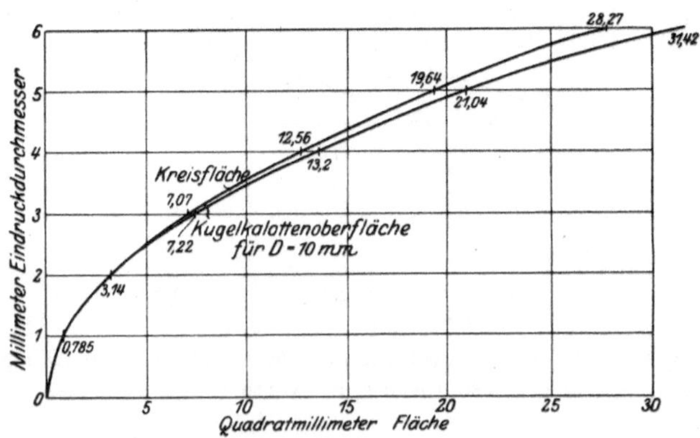

Abb. 20. Gegenüberstellung von Kreisfläche und Kugelkalottenoberfläche.

schnellere Wachstum der Werte für $\frac{\pi}{2} D\left(D - \sqrt{D^2 - d^2}\right)$ gegenüber $\frac{d^2\pi}{4}$ ersichtlich, während die Abb. 21 eine Gegenüberstellung der Werte von p_m und H_B für $P = 3000$ kg darstellt.

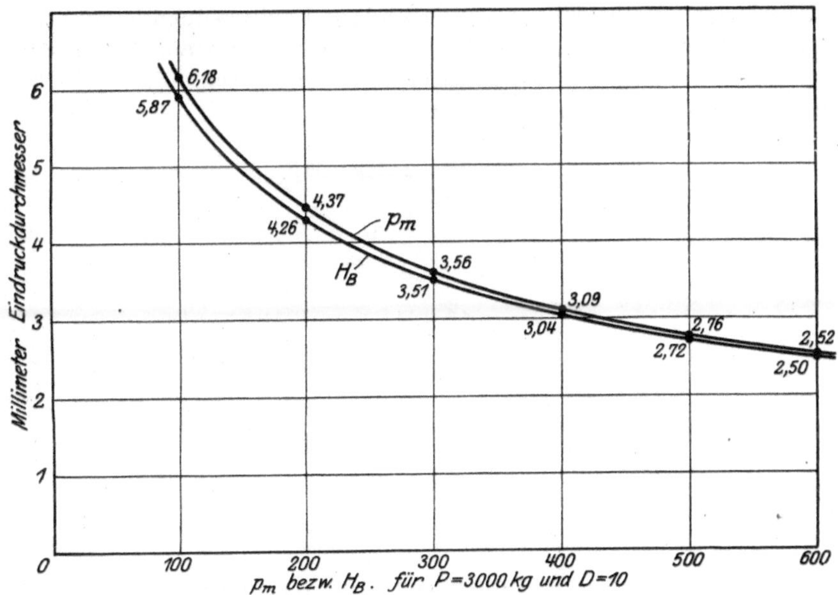

Abb. 21. Gegenüberstellung des mittleren Druckes p_m und der Brinellschen Härtezahl H_B.

Das Verhältnis von p_m und H_B zur Zerreißfestigkeit ist in folgender Zahlentafel zahlenmäßig zusammengestellt:

Zahlentafel 15. Verhältnis von p_m und H_B zu K_z.

d	für $P = 3000$ kg		$K_z = 0{,}35\,H_B + 2$	d	für $P = 3000$ kg		$K_z = 0{,}35\,H_B + 2$
	p_m	H_B			p_m	H_B	
2,5	611	601	—	4,5	189	179	65
2,6	565	555	196	4,6	180	170	62
2,7	524	514	182	4,7	173	163	59
2,8	487	477	167	4,8	166	156	57
2,9	454	444	157	4,9	159	149	54
3,0	424	415	147	5,0	153	143	52
3,1	398	388	138	5,1	147	137	50
3,2	373	363	129	5,2	140	131	48
3,3	351	341	121	5,3	136	126	46
3,4	330	321	114	5,4	131	121	44
3,5	312	302	108	5,5	126,5	116	43
3,6	295	285	102	5,6	121,5	111	41
3,7	279	269	96	5,7	117,5	107	40
3,8	264	255	91	5,8	113,2	103	38
3,9	251	241	86	5,9	109,8	99,2	37
4,0	239	229	82	6,0	106	95,5	35
4,1	227	217	78	6,1	102,5	92	34
4,2	217	207	74	6,2	99,5	88,7	—
4,3	207	197	71	6,3	96,1	85,5	—
4,4	197	187	68	6,4	93,2	82,5	—

In dieser Tabelle sind zu den jeweiligen Eindruckdurchmessern d die zugehörigen p_m und H_B für $P = 3000$ kg und die Zerreißfestigkeiten K_z aus den neu festgestellten Mittelwerten angegeben. Zeichnerisch dargestellt ergibt sich folgende Abb. 22.

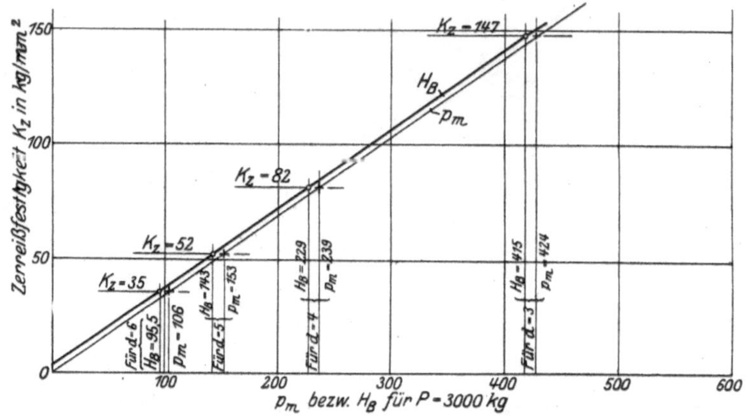

Abb. 22. Verhältnis von p_m und H_B zu K_z.

Betrachtet man die in vorstehender Zahlentafel 15 und Abb. 22 dargestellten Werte für p_m, mit Bezug auf ihr Verhältnis zur Zerreißfestigkeit, so wird man finden, daß die Multiplikation von p_m mit einem Wert 0,344 zwanglos eine recht gute Übereinstimmung mit den aus den Brinellschen Härtezahlen mittelst der Formel $0{,}35\,H + 2$ errechneten Werten ergibt und daß die Linie, welche die Beziehung $0{,}344\,p_m$ darstellt, durch den Koordinatenursprung geht, also keines Korrekturgliedes bedarf. Die Abweichung ist für niedrige Festigkeiten von ca. $35 \div 50$ kg positiv, von $50 \div 100$ kg ist sie so klein, daß sie vernachlässigt werden kann und über 100 kg ist sie negativ.

Es lag daher die Vermutung nahe, daß sich aus der gegenüber der Brinellschen einfacheren Formel von Meyer durch Einsetzen des genormten Wertes von $P = 3000$ kg eine einfache Faustformel errechnen lassen müßte. Dies bestätigte sich in der Tat, wie die folgende Ableitung zeigt:

$$K_z = 0{,}344\,p_m = 0{,}344\,\frac{P}{\frac{d^2\pi}{4}} = 0{,}344 \cdot \frac{3000 \cdot 4}{d^2 \cdot \pi} = \frac{1314}{d^2}\,.$$

Für die 5-mm-Kugel ergibt sich bei dem zugehörigen Prüfdruck nach DINORM 1605 von $30\,d^2 = 750$ kg für die Formel folgender Wert:

$$K = \frac{328}{d^2}$$

Diese Formeln sind auf dem Rechenschieber mit einer Einstellung ablesbar und decken sich in dieser Form nahezu vollständig mit der Mittelwertsformel:

$$K_z = 0{,}35\,H + 2\,.$$

Bei genauerem Vergleich der verschiedenen gegenübergestellten Werte scheint es, als ob die Edelstähle höhere Werte für K_z ergeben als der Durchschnitt; es sind dies jedoch keineswegs allein legierte oder besonders hoch legierte Stähle, bei welchen eine Abweichung vielleicht vermutet werden könnte, es scheinen vielmehr auch unlegierte Sonderstähle, auf deren Güte eine besondere Sorgfalt in der Herstellung gelegt worden ist, den Durchschnitt zu überragen, ohne daß es jedoch möglich wäre, dies zahlenmäßig anzugeben.

Es kann daher der neu festgesetzte Mittelwert für K_z als allgemeingültig für alle legierten und unlegierten Eisen- und Stahlsorten, gleichviel welcher Herkunft und auf welche Weise kaltbearbeitet oder wärmebehandelt, bezeichnet werden. Dies schließt natürlich nicht die Anwendung bestimmter, für gewisse Stahlsorten besonders ermittelter Werte aus, im Gegenteil es ist sehr zu empfehlen, die erhaltenen Werte nach Möglichkeit ständig mit den wirklichen Zerreißergebnissen zu vergleichen, um bei genügender Anzahl der Vergleiche die berichtigten Werte für die betreffenden Stahlsorten zu benützen.

Es sei nun nochmals auf die eingangs dieses Kapitels gemachte Einschränkung hingewiesen, daß die Beziehung zwischen Zerreißfestigkeit und Brinellhärte nur bei einschnürenden Werkstoffen besteht. Wenn trotzdem versucht worden ist, die Zerreißfestigkeit des Gußeisens nach einer ähnlichen Formel zu errechnen, so müssen die Grenzen für die Festigkeitswerte noch erheblich viel weiter gesteckt werden als bei den einschnürenden Materialien. Auch hier ist die gebieterische Forderung der Praxis die Anregung dazu gewesen, nach einer solchen Beziehung zu suchen, und es ist wohl in erster Linie der Wunsch der Hersteller gewesen, das Verhältnis zwischen H_B und K_z bei Gußeisen kennenzulernen, um den vielfachen Wünschen ihrer Abnehmer nach Qualitätsguß von höchster Festigkeit entsprechen zu können.

E. Schütz [127]) hat das Verhältnis von H_B zu K_z an Gußeisen eingehend erforscht. Es ist hauptsächlich die Anisotropie des Gußeisens, welche kein günstiges Ergebnis erwarten läßt. Überraschenderweise scheint es Schütz dennoch gelungen zu sein, eine Beziehung zu finden, welche wohl geeignet ist, an fertigen Stücken, welche nicht zerstört werden sollen, einen Ersatz für die Zerreißprobe zu bieten. Die Formel lautet:

$$K_z = \frac{H - 40}{6}\ \text{kg/mm}^2\,.$$

Schütz rechtfertigt die Aufstellung dieser Beziehung wie folgt:

Wenn man sich vergegenwärtigt, daß Gußeisen von hoher Festigkeit (28 kg/mm²) aus feinstreifigem Perlit als Grundmasse besteht, in welchem der freie Kohlenstoff als kurzblättriger Graphit in feinster Verteilung vorhanden sein muß, wogegen leichtest bearbeitbarer Feinguß von hoher Weichheit (10 kg/mm²) möglichst nur Ferrit und Graphit enthalten soll, so ist es offensichtlich, daß hier zwei Einflüsse nebeneinander hergehen; die Menge des Perlits und die Form, in der sich der Graphit abgeschieden hat. Die Härte des Gußeisens ist nun in erster Linie abhängig von seinem Gehalt an gebundenem Kohlenstoff und wird durch den Graphit nur wenig beeinflußt, während für die Festigkeit der Graphit und die Form seiner Ausscheidung der wichtigste Punkt ist. Bei normaler Herstellung aber gehen beide Einflüsse bis zu einem gewissen Grade parallel, da sich bei der Darstellung von perlitischem Gußeisen der Graphit meist feinblättrig abscheidet, während ferritisches Gußeisen meist grobblättrigen Graphit enthält. Normale Herstellungsweise der betreffenden Gußeisensorte vorausgesetzt, kann die Anwendung obiger Faustformel für einen beschränkten Geltungsbereich gerechtfertigt erscheinen. Sie stimmt mit einer von Portevin angegebenen Formel $K_z = 0{,}2\,H - 13$ annähernd überein, jedoch nicht mit den Ergebnissen, wie sie Wüst und Stühlen erhielten und wie sie in der Praxis teilweise beobachtet werden.

Außer den bisher behandelten Stahl-, Schmiede- und Gußeisensorten hat sich das Interesse der Praxis auch auf andere Metalle erstreckt, wie z. B. Kupfer, Messing, Bronze, Aluminium und Nickel. Bei diesen ist zu bemerken, daß sich insbesondere für Messing und Bronze in gegossenem Zustande keine Beziehung zwischen H_B und K_z feststellen läßt, wie dies wohl leicht erklärlich ist, hängt doch die Zerreißfestigkeit dieser Stoffe sehr von ihrer Zusammensetzung und dem Schmelzprozeß ab. Es ist auch bisher keineswegs gelungen, die Brinellhärte bei roh gegossenen Legierungen in eine sichere Beziehung zu bestimmten Legierungszusätzen, z. B Zinn oder Zink, zu bringen, wie eingehende Untersuchungen von L. Guillet zeigen, vielmehr ist es erforderlich, das grobe Korn des rohen Gusses durch eine geeignete Behandlung (Schmieden, Pressen, Walzen oder Ziehen) zu verfeinern und aus dem anisotropen Zustand wenigstens einen quasiisotropen zu machen. Unter dieser Voraussetzung kann man auch an Messing und Bronzesorten brauchbare Werte für Festigkeitsvergleiche erhalten, insbesondere, wenn es sich um hochwertige Bronzesorten handelt, die in Form von Preß- oder Schmiedestücken zur Anlieferung gelangen. L. Guillet und Révillon haben auch diese Verhältnisse einer eingehenden Untersuchung unterzogen und kommen auf Grund von etwa 60 Versuchen an Kupfer, Messing, Spezialmessing, Bronze und Aluminiumbronze, deren genaue Analysen sie angeben, zu dem Schluß, daß für diese Werkstoffe folgende Beziehungen gelten:

1. in kaltbearbeitetem Zustand: $K_z = 0{,}405\,H$,
2. in ausgeglühtem Zustand: $K_z = 0{,}55\,H$.

Um zu prüfen, ob nicht vielleicht durch Zufügung eines Korrekturgliedes eine bessere Annäherung an die Werte erzielt werden könnte, hat Verfasser die zahlenmäßig mitgeteilten Ergebnisse zeichnerisch nachgeprüft, doch läßt sich durch eine etwaige Korrektur keine bessere Annäherung an die Wirklichkeit erzielen, die beiden Kurven gehen zwanglos durch den Koordinatenursprung.

Für hochwertige Bronzen, wie Dynamobronze, Admosbronze, Rübelbronze und Deltametalle, dürften obige Werte nach den Erfahrungen des Verfassers etwas zu hohe Resultate ergeben. Für diese Bronzesorten empfiehlt es sich, nach der für Stahl- und Eisensorten neu festgestellten Mittelwertsformel

$$K_z = 0{,}35\,H + 2$$

im kaltbearbeiteten Zustand zu rechnen und für den geglühten Zustand einen Erfahrungswert zu nehmen, den man sich am besten von den betreffenden Lieferwerken angeben läßt. Für Duraluminium gibt der Metalltechnische Kalender 1923 den Beiwert zu 0,37 an und für andere Aluminiumlegierungen zu 0,33.

Es wäre jetzt noch der Einfluß der Walzrichtung auf die Beziehung der Kugeldruckhärte zur Zerreißfestigkeit zu behandeln. Wir finden diesen Einfluß nur in den Untersuchungen der technischen Versuchsanstalt zu Stockholm zahlenmäßig berücksichtigt.

Diese haben sich auf Eisen- und Stahlsorten von etwa 0,05—1,1 % C erstreckt. Über die metallurgische Entstehung der Proben ist nichts Besonderes erwähnt, so daß man auf einen normalen Herstellungsprozeß schließen darf, das würde also heißen, daß die Proben aus einem vorgeschmiedeten Ingot durch Walzen hergestellt worden sind. Vergegenwärtigt man sich nun die Entstehung eines Ingots, so kann man also auch wohl annehmen, daß in den gewalzten Proben die normalerweise fast immer anzutreffenden Seigerungen vorhanden gewesen sein werden.

Diese Seigerungen bestehen bekanntlich in Entmischungen während des Erstarrens der Schmelze. Im unteren Teil des Ingots und an den Kokillenwänden erstarrt zuerst ein verhältnismäßig reineres Eisen, während im Kern eine Anreicherung von Phosphor und Schwefel stattfindet, so daß der untere Teil des Ingots und ein gewisser Mantelteil aus einem verhältnismäßig reineren Material besteht als der obere.

Besonders der Kopf des Ingots ist außerordentlich reich an Phosphor und Schwefel und enthält außerdem noch zahlreiche Gasblasen und Lunker, von denen wohl ein Teil bei gutem Durchschmieden später noch zusammengeschweißt wird, die aber in der Hauptsache mit dem Kopf des Ingots abgeschnitten werden müssen. Je nachdem nun bei der Durchschmiedung der Ingots mehr oder weniger Kopf weggeschnitten wird, um so reiner oder seigeriger wird das Walzerzeugnis sein. Im Interesse einer nicht zu geringen Ausbeute ist man natürlich bestrebt, nur so viel abzuschneiden, als eben notwendig, und es kann daher wohl auch vorkommen, daß in Einzelfällen zu wenig abgeschnitten wird, so daß eine erhebliche Seigerung in dem Fertigerzeugnis verbleibt.

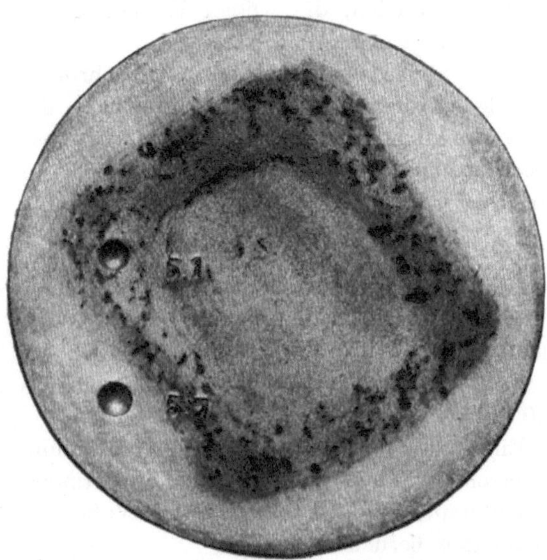

Abb. 23. Starke Seigerung in einem gewalzten Rundmaterial, 90 mm Durchmesser. Kern 5,1 mm, Rand 5,7 mm, Kugeleindruck 10/3000.

Die Seigerungen werden nun durch das Auswalzen in die Länge gestreckt, bleiben aber in dem ursprünglichen Verhältnis zum Querschnitt bis in die kleinsten Stäbe, sogar in ganz dünnen Drähten erhalten.

Abb. 23 stellt eine derartige Seigerung an einem Rundstab von 90 mm Durchmesser dar. Abb. 24 zeigt eine Anzahl Schrauben mit starken Seigerungen. Es ist keine Seltenheit, daß — besonders bei kaltgezogenen Schraubeneisen — 50 % einer bestimmten Lieferung starke Seigerungen zeigt, während die restlichen 50 % frei oder teilweise frei davon sind. Sonderstähle des Autobaues sind vielfach seigerungsfrei. Prüft man nun die Härte solcher Stangen in der Walzrichtung und senkrecht dazu, so erhält man in beiden Richtungen verschiedene Werte für die Härte, und wenn man eine solche Sendung in dieser Weise ganz durchprüft, so kann man natürlich auch keine stetige Beziehung zwischen den beiden Richtungen finden, denn die von Seigerung freien Stangen ergeben annähernd gleiche Härte in beiden Richtungen, während Stangen mit starken Seigerungen in der Walzrichtung brinelliert größere Härte bei gleichzeitig geringerer Festigkeit zeigen je nach dem Grade der Seigerung. Da nun die Seigerungen doch als ein anormaler Zustand aufzufassen ist, ergibt sich, daß man beim Brinellieren in der Walzrichtung nicht immer richtige, d. h. dem normalen Material entsprechende Härtezahlen erhält und von diesen natürlich auch nicht auf die Zerreißfestigkeit schließen sollte. In der Praxis findet man auch aus ganz natürlichen Gründen die Gewohnheit verbreitet, die B.K.P. senkrecht zur Walzrichtung vorzunehmen, besonders bei der Prüfung von Stangen mit den üblichen Brinellpressen. Solange man die Stangen noch normalerweise transportieren kann, werden sie zur Brinellpresse gebracht, erst bei dicken Stangen von großem Gewicht benutzt man oft den ersten Arbeitsvorgang um eine Probescheibe abtrennen zu lassen. In solchen Fällen sollte man möglichst auch immer etwaige Seigerungen feststellen und bezüglich Berechnung der Festigkeit einige Zurückhaltung beobachten, besonders dann, wenn die Eindrücke mit Ersatzapparaten, z. B. Kugelschlaghämmern, erzeugt worden sind. Hierbei können sich

Abb. 24. Stark geseigertes Sechskant-Schraubenmaterial. Guter Mantel abgedreht, schlechter Kern als Schraubenschaft verblieben.

unter Umständen infolge Überlagerung zweier Fehlerquellen oft ganz unzutreffende Werte ergeben.

Es kann daher nur empfohlen werden, die Festigkeit aus Kugeldruckproben senkrecht zur Walzrichtung zu berechnen.

Beziehung der Brinellhärte zur Streckgrenze und Dehnung.

Die großen Erfolge der B.K.P. bei der Bestimmung der Zerreißfestigkeit waren der Ansporn dazu, auch nach etwaigen weiteren Beziehungen zu anderen Werten zu suchen. Die nächstliegendste Vermutung war, die Härte in eine Beziehung zur Streckgrenze zu setzen. Zahlreiche Hinweise in der Literatur deuten darauf hin, daß man eine Beziehung zwischen der Streckgrenze und der Härte theoretisch für viel wahrscheinlicher gehalten hat als eine solche zur Zerreißfestigkeit. Die Tatsachen haben dieser Vermutung unrecht gegeben. Es ist bisher nicht gelungen, eine praktisch brauchbare Beziehung zwischen Härte und Streckgrenze zu finden.

Was für die Streckgrenze wahrscheinlich schien, daß nämlich eine Beziehung zwischen ihr und der Härtezahl bestehen könne, ist in bezug auf die Dehnung einigermaßen unwahrscheinlich. Trotzdem ist ein Versuch unternommen worden, nach einer solchen Beziehung zu suchen [95]). Daß diesem Versuch jede theoretische Unterlage fehlt, darf man ihm nicht zum Vorwurf machen, ist doch auch die Beziehung zwischen der Härtezahl und der Zerreißfestigkeit rein empirisch beobachtet worden.

Man bestimmt zuerst auf bekannte Weise mit einer 10-mm-Kugel unter 3000 kg Druck die Brinellhärte H_B des Materials. Dann wird mit einer Kugel von 6 mm unter einem Druck von 10 H_B-kg ein Eindruck gemacht, dessen Durchmesser d_0 nicht mehr als 3,39 mm und nicht weniger als 3,35 betragen soll. Belastungsdauer ½ Minute.

Den zweiten Kugeleindruck macht man mit einer Kugel von 10 mm Durchmesser an derselben Stelle, aber unter einem Druck von nur $\frac{P}{2}$ kg. Sodann werden die neu entstandenen beiden Eindruckdurchmesser d_1 und d_2 genau gemessen und ein Wert i berechnet nach folgender Beziehung:

$$i = \frac{d_1 - d_0}{d_0 - d_2}.$$

Der Wert i bildet einen Vergleichswert für die Zähigkeit des Materials, diese ist um so größer, je größer der Wert i ist. Eingehende Versuche haben überraschenderweise ergeben, daß die i-Werte mit den durch den Zerreißversuch bestimmten Dehnungswert in einem bestimmten Verhältnis zu stehen scheinen.

Der Zusammenhang, wie er sich aus den Versuchen ergeben hat, ist in nachstehender Zahlentafel 16 angegeben:

Zahlentafel 16. Werte von $\mathfrak{D}$ für verschiedene i-Werte.

$i =$	0,4	0,42	0,44	0,46	0,48	0,50	0,52	0,54	0,56	0,58
$\mathfrak{D} =$	5,5	7,2	8,8	10,3	11,6	12,8	13,9	14,9	15,8	16,8
$i =$	0,60	0,62	0,64	0,66	0,68	0,70	0,72	0,74	0,76	0,78
$\mathfrak{D} =$	17,4	17,9	18,5	19,1	19,6	20,1	20,5	21,0	21,4	21,9
$i =$	0,80	0,82	0,84	0,86	0,88	0,90	0,92	0,94	0,96	0,98
$\mathfrak{D} =$	22,3	22,8	23,3	23,9	24,5	25,2	26,0	27,0	28,0	29,2
$i =$	1,00	1,02	1,04	1,06	1,08	1,10	1,12			
$\mathfrak{D} =$	30,5	32,0	33,6	35,6	37,7	40,1	43,5%			

$\mathfrak{D}$ bedeutet hier die Dehnung in Prozent der Meßlänge 11,3 $\sqrt{F}$.

Diese Werte zeichnerisch aufgetragen ergeben die Abb. 25.

Mit Hilfe dieser Werte soll sich außerdem noch die Zerreißfestigkeit des Materials mit praktisch genügender Genauigkeit feststellen lassen nach der Formel

$$K_z = 0{,}342\,\frac{P}{d}\left(1 + \frac{\mathfrak{D}}{100} + \frac{\mathfrak{D}}{1000}\right),$$

worin $\mathfrak{D}$ hier der in der Zahlentafel angegebene Dehnungswert ist.

Nachstehend ein Berechnungsbeispiel.

Material: Schöller Marke H. N. C. III.

Brinellprobe mit 10-mm-Kugel und 3000 kg Druck ergibt $d = 4{,}25$ entsprechend $H_B = 201$.

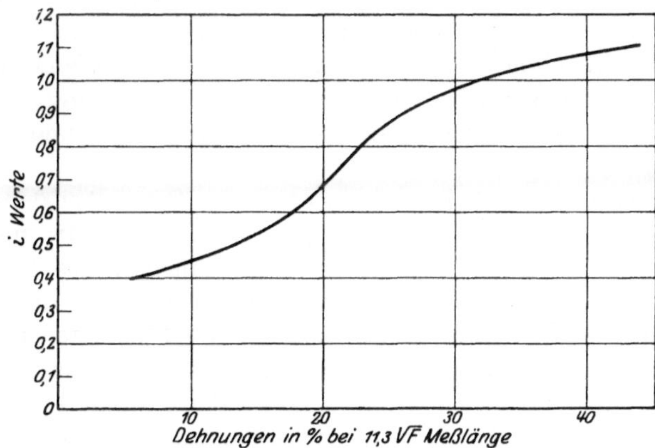

Abb. 25. Linie der i-Werte im Vergleich zur Drehung.

Doppelkugeldruckprobe:

1. Prüfdruck $P = 10\,H_B = 10 \cdot 201 = 2010$ kg
   Kugeldruck mit 6-mm-Kugel ergibt $d_0 = 3{,}355$ mm Durchmesser,
2. Prüfdruck $\frac{P}{2} = \frac{2010}{2} = 1005$ kg
   Kugeldruck mit 10-mm-Kugel ergibt: $d_1 = 3{,}7$ mm
   und $d_2 = 2{,}8$ mm,

daraus $i = \frac{d_1 - d_0}{d_0 - d_2} = \frac{0{,}345}{0{,}555} = 0{,}622$ entsprechend $\mathfrak{D} = \mathbf{17{,}96}$ %

$$K_z = 0{,}342\,\frac{P}{d_0^2}\left(1 + \frac{\mathfrak{D}}{100} + \frac{\mathfrak{D}}{1000}\right) = 0{,}342 \cdot 178{,}6 \cdot 1{,}197 = \mathbf{73{,}1\ kg/mm^2}.$$

Der Wert für K_z stimmt mit dem nach der Formel $0{,}35\,H + 2$ errechneten Wert und mit der wirklichen Zerreißfestigkeit dieses Materials befriedigend überein; ob die Dehnung allgemein eine so gute Übereinstimmung mit der Wirklichkeit ergibt, wird erst noch durch eine größere Anzahl von Kontrollversuchen zu prüfen sein.

Beziehung der Brinellhärte zu Bearbeitbarkeit der Metalle.

Wenngleich auch die B.K.P. niemals Anspruch darauf erhoben hat, ein brauchbares Mittel zur Prüfung der Bearbeitbarkeit der Metalle zu sein, so wird doch immer wieder die Frage erhoben, ob es nicht möglich sei, einen, wenn auch nur annähernden Schluß auf die Bearbeitbarkeit tun zu können. Unter Bearbeitbarkeit ist hier die Bearbeitung der Metalle durch Schneidwerkzeuge verstanden, wie Fräser, Bohrer, Drehstähle usw. Das typische Prüfverfahren für die Bearbeitbarkeit ist das Bohrverfahren nach Prof. Kessner; es besteht im wesentlichen darin, daß ein Bohrer von besonderer Form bei gleichbleibender Umlaufzahl und gleichbleibendem Bohrdruck in das zu prüfende Material eindringt, bei weichen Stoffen schneller, bei härteren langsamer. Als Maß der Bearbeitbarkeit dient die Lochtiefe pro 100 Umdrehungen des Bohrers.

Es ist klar, daß das Abheben eines Spanes, wie es bei dem Bohrverfahren erfolgt, mit der Härte, wie sie die B.K.P. prüft, nicht unmittelbar zusammenhängen kann, wenn auch ein gewisses Verhältnis in großen Zügen zu bestehen scheint, insofern nämlich, daß weiche Stoffe mit einer kleinen Brinellhärte sich leichter bearbeiten lassen als solche mit einer hohen Brinellhärte. Die Praxis hat gezeigt, daß hier die Zähigkeit eine wesentliche Rolle spielt. Bei 3,8 mm Kugeldruckdurchmesser (10/3000) bereitet die Bearbeitung bereits erhebliche Schwierigkeiten. Bei Nickelstählen ist die Bearbeitungsmöglichkeit manchmal noch bis 3,5 mm Kugeldruckdurchmesser (10 mm Durchmesser 3000 kg) vorhanden, während bei Manganstählen mit hohem Mangangehalt (z. B. Böhler, „Chronos") eine normale Bearbeitung mit Schneidwerkzeugen unmöglich ist, trotzdem der Kugeldruckdurchmesser nur 4,3—4,1 mm beträgt. Ähnliches gilt für Manganbronzen und manche andere Bronzesorten besonderer Zusammensetzung, welche trotz verhältnismäßig geringer Brinellhärte außerordentlich mühsam zu bearbeiten sind. (Als extremstes Beispiel kann hier Hartgummi dienen, müssen doch die Schreibmaschinenwalzen mit Diamanten abgedreht werden, da kein Stahl beim Drehen derselben die Schneide behält.)

Im praktischen Betrieb kommt es oft vor, daß die Werkstatt die Schnittgeschwindigkeit für die verschiedenen Materialien nach der B.K.P. festzusetzen wünscht. Mit Rücksicht auf die Verschiedenheit der Umstände, insbesondere Material, Art, Härtung, Form und Schärfe des Werkzeugs, können allgemeingültige Regeln nicht hierfür gegeben werden, doch kann das nachstehende Schaubild einen Begriff von dem Verlauf der Beziehung zwischen Bearbeitbarkeit und Kugeldruckdurchmesser geben (Abb. 26).

Die Werte beziehen sich auf das Drehen von handelsüblichem Kohlenstoffstahl unter normalen Verhältnissen. Es sind Mittelwerte, die je nach Umständen über- bzw. unterschnitten werden können. Abweichungen kommen insbesondere bei wärmebehandelten (vergüteten) Stählen vor. Diese lassen sich oft erheblich schwerer bearbeiten, besonders wenn die Vergütung im Verhältnis zum Kohlenstoffgehalt bzw. zur Festigkeit im Naturzustand (Walzzustand) hochgetrieben worden ist.

Von legierten Stählen sind bei gleichen Brinellhärten die reinen Nickelstähle häufig leichter zu bearbeiten als Kohlenstoffstähle. Chromstähle und Chromnickelstähle sind unter den gleichen Umständen erheblich schwerer zu bearbeiten. Dies scheint mit der Bildung eines außerordentlich harten Doppelkarbides zusammenzuhängen, welches sehr beständig ist und nur durch sehr sorgfältiges und geschicktes Glühen

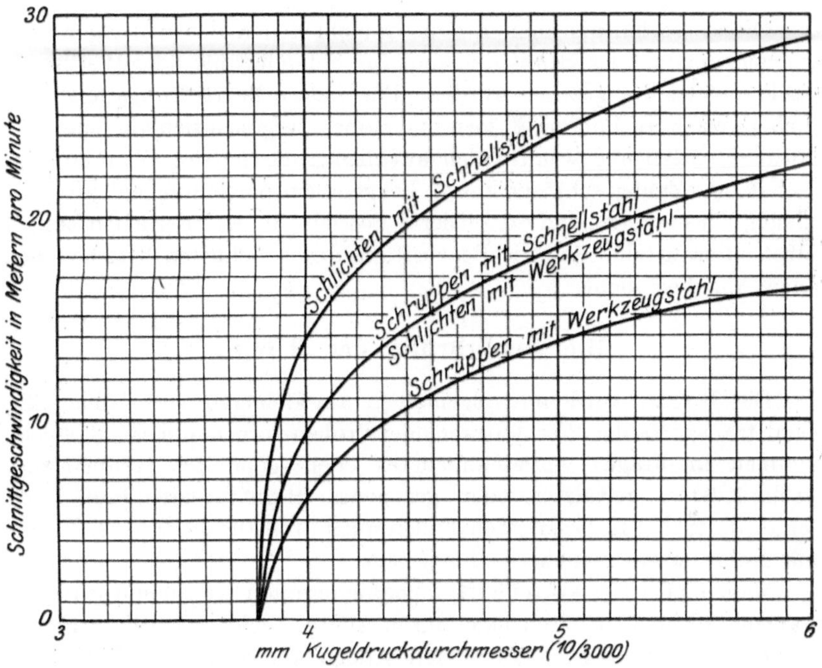

Abb. 26. Schnittgeschwindigkeit in Abhängigkeit vom Kugeldruckdurchmesser.

zu einem teilweisen Zerfall zu bringen ist. Die besten Ergebnisse erzielt man hierbei, wenn man die Teile eben bis auf 600° erhitzt (Bleibad) und sie dann in Wasser abschreckt. Dadurch wird die Neubildung des bei 600° schon wieder teilweise zerfallenen Doppelkarbides unterdrückt, und die Teile lassen sich wesentlich besser bearbeiten als nach der üblichen Glühung. Eine geringe Überschreitung der Temperatur von 600° begünstigt die Neubildung des Doppelkarbides und die Teile werden dann wesentlich härter als vorher, daher ist eine solche Glühung nur bei sorgfältigster Beobachtung mittelst eines guten Pyrometers erfolgreich.

Handelt es sich in der Werkstatt darum, auf Grund der B.K.P. Zulagen auf die Dreherlöhne zu geben, so können folgende Zahlen einen Anhalt geben.

Setzen wir den Lohn für die Dreharbeit eines Stückes mit 6 mm Kugeldruckdurchmesser gleich 100, so ergeben sich für kleinere Durchmesser ungefähr folgende Vergleichsverhältnisse:

Kugeldruck-durchmesser:	6	5,8	5,6	5,4	5,2	5,0	4,8	4,6	4,4	4,2	4,0	3,8 mm
Lohn:	100	103	106,5	110	114	120	127	140	157	183	275	∞ %

Dieses Verhältnis kann für die verschiedenen Bearbeitungsweisen wie Schruppen oder Schlichten und für Schnellstähle oder Werkzeugstähle als gleich angesehen werden. Für andere Bearbeitungsweisen als Drehen, wie z. B. Bohren, Fräsen und Hobeln, ergeben sich ähnliche Verhältnisse, so daß man, wenn es nicht auf allzu große Genauigkeit ankommt, nach obigen Zahlen schätzen kann. Bei genauen Berechnungen empfiehlt es sich, für entsprechend organisierte Betriebe die erforderlichen Zahlen selbst zu ermitteln. Auf die Bearbeitung durch Schleifen beziehen sich obige Angaben nicht.

Die Ausführung der B.K.P.

Die B.K.P. wird im allgemeinen an kleineren verhältnismäßig leicht transportablen Werkstücken oder Proben vorgenommen; als solche kommen in Frage: vorgeschmiedetes oder -gepreßtes Rohmaterial, geschmiedetes, gewalztes oder gezogenes Halbfabrikat, Preß- und Schmiedestücke, in besonderen Fällen auch Gußstücke, Drähte, Bleche und Rohre sowie mancherlei Fertigteile.

Manchmal ist es vorteilhaft, insbesondere von langen und schweren Stangen, Blechen, Rohren usw. durch Absägen oder Abstechen Probescheiben abzutrennen; diese dürfen jedoch keineswegs zu dünn sein. Nach den Versuchen Brinells ist bei Schmiedeeisen bis zu 2,5 mm kein Einfluß der Dicke auf die Härtezahl festzustellen. Ist man gezwungen, dünne Scheiben oder Bleche zu prüfen, muß man von der Verwendung der normalen 10-mm-Prüfkugel bei 3000 kg abgehen und eine entsprechend kleinere Kugel bei geringerem Prüfdruck wählen.

Für die Größe der in solchen Fällen anzuwendenden Kugeln gibt die DINORM 1605 die erforderlichen Richtlinien. Siehe Zahlentafel 3 auf S. 24.

Von größerem Einfluß als die Dicke der Probestücke ist ihre Breite auf das Ergebnis der Kugeldruckprobe. Dies hat seinen Grund in seitlichem Ausweichen des Materials. Brinell fand bei flachen Probestücken aus weichem Flußeisen bei 17 mm Breite bereits eine Abnahme der Härtezahl um 7 % des Wertes bei 35 mm Breite. Man wird keinen großen Fehler begehen, wenn man die Breite der Probestücke etwa gleich dem 5fachen des Eindruckdurchmessers nimmt. Dementsprechend wird man bestrebt sein müssen, bei Fällen, in denen man gezwungen ist, an Rändern von Probestücken die Kugeldruckprobe vorzunehmen, einen Abstand von etwa dem 2,5fachen des Kugeleindruckes einzuhalten. Die DINORM 1605 gibt diesbezüglich folgende Richtlinien:

„Der Abstand der Eindruckmitte vom Rand der Probe soll so groß sein, daß der Rand nicht augenfällig ausgebogen wird, dieses wird meistens erreicht, wenn der Abstand nicht kleiner als der Kugeldurchmesser ist."

Abb. 27. Kugelige Probeauflage.

Leider wird hiergegen in der Praxis vielfach verstoßen, man begegnet manchmal Kugeleindrücken 10/3000 an dünnen Stangen bis herunter zu 14 mm. Die auf diese Weise gewonnenen Härtezahlen sind natürlich um ein bedeutendes zu klein, in Wirklichkeit ist das Material härter und ein allenfalls auf Grund eines solchen Kugeldruckdurchmessers errechneter Wert für die Zerreißfestigkeit hat mit der Wirklichkeit gar nichts zu tun.

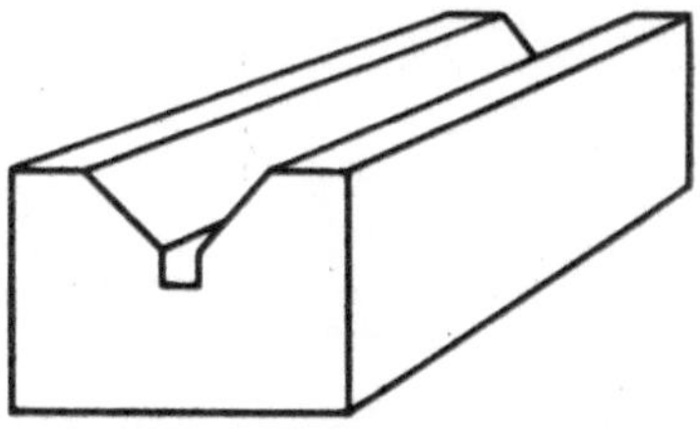

Abb. 28. Auflage der Probe in einem sog. Prisma.

Dünne Stangen, auch Rohre und Bleche, wird man daher mit kleineren Kugeln bei geringerem Druck prüfen müssen.

Die Probestücke für die B.K.P. sollen nach Möglichkeit zwei wenigstens annähernd parallele Flächen haben, so daß man sie ohne Schwierigkeiten und ohne Gefahr auf die Auflagefläche der Kugeldruckpressen auflegen kann. In den meisten Fällen besitzen diese eine einfache Vorrichtung, um Unterschiede in der Parallelität der Flächen etwas ausgleichen zu können. Diese Vorrichtung (Abb. 27) besteht in einer Stahlscheibe, deren Auflagefläche im Gestell kugelkalottenförmig ausgebildet ist und die sich den Flächenverschiedenheiten der Probe entsprechend einstellt.

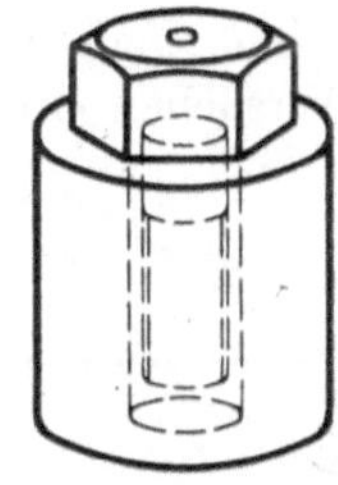

Abb. 29. Brinellieren einer Schraube mit Hilfe eines Rohrstückes.

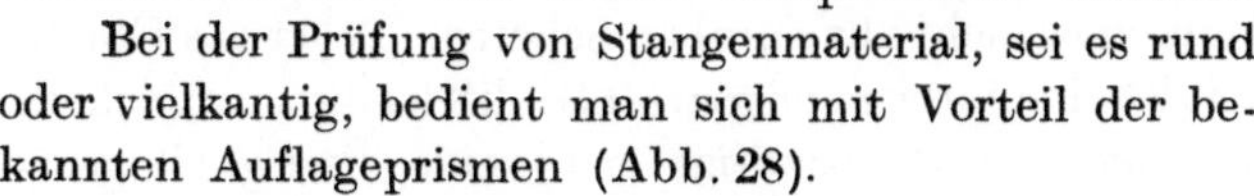

Bei der Prüfung von Stangenmaterial, sei es rund oder vielkantig, bedient man sich mit Vorteil der bekannten Auflageprismen (Abb. 28).

Bei Schrauben leistet mitunter ein kräftiges Rohr gute Dienste (Abb. 29).

In manchen anderen Fällen wird man zu ähnlichen Hilfsmitteln greifen müssen. Insbesondere bei Rohren ist es notwendig, diese durch einen gut passenden Dorn vor dem Zusammendrücken zu schützen.

Die Oberfläche der Proben ist zunächst von anhaftendem Zunder, Glühspan, Walzhaut oder sonstigen Unreinigkeiten zu befreien. Dies geschieht am zweckmäßigsten durch Schleifen*) an einer groben Schmirgelscheibe von großem Durchmesser, damit eine möglichst flache Schleifgrube entsteht. Hierbei ist darauf zu achten, daß das Stück sich nicht zu stark erwärmt, insbesondere, daß die Schleifstelle nicht blau anläuft, da hierdurch örtliche Veränderungen der Festigkeitseigenschaften des Materials eintreten können, die ein falsches Bild der Härte geben würden.

Abb. 30. Brinells erste Vorrichtung zur Vornahme von Kugeldruckproben.

Brinelliert man die roh geschliffene Stelle, besonders wenn sie mit einem groben Stein geschliffen worden ist, so erscheint der Rand der Kugeleindrücke oft sehr zerrissen und unregelmäßig, wodurch das Ablesen erschwert ist. Bei Versuchen mit größerer Genauigkeit wird man daher die vorgeschliffene Stelle noch etwas nacharbeiten, und zwar am zweckmäßigsten zuerst mit der Schlichtfeile und dann noch mit einem feinen Schmirgelleinen. Ein eigentliches Polieren, wie es z. B. in der Metallographie üblich ist, ist unnötig.

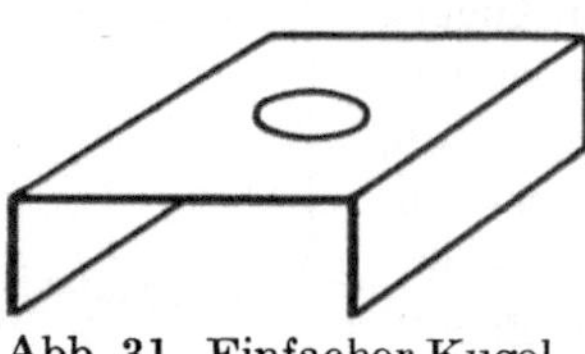

Abb. 31. Einfacher Kugelhalter aus Blech.

Für werkstattmäßige Massenbrinellierungen ist natürlich eine derartige Nachbehandlung undurchführbar, für diese Zwecke genügt ein Schliff mit einer nicht allzu groben Scheibe. Bei etwas Übung und Geschicklichkeit ist ein hinreichend glatter Schliff leicht zu erreichen.

Zur Vornahme der B.K.P. benötigt man eine Festigkeitsprüfmaschine mit einem Prüfdruck von 3000 kg. In Abb. 30 ist die von Brinell zuerst zu seinen Versuchen benützte Vorrichtung dargestellt.

*) Feilen werden auf dem harten Zunder sehr rasch stumpf bzw. greifen manchmal fast gar nicht an.

Damit die Kugel ihren Platz mitten auf dem Probestück behielt, wandte Brinell ein aus dünnem Eisenblech hergestelltes Führungsstück nach der in Abb. 31 dargestellten Form an.

Bei Anwendung der besonders für die Kugeldruckprobe gebauten Pressen sind obige Vorrichtungen nicht erforderlich.

Wenngleich es auch verhältnismäßig selten vorkommt, daß die Prüfkugeln beim Härteversuch springen, so empfiehlt es sich doch, um Unfälle durch umherspringende Stahlsplitter zu vermeiden, Schutzmaßregeln dagegen zu treffen. Am einfachsten ist es, um die Prüfkugel einen Lappen aus kräftigem Tuch (Putzlappen) zu legen.

Ablesung der Eindrücke.

Mit den in der Technik allgemeinüblichen Meßwerkzeugen, wie z. B. Maßstab, Schieblehre oder Mikrometer, lassen sich die bei der B.K.P. erzielten Kugeleindrücke nicht mit der erwünschten Genauig-

Abb. 32. Ableseinstrument für den Laboratoriumsgebrauch.

keit ausmessen. Man bedient sich daher vorzugsweise optisch vergrößerter Maßstäbe oder anderer Hilfsmittel, welche es gestatten, den Durchmesser des Randkreises der Kugeleindrücke auf $^1/_{100}$ mm genau abzulesen.

In Abb. 32 ist ein Ableseinstrument dargestellt, wie es für den Laboratoriumsgebrauch vielfach benutzt wird. Es besteht aus einem Mikroskop, dessen Röhre in horizontaler Richtung verschiebbar ist. In der Röhre ist an geeigneter Stelle ein Haar befestigt, das über die Mitte des Gesichtsfeldes geht. Das Probestück wird unter das Mikroskop gelegt und dieses so eingestellt, daß das Haar die eine Seite des Kugeleindruckes tangiert; dann wird die Mikroskopröhre mittelst eines Zahnrades und Triebes soweit in horizontaler Richtung verschoben, bis das Haar die andere Seite des Kugeleindruckes tangiert. Mittels einer an dem Instrument angebrachten Ablesevorrichtung wird darauf der von der Mikroskopröhre zurückgelegte Weg abgelesen. Dieser stellt den Durchmesser des Kugeleindruckes dar.

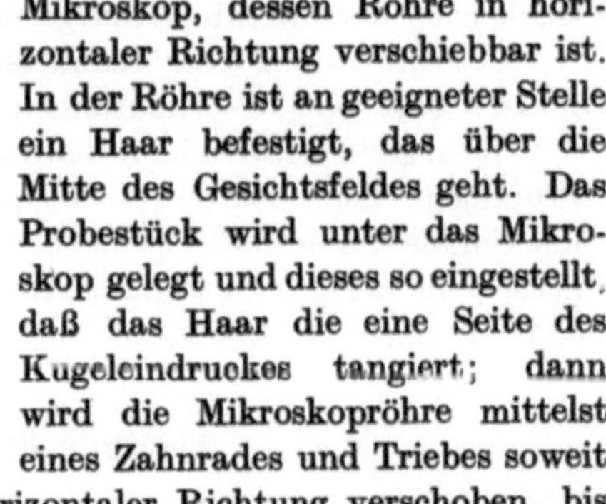

Abb. 33. Ableseinstrument der Fa. L. Schopper.

Die mit diesem Instrument erreichbare Meßgenauigkeit ist eine sehr hohe und es wird daher zu wissenschaftlichen Zwecken viel verwendet.

Eine eigenartige Ablesevorrichtung gibt die Firma L. Schopper ihrem Härteprüfer „Seku“ mit (Abb. 33). Sie besteht in der Hauptsache aus einer Zange, welche mit ihren kurzen entsprechend ausgebildeten Schenkeln an den Kugeleindruck gelegt wird, während von den beiden langen Schenkeln der feste die Teilung trägt, über der sich der bewegliche als Zeiger bewegt. Die Vorrichtung gestattet das Ablesen von Kugeleindruckdurchmessern mit einer Genauigkeit von $^{5}/_{100}$ mm, außerdem sind auf ihr die Härtezahlen für 1000 und 500 kg Belastung angegeben. Eine über den kurzen Schenkeln angebrachte Lupe, welche sich auf verschiedene Sehschärfe einstellen läßt, erleichtert die Ablesungen.

Alle bisher beschriebenen Instrumente beruhen auf dem Grundsatz der mechanischen Bewegung der Schneide oder einer Linie (Haar) eines Meßwerkzeuges und Ablesung der Verschiebung bzw. der Bewegung auf einer Teilung. Dies bedeutet also, daß zwei Beobachtungen erforderlich d. h. also auch zwei Fehlerquellen vorhanden sind. Einmal muß das Berühren der Meßschneiden oder des Haares am Umfang des Kugeleindruckes beobachtet werden und dann muß die Bewegung an einer besonderen Teilung abgelesen werden.

Die Konstruktion eines Ableseinstrumentes, welches diese beiden Beobachtungen auf optischem Wege zu einer einzigen vereinigt, bedeutete für die Werkstatt einen nicht zu unterschätzenden Vorteil. Abb. 34 stellt ein solches Ableseinstrument in der Form dar, in welcher es sich in die Betriebspraxis eingebürgert hat. Es ist ein Mikroskop von schwacher Vergrößerung (etwa 10fach),

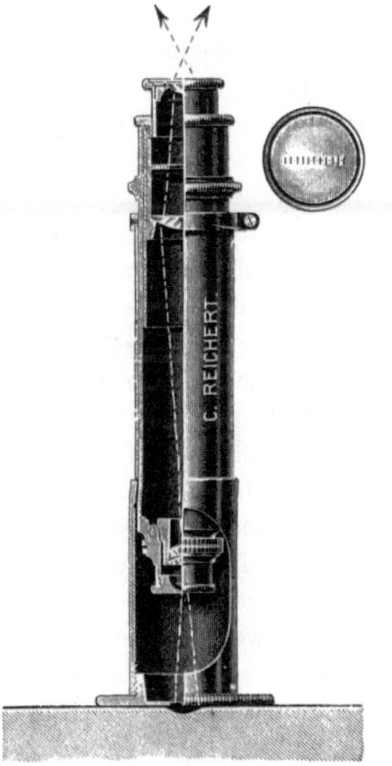

Abb. 34. Ableseinstrument für den Werkstattsgebrauch.

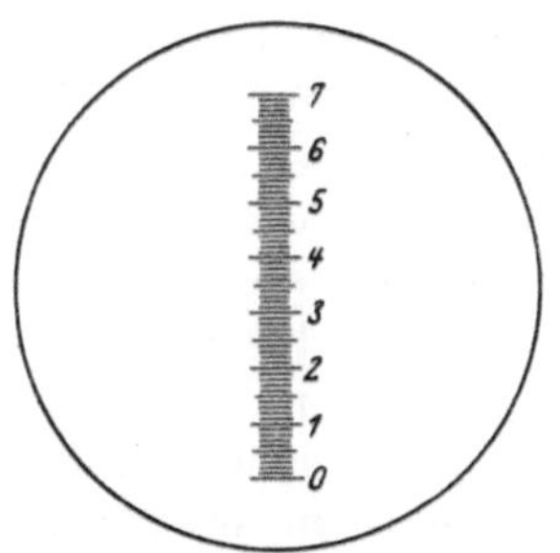

Abb. 35. Ableseteilung des Instrumentes nach Abb. 34.

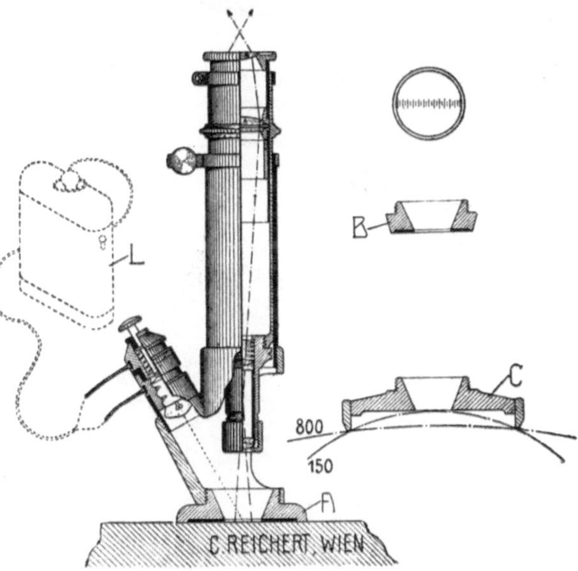

Abb. 36. Ableseinstrument mit künstlicher Beleuchtung für dunkle Räume.

welches in seinem Innern eine Millimeterteilung (Abb. 35) trägt. Diese ist in $^1/_{10}$ mm unterteilt und gestattet daher das direkte Ablesen von $^1/_{10}$ und Schätzen von $^1/_{100}$ mm.

Beim Ablesen sieht man den vergrößerten Kugeleindruck von der Skala überdeckt. Nach einiger Übung gelingt es bald, den 0-Punkt der Teilung mit dem Randkreis des Kugeleindruckes zur Berührung zu bringen und an der diametral gegenüberliegenden Stelle den Durchmesser abzulesen. Abb. 36 stellt dasselbe Instrument mit künstlicher Beleuchtung dar. Dieses ist besonders dann unentbehrlich, wenn in dunklen Lagerräumen zu jeder Tageszeit abgelesen werden muß.

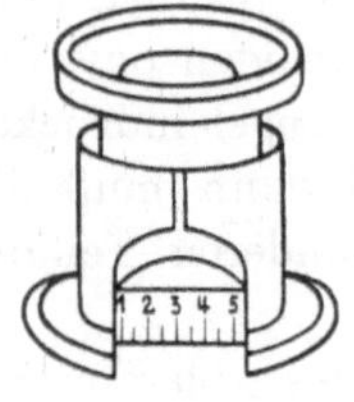

Abb. 37. Einfache Ableselupe „Poldi".

Um jederzeit Gewißheit zu haben, ob das Instrument richtig anzeigt, ist diesem eine Kontrollteilung beigegeben, mit deren Hilfe man sich davon vergewissern kann, daß die abgelesenen Werte mit der Wirklichkeit übereinstimmen.

Abb. 38. Einfache Ableselupe, Bauart „Zeiß".

Diese Instrumente wurden zuerst mit einer Teilung bis 10 mm hergestellt. Da jedoch die Werte der Kugeleindruckdurchmesser im allgemeinen 7 mm nicht überschreiten (dies entspricht bei einer Kugel von 10 mm Durchmesser einem Zentriwinkel von 90°), werden die Ablesemikroskope seit etwa 1917 mit einer Teilung bis 7 mm bei entsprechend stärkerer Vergrößerung geliefert.

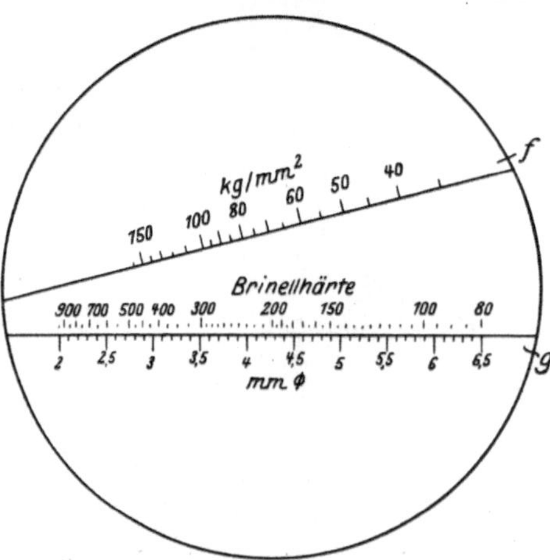

Abb. 39. Schrägablesungsteilung der Zeiß-Lupe.

Abb. 37 stellt eine ganz einfache und billige Ablesevorrichtung der Poldihütte, Kladno, dar, deren Genauigkeit zwar geringer ist als das in Abb. 34 dargestellte Ablesemikroskop, die aber in der Werkstatt für Betriebsingenieure, Meister und Kontrollorgane ein willkommenes Hilfsmittel bildet, um an brinellierten Stücken nachträglich Ablesungen vorzunehmen, wenn die Teile bereits in den Bearbeitungsgang gelangt sind. (Fabrikat C. Reichert, Wien.)

Neuerdings stellt auch die Firma C. Zeiß in Jena eine ähnliche Lupe her, welche in Abb. 38 dargestellt ist. Bemerkenswert an dieser

Zahlentafel 17. Eindruckoberflächen und Härtezahlen für **10** mm Kugeldurchmesser.

d	O	H_B			d	O	H_B			d	O	H_B			d	O	H_B		
mm	mm²	3000	1000	250	mm	mm²	3000	1000	250	mm	mm²	3000	1000	250	mm	mm²	3000	1000	250
1,50	1,8095	1660	551	138	2,90	6,7513	444	148	37,2	4,30	15,2650	196	65	16,3	5,70	28,0168	107	35,7	8,9
1,55	1,8975	1582	528	132	2,95	6,9696	430	144	36	4,35	15,6451	192	64	16,0	5,75	28,5634	105	35	8,8
1,60	2,0232	1487	495	124	3,00	7,224	415	140	35	4,40	16,0253	187	63	15,7	5,80	29,1163	103	34,4	8,6
1,65	2,1866	1373	458	115	3,05	7,4629	402	134	33,5	4,45	16,4148	183	61	15,3	5,85	29,6818	101	33,8	8,4
1,70	2,2871	1310	437	109	3,10	7,7378	387	129	32,2	4,50	16,8044	179	60	15,0	5,90	30,2536	99	33	8,3
1,75	2,4378	1236	411	103	3,15	8,001	375	125	31,2	4,55	17,2065	174	58	14,5	5,95	30,8316	97	32,5	8,1
1,80	2,5761	1164	388	97	3,20	8,2624	364	121	30,2	4,60	17,6087	170	57	14,2	6,00	31,4160	95,4	32	8
1,85	2,7112	1108	368	92	3,25	8,5310	351	117	29,2	4,65	18,0186	166	56	13,9	6,05	32,0066	94	31	7,75
1,90	2,8620	1048	350	87,5	3,30	8,7996	340	114	28,5	4,70	18,4286	163	54	13,5	6,10	32,6098	92	30,6	7,65
1,95	3,0159	995	332	83	3,35	9,0792	332	111	27,8	4,75	18,8527	159	53	13,2	6,15	33,2130	90	30	7,5
2,00	3,1762	946	316	79	3,40	9,3588	321	107	26,8	4,80	19,2768	156	52	12,9	6,20	33,8350	88,6	29,6	7,4
2,05	3,3427	898	298	74,5	3,45	9,6478	311	104	26	4,85	19,7135	153	51	12,7	6,25	34,4602	87	29	7,25
2,10	3,5029	875	286	71,5	3,50	9,9369	302	101	25,2	4,90	20,1502	149	50	12,5	6,30	35,0634	86	28,5	7,15
2,15	3,6757	817	273	68	3,55	10,2353	293	98	24,5	4,95	20,5978	146	49	12,2	6,35	35,7325	84	28	7
2,20	3,8485	782	261	65	3,60	10,5338	286	95	23,8	5,00	21,0455	143	48	12,0	6,40	36,3828	82,4	27,5	6,88
2,25	4,0275	744	248	62	3,65	10,8416	277	92	23	5,05	21,5042	140	46,5	11,8	6,45	37,0426	81	27	6,75
2,30	4,2097	713	238	59,5	3,70	11,1495	269	90	22,5	5,10	21,9629	137	45,5	11,4	6,50	37,7086	80	26,6	6,65
2,35	4,3982	683	227	57	3,75	11,4495	262	88	22	5,15	22,4357	134	44,5	11,1	6,55	38,3872	79	26	6,5
2,40	4,5930	652	218	54,5	3,80	11,7496	255	85	21,2	5,20	22,9085	131	44	11,0	6,60	39,0720	76,7	25,5	6,38
2,45	4,7885	627	209	52	3,85	12,0951	248	83	20,8	5,25	23,3939	128	43	10,8	6,65	39,7632	76	25,2	6,3
2,50	4,9889	600	200	50	3,90	12,4407	241	81	20,2	5,30	23,8793	126	42	10,5	6,70	40,4700	74	24,7	6,2
2,55	5,1931	578	193	48	3,95	12,7785	235	78	19,5	5,35	24,3694	124	41	10,3	6,75	41,1832	73	24,4	6
2,60	5,4036	555	185	46	4,00	13,1162	228	76	19	5,40	24,8720	121	40	10	6,80	41,9058	71,5	23,8	5,95
2,65	5,6188	532	178	44,5	4,05	13,4712	223	75	18,8	5,45	25,3778	118	39,5	9,9	6,85	42,6409	70	23,5	5,88
2,70	5,8340	512	171	43	4,10	13,8262	217	73	18,2	5,50	25,8931	116	39	9,7	6,90	43,3855	69	23	5,75
2,75	6,0586	495	166	41,5	4,15	14,1749	212	71	17,7	5,55	26,4114	114	38	9,5	6,95	44,1394	68	22,6	5,65
2,80	6,2832	477	159	39,8	4,20	14,5236	207	69	17,2	5,60	26,9392	112	37	9,3	7,00	44,9028	66,8	22,2	5,55
2,85	6,5172	460	153	38,2	4,25	14,8943	202	67	16,8	5,65	27,4733	109	36,5	9,1					

Zahlentafel 18. Eindruckoberfläche und Härtezahlen für 5 mm Kugeldurchmesser.

d	O	H_B			d	O	H_B			d	O	H_B			d	O	H_B		
mm	mm²	750	250	62,5	mm	mm²	750	250	62,5	mm	mm²	750	250	62,5	mm	mm²	750	250	62,5
1,00	0,793	945	315	78,6	1,64	2,175	345	115	28,8	2,28	4,320	174	58	14,5	2,92	7,394	101,4	33,8	8,4
02	0,825	909	303	75,7	66	2,230	336	112	28	2,30	4,400	170	56,8	14,2	94	7,509	99,9	33,3	8,3
04	0,859	873	291	72,7	68	2,265	330	110	27,4	32	4,480	167	55,7	13,9	96	7,624	98,4	32,8	8,2
06	0,893	840	280	70	1,70	2,340	321	107	26,8	34	4,560	164	54,7	13,7	98	7,739	96,9	32,3	8,1
08	0,926	810	270	67,5	72	2,395	312	104	26	36	4,650	161	53,7	13,4	3,00	7,854	95,4	31,8	7,9
1,10	0,962	780	260	65	74	2,460	305	102	25,5	38	4,740	158	52,7	13,2	02	7,975	94	31,3	7,8
12	1,000	750	250	62,5	76	2,510	299	100	25	2,40	4,820	156	51,9	13	04	8,096	92,6	30,9	7,7
14	1,033	726	242	60,5	78	2,570	292	97,4	24,4	42	4,910	153	50,9	12,7	06	8,217	90,3	30,4	7,6
16	1,066	702	234	58,5	1,80	2,630	285	95	23,8	44	5,000	150	50	12,5	08	8,338	90	30	7,5
18	1,110	678	226	56,5	82	2,690	276	92	23	46	5,070	148	49,4	12,3	3,10	8,459	88,6	29,5	7,4
1,20	1,150	653	218	54,5	84	2,755	272	90,8	22,7	48	5,170	145	48,4	12,1	12	8,586	87,3	29,2	7,3
22	1,182	633	211	52,7	86	2,820	266	88,7	22,2	2,50	5,261	143	47,5	11,9	14	8,714	86,1	28,7	7,2
24	1,220	615	205	51,2	88	2,880	260	86,8	21,7	52	5,355	140	46,7	11,7	16	8,841	84,6	28,2	7,05
26	1,262	594	198	49,5	1,90	2,945	255	84,9	21,2	54	5,448	138	45,9	11,5	18	8,968	83,4	27,8	6,95
28	1,302	576	192	48	92	3,005	250	83,4	20,8	56	5,541	136	45,2	11,3	3,20	9,096	82,4	27,4	6,8
1,30	1,350	555	185	46	94	3,080	242	80,6	20,3	58	5,634	133	44,4	11,1	22	9,230	81,1	27	6,75
32	1,392	540	180	45	96	3,140	238	79,5	19,9	2,60	5,727	131	43,6	10,9	24	9,365	79,9	26,6	6,65
34	1,437	522	174	43,5	98	3,210	234	78	19,5	62	5,825	129	42,9	10,7	26	9,499	78,8	26,3	6,6
36	1,482	507	169	42,2	2,00	3,280	229	76,3	19,1	64	5,923	127	42,2	10,6	28	9,634	77,6	25,9	6,5
38	1,526	502	164	41	02	3,350	223	74,6	18,6	66	6,022	125	41,6	10,4	3,30	9,768	76,7	25,5	6,38
1,40	1,570	477	159	39,8	04	3,420	219	73	18,2	68	6,120	123	40,9	10,2	32	9,910	75,5	25,2	6,3
42	1,618	465	155	38,8	06	3,490	214	71,6	17,8	2,70	6,218	121	40,2	10,1	34	10,051	74,5	24,8	6,2
44	1,662	450	150	37,5	08	3,550	211	70,4	17,6	72	6,321	119	39,6	9,9	36	10,193	73,4	24,5	6,12
46	1,710	441	147	36,8	2,10	3,630	206	68,9	17,2	74	6,425	117	39	9,7	38	10.335	72,4	24,1	6,03
48	1,758	426	142	35,5	12	3,710	202	67,4	16,8	76	6,528	115	38,3	9,6	3,40	10,476	71,5	23,8	5,95
1,50	1,806	415	138	34,8	14	3,780	198	66,1	16,6	78	6,631	113,2	37,7	9,4	42	10,626	70,6	23,5	5,88
52	1,860	402	134	33,5	16	3,860	194	64,8	16,2	2,80	6,735	111	37,1	9,2	44	10,776	69,5	23,2	5,8
54	1,908	393	131	32,8	18	3,930	190	63,6	15,8	82	6,844	110	36,5	9,1	46	10,925	68,7	22,8	5,7
56	1,962	381	127	31,8	2,20	4,006	187	62,4	15,6	84	6,953	108	36	9	48	11,076	67,6	22,5	5,52
58	2,001	372	124	31	22	4,080	184	61,2	15,3	86	7,061	106	35,4	8,8	3,50	11,226	66,8	22,2	5,55
1,60	2,062	365	122	30,5	24	4,160	180	60	15	88	7,170	105	34,9	8,7					
62	2,120	354	118	29,8	26	4,240	176	58,6	14,7	2,90	7,279	103	34,3	8,6					

Zahlentafel 19. Eindruckoberfläche und Härtezahlen für **2,5** mm Kugeldurchmesser.

d	O	H_B			d	O	H_B			d	O	H_B			d	O	H_B		
mm	mm²	187,5	62,5	15,6	mm	mm²	187,5	62,5	15,6	mm	mm²	187,5	62,5	15,6	mm	mm²	187,5	62,5	15,6
0,50	0,198	945	315	78,6	0,82	0,544	345	115	28,8	1,14	1,080	174	58	14,5	1,46	1,849	101	33,8	8,4
0,51	0,207	909	303	75,7	0,83	0,558	336	112	28	1,15	1,100	170	56,8	14,2	1,47	1,877	99,9	33,3	8,3
0,52	0,215	873	291	72,7	0,84	0,566	330	110	27,4	1,16	1,120	167	55,7	13,9	1,48	1,906	98,4	32,8	8,2
0,53	0,223	840	280	70	0,85	0,585	321	107	26,8	1,17	1,140	164	54,7	13,7	1,49	1,935	96,9	32,3	8,1
0,54	0,232	810	270	67,5	0,86	0,599	312	104	26	1,18	1,163	161	53,7	13,4	1,50	1,964	95,4	31,8	7,9
0,55	0,241	780	260	65	0,87	0,615	305	102	25,5	1,19	1,185	158	52,7	13,2	1,51	1,994	94	31,3	7,8
0,56	0,250	750	250	62,5	0,88	0,628	299	100	25	1,20	1,205	156	51,9	13	1,52	2,024	92,6	30,9	7,7
0,57	0,258	726	242	60,5	0,89	0,643	292	97,4	24,4	1,21	1,228	153	50,9	12,7	1,53	2,054	90,3	30,4	7,6
9,58	0,267	702	234	58,6	0,90	0,658	285	95	23,8	1,22	1,250	150	50	12,5	1,54	2,085	90	30	7,5
0,59	0,278	678	226	56,6	0,91	0,673	276	92	23	1,23	1,268	148	49,4	12,3	1,55	2,115	88,6	29,5	7,4
0,60	0,283	653	218	54,5	0,92	0,689	272	90,8	22,7	1,24	1,293	145	48,4	12,1	1,56	2,147	87,3	29,2	7,3
0,61	0,296	633	211	52,7	0,93	0,705	266	88,7	22,2	1,25	1,315	143	47,5	11,9	1,57	2,173	86,1	28,7	7,2
0,62	0,305	615	205	51,2	0,94	0,720	260	86,8	21,7	1,26	1,339	140	46,7	11,7	1,58	2,210	84,6	28,2	7,05
0,63	0,316	594	198	49,5	0,95	0,736	255	84,9	21,2	1,27	1,362	138	45,9	11,5	1,59	2,242	83,4	27,8	6,95
0,64	0,326	576	192	48	0,96	0,750	250	83,4	20,8	1,28	1,385	136	45,2	11,3	1,60	2,274	82,4	27,4	6,8
0,65	0,338	555	185	46	0,97	0,770	242	80,6	20,3	1,29	1,409	133	44,4	11,1	1,61	2,308	81,1	27	6,75
0,66	0,348	540	180	45	0,98	0,785	238	79,5	19,9	1,30	1,432	131	43,6	10,9	1,62	2,341	79,9	26,6	6,65
0,67	0,359	522	174	43,5	0,99	0,803	234	78	19,5	1,31	1,456	129	42,9	10,7	1,63	2,378	78,8	26,3	6,6
0,68	0,371	507	169	42,2	1,00	0,820	229	76,3	19,1	1,32	1,481	127	42,2	10,6	1,64	2,403	77,6	25,9	6,5
0,69	0,382	502	164	41	1,01	0,838	223	74,6	18,6	1,33	1,505	125	41,6	10,4	1,65	2,442	76,7	25,5	6,38
0,70	0,393	477	159	39,8	1,02	0,855	219	73	18,2	1,34	1,530	123	40,9	10,2	1,66	2,478	75,5	25,2	6,3
0,71	0,405	465	155	38,8	1,03	0,873	214	71,6	17,8	1,35	1,555	121	40,2	10,1	1,67	2,513	74,5	24,8	6,2
0,72	0,416	450	150	37,5	1,04	0,888	211	70,4	17,6	1,36	1,580	119	39,6	9,9	1,68	2,548	73,4	24,5	6,12
0,73	0,428	441	147	36,3	1,05	0,908	206	68,9	17,2	1,37	1,606	117	39	9,7	1,69	2,584	72,4	24,1	6,03
0,74	0,440	426	142	35,5	1,06	0,928	202	67,4	16,8	1,38	1,632	115	38,3	9,6	1,70	2,619	71,5	23,8	5,95
0,75	0,452	415	138	34,8	1,07	0,945	198	66,1	16,6	1,39	1,658	113	37,7	9,4	1,71	2,657	70,6	23,5	5,88
0,76	0,465	402	134	33,5	1,08	0,965	194	64,8	16,2	1,40	1,683	111	37,1	9,2	1,72	2,694	69,5	23,2	5,8
0,77	0,477	393	131	32,8	1,09	0,983	190	63,6	15,8	1,41	1,711	110	36,5	9,1	1,73	2,731	68,7	22,8	5,7
0,78	0,491	381	127	31,8	1,10	1,002	187	62,4	15,6	1,42	1,738	108	36	9	1,74	2,769	67,6	22,5	5,62
0,79	0,500	372	124	31	1,11	1,020	184	61,2	15,3	1,43	1,765	106	35,4	8,8	1,75	2,806	66,8	22,2	4,55
0,80	0,516	365	122	30,5	1,12	1,040	180	60	15	1,44	1,793	105	34,9	8,7					
0,81	0,530	354	118	29,8	1,13	1,060	176	58,6	14,7	1,45	1,820	103	34,3	8,6					

Lupe ist die Ablesungsweise zwischen zwei auseinanderstrebenden Linien (Abb. 39).

Die verhältnismäßig nicht unbedeutenden Kosten eines guten Ablesemikroskops waren die Veranlassung zu Versuchen, andere einfachere und billigere Ableseinstrumente einzuführen. Unter diesen ist eines der bekanntesten eine Vorrichtung, welche im wesentlichen auf zwei divergierenden Linien oder Schneiden beruht. Die Linien sind meistens auf einem Zelluloidplättchen eingeschwärzt, während die Schneiden in einen schmalen Stahlstreifen prismatisch eingearbeitet sind. Längs der Linien bzw. Schneiden sind Teilungen eingeritzt, welche den Kugeldruckdurchmesser an dieser Stelle angeben, wenn man das Instrument so auf den Eindruck legt, daß er eben beide Linien bzw. Schneiden berührt. Die Handhabung der Vorrichtung ist wohl einfach, doch darf man von ihr keine allzu große Genauigkeit erwarten (Abb. 40).

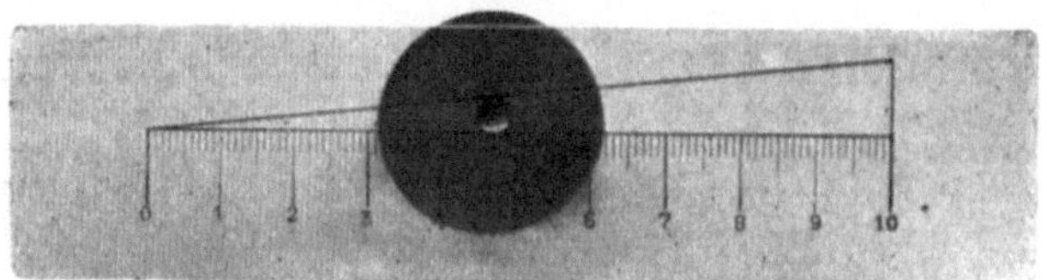

Abb. 40. Schrägableseteilung der Fa. Werner.

In Fällen, in denen man gerade keines der oben beschriebenen Ableseinstrumente zur Hand hat, kann man sich ausnahmsweise, wenn es sich um eine rohe Schätzung handelt, mit der an der oberen Seite des Rechenschiebers befindlichen Millimeterteilung oder auch mit einem dünnen Stahlmaßstab recht wohl helfen.

Aus dem Randkreisdurchmesser der Kugeleindrücke ergibt sich die *Brinellsche* Härtezahl nach den Formeln I—III, S. 18.

In der DINORM 1605, Zahlentafel 3, S. 24, sind die Belastungen für die Kugeldurchmesser 10, 5 und 2,5 geregelt.

Für diese Verhältnisse sind in vorstehenden drei Zahlentafeln 17, 18 und 19 die *Härtezahlen* und *Kugeleindruckoberflächen* zusammengestellt. Diese letzteren Werte sind hauptsächlich aus dem Grunde angegeben, weil sich mit ihrer Hilfe die Härtezahlen für jede andere beliebige Belastung errechnen lassen; ferner aber noch, weil sie einen unentbehrlichen Rechenwert bei der Vergleichshärteprüfmethode bilden und unter Umständen zur Errechnung von P dienen können, wenn H und d bekannt sind.

Für den Werkstattbetrieb bedient man sich besser der Zahlentafel 12 auf S. 53.

Unmittelbare Ablesung der Zerreißfestigkeit bei Eisen- und Stahlsorten.

Die Normung aller der B.K.P. zugrunde liegenden Versuchsbedingungen, nämlich Prüfkugeldurchmesser 10 mm und Prüfdruck 3000 kg, erlaubte es, die Ableseinstrumente mit einer Sonderteilung zu versehen, mit deren Hilfe man die Festigkeit von Eisen- und Stahlsorten auf Grund ihrer Beziehung zur Härtezahl bzw. zum Kugeleindruckdurchmesser unmittelbar ablesen kann.

Diese Sonderteilung gleicht der logarithmischen Teilung. Sie kann entweder nach Abb. 41 mit der Millimeterteilung zusammen oder aber nach Abb. 42 auch für sich allein ohne Millimeterteilung Verwendung

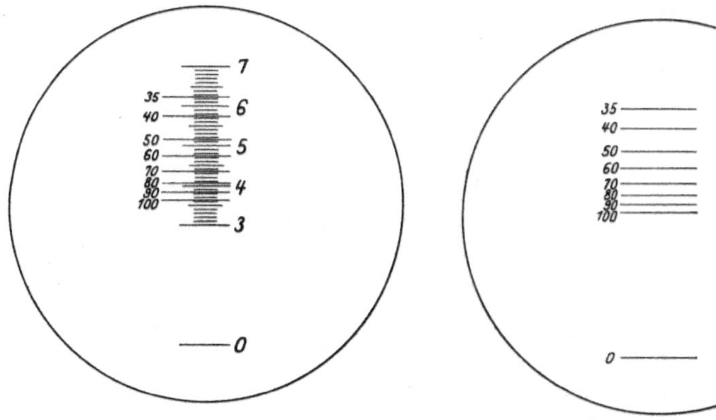

Abb. 41. Millimeterteilung mit Festigkeitsteilung.

Abb. 42. Festigkeitsteilung ohne Millimeterteilung.

finden, je nachdem man das Instrument nur zur Prüfung von Eisen- und Stahlsorten oder auch zu anderen Untersuchungen mit Millimeterteilung versehen zu verwenden beabsichtigt.

Bei der Benützung dieser Instrumente ergibt sich bei werkstattmäßigen Massenbrinellierungen eine wesentliche Zeitersparnis neben dem Vorteil, daß die Benutzung von Hilfstafeln und Rechenverfahren mit den dadurch bedingten Fehlerquellen wegfallen.

Bei Verwendung dieser Ableseinstrumente ist die B.K.P. daher nicht mehr auf die Materialprüfstellen oder das die Kugeldruckpressen bedienende besonders vorgebildete Personal beschränkt, vielmehr kann jetzt in jeder Kontrolle, in jeder Übernahmestelle in den Lägern und Zwischenlägern usw. ein derartiges Instrument sein, und in jedem Augenblick kann durch nochmaliges Ablesen des beim Materialeingang auf die Stangen oder Einzelteile aufgepreßten Kugeldruckes die Festigkeit des Materials wiederum festgestellt werden. Im Falle von vermuteten Materialverwechslungen bietet dies die Möglichkeit der sofortigen

Richtigstellung. Durch Übereinstimmung der einzelnen Ableseinstrumente sind natürlich auch Meinungsverschiedenheiten zwischen einzelnen Abteilungen ausgeschlossen. Auch das Konstruktionsbureau hat eine Gewähr für die richtige Einhaltung seiner Vorschriften; es braucht in den Stücklisten nicht mehr Materialmarken anzugeben, sondern kann wirkliche Materialfestigkeiten vorschreiben, was wiederum für den Einkauf und die gesamte Materialverteilung eine nicht zu unterschätzende Erleichterung bedeutet. Jede einzelne Stelle des Betriebes kann bei dieser Art der Anwendung der B.K.P. für die richtige Einhaltung der Materialfestigkeit laut Vorschrift der Stückliste verantwortlich gemacht werden.

Verschiedene beachtenswerte Punkte beim Ablesen der Kugeleindrücke.

Die Kugeldruckprobe soll im allgemeinen nur an ebenen Flächen vorgenommen werden. Die meisten Probestücke besitzen jedoch keine ebenen Flächen, diese müssen vielmehr durch Anfeilen bzw. Anschleifen erst hergestellt werden. Es kommt jedoch auch an tadellos ebenen Flächen mitunter vor, daß die Randlinie nicht einen regelmäßigen Kreis, sondern eine Ellipse bildet. In solchen Fällen ist aus den Messungen zweier aufeinander senkrecht stehender Durchmesser das Mittel zu bilden. Bei großer Ovalität ist es richtiger, einen neuen Kugeleindruck zu machen, denn derartige ovale Eindrücke sind das Zeichen einer gewissen Ungleichmäßigkeit des betreffenden Stoffes. Wenn man jedoch runde Probestücke ohne vorheriges Anarbeiten einer Fläche brinelliert, erhält man immer ovale Kugeleindrücke, die aber in diesen Fällen unrichtige Ergebnisse liefern, da man infolge des Höhenunterschiedes der großen und kleinen Ellipsenachse aus diesen nicht ohne weiteres das Mittel bilden darf. Runde Probekörper müssen daher grundsätzlich zuerst mit einer Fläche versehen werden. Läßt man einen ungelernten Hilfsarbeiter an einer runden Stange eine Fläche anschleifen, so erhält man gewöhnlich eine Vertiefung von nebenstehender Form (Abb. 43).

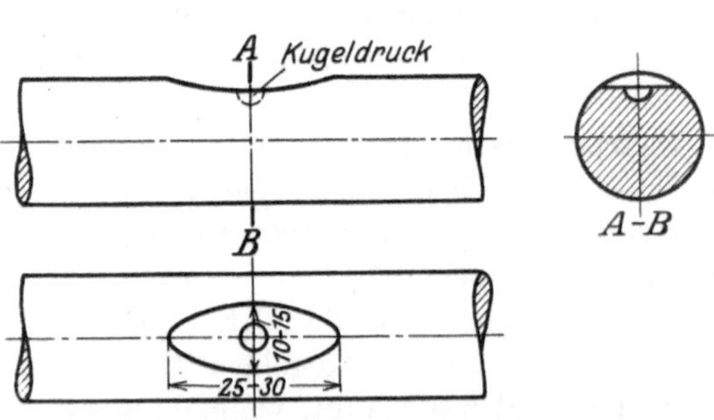

Abb. 43. Durch ungelernten Arbeiter in der Mitte angefeilte Rundstange.

Gibt man ähnliche Stücke gelernten Schlossern oder Mechanikern zum Anfeilen einer Fläche, so erhält man, wenn diese im mittleren Teile der Stange herzustellen war, gewöhnlich eine Form nach Abb. 44.

Am Ende der Stangen ergibt sich meistens die Form nach Abb. 45. Besonders dieser letztere Fall ist recht häufig. An vier- und sechskantigen Stücken ergeben sich ähnliche Verhältnisse. Die Tiefe dieser Einfeilung ist bei Stangen mit großem Durchmesser verhältnismäßig unbedeutend; bei Stangen von 150 mm Durchmesser etwa 0,2 mm. Bei dünnen Stangen dagegen kann die Tiefe dieser Einfeilung jedoch verhältnismäßig recht bedeutende Beträge erreichen, z. B. bei Stangen von 20 mm etwa 1,3 mm. Wenn man nun die Kugeleindrücke mit einem Mikroskop abliest, welches auf einer ebenen Fläche scharf eingestellt worden ist, so wird man, je nachdem es sich um eine dicke oder dünne Stange handelt, Abweichungen der Bildebene von der scharf gestellten im Betrage von 0,2—1,3 mm erhalten, da ja das Mikroskop mit seinem Flansch auf einer Mantellinie des runden Probekörpers ruht.

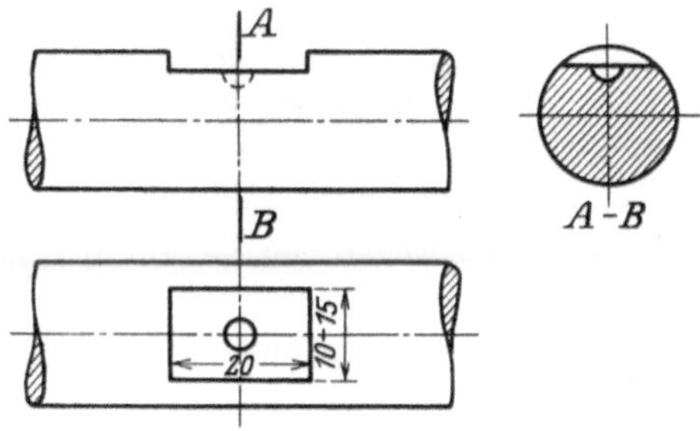

Abb. 44. Durch gelernten Arbeiter in der Mitte angefeilte Rundstange.

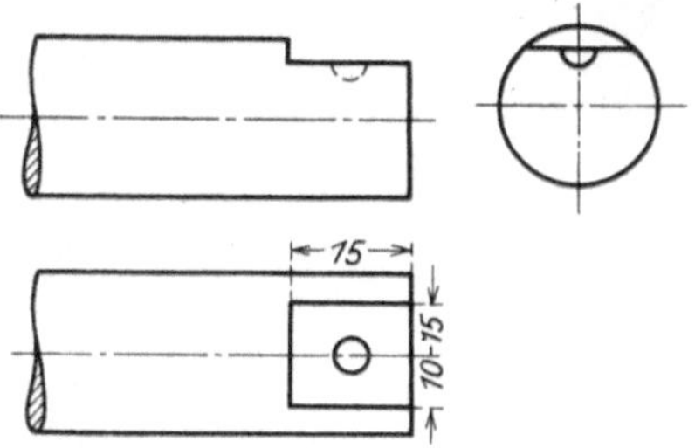

Abb. 45. Durch gelernten Arbeiter am Ende angefeilte Rundstange.

Bei größeren flachen Probekörpern, bei denen das Anarbeiten durch Schaben oder Feilen mit der Spitze einer Feile erfolgt, läßt sich über die entstehende Vertiefung meistens nichts Bestimmtes aussagen. Sind die Anarbeitungen an solchen großen, flachen Probekörpern jedoch durch Schleifen an großen Schleifsteinen von über 300 mm Durchmesser erfolgt, so dürfte die auf diese Weise entstandene Vertiefung vielleicht zu vernachlässigen sein.

Bei erheblichen Abweichungen der wirklichen Bildebene von der eingestellten muß durch eine Nachstellung der Tubus eine Berichtigung erfolgen, da sich andernfalls Unterschiede zwischen dem wirklichen Kugeleindruckdurchmesser und dem abgelesenen ergeben, welche um so bedeutender sind, je stärker die Vergrößerung des Instrumentes ist. Zu diesem Zweck wurden die Ableseinstrumente früher mit Zahn und Trieb zum Verstellen eingerichtet. Dieses bedingt nicht unerhebliche Kosten; da nun aber auch der breite Flansch an den Mikroskopen oft recht hinderlich ist, stellt die Firma C. Reichert, Wien, auf Veranlassung des Verfassers ein Ableseinstrument mit Tubus her (Abb. 46); dieses liegt infolge seiner kleinen Auflagefläche nicht auf den Mantellinien der Stange, sondern unmittelbar auf den angefeilten bzw. angeschliffenen Flächen auf. Ein Nachstellen ist daher nicht mehr erforderlich.

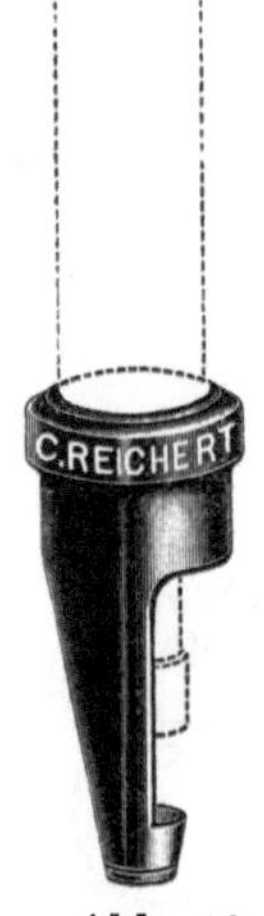

Abb. 46. Spitzer Tubus zum Ableseinstrument, Abb. 34, für Ablesungen an schwer zugänglichen Stellen.

Diese Ausführung hat noch den weiteren Vorteil, daß man mit dem Spitzende des konischen Tubus Kugeleindrücke an schwer zugänglichen Stellen ablesen kann, welche mit dem normalen Flanschinstrument überhaupt nicht abzulesen sind, so z. B. an Stirn- oder Kegelrädern für Automobilgetriebe.

Ein Kugeldruck bei *a* (Abb. 47) ist nicht möglich wegen der Gefahr der Materialausweichung. Ein Kugeldruck bei *b* (Abb. 48) ist nicht möglich mangels Auflagemöglichkeit auf einer annähernd parallelen Gegenfläche.

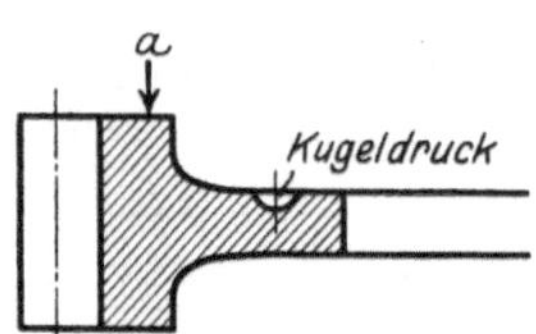

Abb. 47. Beispiel für eine schwer zugängliche Stelle an einem Zahnrad ohne Nabe.

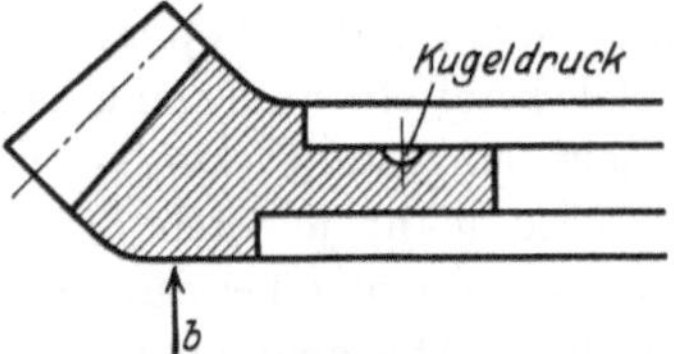

Abb. 48. Beispiel für eine schwer zugängliche Stelle an einem Kegelrad ohne Nabe.

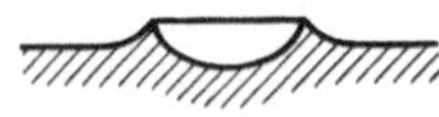

Abb. 49. Herauswölbung bzw. Einsenkung von Kugeleindrücken.

Der Kugeldruck an der bezeichneten Stelle läßt sich mit den normalen Flanschinstrumenten nicht ablesen, vielmehr ist man gezwungen, den Flansch abzuschrauben, was aber bei einigen Modellen nicht möglich ist, da der ganze Untersatz mitsamt dem Flansch aus einem Stück gegossen ist. Mit dem Tubusinstrument (Abb. 46) ist die Ablesung in solchen Fällen leicht vorzunehmen.

Eine besondere Eigentümlichkeit der Kugeleindrücke ist das Eindrücken oder Herauswölben oder Quellen des Randes (Abb. 49). Nur in seltenen Fällen sind die Ränder der Kugeleindrücke vollständig eben; meistens sind sie entweder herausgequollen oder eingedrückt. Es ist jedoch kein sicherer Zusammenhang zwischen bestimmten Materialeigenschaften festgestellt worden, auch kann nicht mit Sicherheit bei der einen oder anderen Materialsorte Eindrücken oder Herausquellen der Ränder vorausgesagt werden. Sehr oft sieht man eingedrückte Ränder bei Messing oder Bronzesorten, welche entweder gar nicht oder nur unvollständig durchgearbeitet worden sind. Auch bei Stahlguß und Gußeisen findet man diese Erscheinung recht häufig. Ganz selbstverständlich erscheint das Eindrücken der Ränder bei einsatzgehärtetem Material, welches eigentlich nur mit besonderem Vorbehalt brinelliert werden sollte. Bei den erwähnten Messing- bzw. Bronzesorten, bei Stahlguß und Gußeisen ist das innerlich verhältnismäßig lockere Gefüge die Ursache des Eindruckes der Ränder, während bei einsatzgehärteten Stücken die äußere härtere Schicht wie ein Stahlmantel auf weicher Unterlage wirkt. Bei Schmiedeeisen- und Stahlsorten findet man recht oft das Herausquellen der Ränder; mitunter ist es das Zeichen einer entkohlten Außenschicht, z. B. bei gehärteten Federn, welche durch längeres Verweilen im Feuer beim Schmieden, Biegen, Richten, Härten usw. an der Oberfläche einen Teil ihres Kohlenstoffgehaltes verlieren.

Es entsteht nun die Frage, ob es richtig ist, bei herausgequollenen Rändern den Durchmesser des höchsten Teiles oder bei eingedrückten den Durchmesser des tiefsten Teils des Randes zu messen, oder ob es richtiger sei, zu versuchen, diesen Durchmesser auf die ursprüngliche Oberfläche umzurechnen. Abgesehen davon, daß eine solche Rechnung schwierig ist, erscheint es zweifelhaft, ob sie gerechtfertigt wäre. Die Prüfkugel steht zur Zeit ihrer Belastung offenbar mit den inneren Kräften des Körpers im Gleichgewicht. Diese Kräfte werden der Prüfkugel aber nur an den Stellen vermittelt, mit welchen sie mit dem Probekörper in Berührung steht. Somit muß auch diese Fläche der Berechnung zugrunde gelegt werden. Eine Umrechnung auf eine andere Ebene würde daher von ihrer Umständlichkeit abgesehen zu unrichtigen Ergebnissen führen.

Diese Schlußfolgerung erscheint für die Ablesung der Kugeleindruckdurchmesser begründet. Weniger klar liegen die Verhältnisse bei Tiefenmessungen; diese werden meist auf die ursprüngliche Ebene bezogen. Vielleicht ist dies mit einer der Gründe, welche die bedeutenden Schwankungen der Ergebnisse von Tiefmessungen erklärlich erscheinen lassen.

Tiefenmessung an den Kugeleindrücken.

Die bisher behandelten Messungen bezogen sich ausschließlich auf die Randkreisdurchmesser der Kugeleindrücke. Wie jedoch an anderer Stelle bereits erwähnt, hat man vielfach versucht, die Tiefe der Kugeleindrücke als Meßgrundlage anzunehmen. Die Betriebspraxis bedient sich der Tiefenmessung nicht, trotz mannigfacher zum Teil recht sinnreich erdachten und hervorragend ausgeführter Tiefenmeßinstrumente. Der Gründe, weshalb sich die Tiefenmessung nicht in die Betriebspraxis eingebürgert hat, sind mehrere. Zunächst kann man jederzeit feststellen, daß die Abweichungen der Tiefenmessungen bei mehreren Kugeleindrücken an demselben Stück im Verhältnis größere Werte annehmen als die Durchmessermessungen. Vermutlich spielt hierbei die Elastizität eine große Rolle, denn an sehr elastischen Körpern kann man durch ein geeignetes Verfahren (z. B. Berußung der zu prüfenden Stelle) den Kugeleindruckdurchmesser recht genau feststellen, wohingegen die Tiefe vermöge der Elastizität des Körpers nahezu auf 0 zurückgeht. Von dieser Beobachtung hat man — fälschlicherweise — auf eine sehr bedeutende Abplattung der Prüfkugeln geschlossen. Man hat daher auch niemals die Eindrucktiefe mit dem Eindruckdurchmesser in eine einwandfreie allgemeingültige Beziehung zu bringen vermocht. Eine weitere Schwierigkeit bildete der Randwulst bzw. die Randeinsenkung bei einer großen Zahl von Proben. Man hat bis heute noch keine endgültige Stellung zu der Frage genommen, ob man z. B. den Randwulst mit in Betracht ziehen soll oder nicht. In der Bildung von Randwulst bzw. -einsenkung dürfte wohl auch zum Teil eine Erklärung für die mangelhafte Übereinstimmung der Eindrucktiefe mit dem Eindruckdurchmesser zu suchen sein. Während beispielsweise der Einfluß der Höhe des Randwulstes bis zu 20% der Tiefe betragen kann, überschreitet er bei Randkreismessungen selten 2% und ist daher in letzterem Falle für praktische Zwecke nicht von allzu großer Bedeutung.

Abb. 50. Kombinierter Randkreis- und Tiefenmesser.

Abb. 51. Tiefenmesser, Bauart „T. Olsen".

Es wäre ein großer Vorteil gewesen, hätte sich die Tiefenmessung als zuverlässig, genau und brauchbar erwiesen; leider ist dies nicht der Fall. Brinell selbst hat die einmal versuchten Tiefenmessungen wieder aufgeben müssen, da sich ihre Unzuverlässigkeit bald herausstellte. Versuche des Verfassers, die wegen ihres negativen Ergebnisses nicht veröffentlicht wurden, bestätigen die Unbrauchbarkeit der Tiefenmessung ebenso wie manche diesbezügliche Äußerungen in der einschlägigen Literatur.

Daß trotzdem eine verhältnismäßig große Anzahl von Tiefenmeßapparaten gebaut worden sind, ist auf das bisher erfolglose Bestreben besonders der amerikanischen Industrie zurückzuführen, Kugeldruckpressen mit unmittelbarer Ablesung („direct reading") herzustellen. In Abb. 50÷53 sind eine Reihe derartiger Tiefenmeßapparte dargestellt.

Abb. 50 stellt einen kombinierten Randkreis- und Tiefenmesser dar. Die horizontale Mikrometerspindel dient zum Einstellen der Meßschneide für den Randkreis, während die senkrechte Spindel zur Tiefenmessung dient, die mit diesem Instrument erzielte Genauigkeit beträgt $^1/_{100}$ mm.

Abb. 52. Tiefenmesser, Bauart „Amsler".

Abb. 51 stellt einen Tiefenmesser der bekannten amerikanischen Prüfmaschinenfabrik Tinius Olsen dar. Er besteht in der Hauptsache aus einem Uhrwerk, auf welches sich nach Art der bekannten Tastinstrumente die vergrößerte Bewegung eines empfindlichen Fühlhebels überträgt. Das Instrument ist sehr feinfühlig und läßt sich auch leicht auf richtige Anzeige prüfen, indem man den Fühlstift durch gelochte Bleche von verschiedenen genau bekannten Stärken fühlen läßt und den abgelesenen Wert mit der tatsächlichen Blechstärke vergleicht.

Abb. 52 zeigt einen Tiefenmesser der Firma Alfred Amsler, Schaffhausen, zur selbsttätigen Anzeige der Eindrucktiefe bei Kugeldruckproben auf Zerreißmaschinen.

Der Vorteil dieses Apparates gegenüber den beiden erstbeschriebenen besteht darin, daß er in praktischer Weise mit der Prüfmaschine verbunden ist, während des Versuches an der Maschine bleibt und das Wachsen der Eindrucktiefe zu beobachten gestattet.

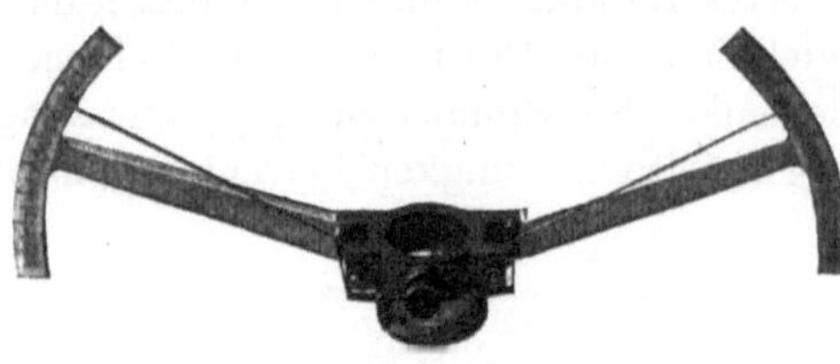

Abb. 53. Tiefenmesser, Bauart „Mohr & Federhaff".

Ein weiterer Tiefenmesser ist der in Abb. 53 dargestellte Apparat der Firma Mohr & Federhaff in Mannheim. Durch Rollenfühlhebel wird die Eindrucktiefe in starkem Maßstab vergrößert. Da der Apparat zwei Fühlhebel besitzt, bietet er die Möglichkeit, Beobachtungen darüber anzustellen, ob die Kugel gleichmäßig in das Material eindringt und ob keine einseitige Belastung auftritt. Auch dieser Apparat ist zum Gebrauch mit der zugehörigen Kugeldruckpresse bestimmt und kann während der Belastung beobachtet werden.

Die praktische Anwendung der B.K.P. bei der Materialprüfung in der Industrie.

Brinell gibt für die industrielle Anwendung der B.K.P. folgende Verwendungsmöglichkeiten an:

1. Bestimmung der absoluten und relativen Härte der Körper.
2. Bestimmung der verschiedenen Härte der Körper in verschiedener Richtung, z. B. die Härte der Holzarten von den Seiten und den Enden.
3. Kontrolle der Kohlenstoff- und Schmiedeprobe bei der Eisen- und Stahlerzeugung.
4. Bestimmung des Ausglühungsgrades bei Stahl.
5. Veränderung in der Härte, hervorgerufen durch Überhitzen der Metalle.
6. Einwirkung der Kaltbearbeitung auf die Härte des Eisens und Stahls.
7. Bestimmung der Homogenität bei Eisen und Stahl.
8. Bestimmung der Festigkeit, Dehnung und Streckgrenze bei Eisen und Stahl.
9. Bestimmung der Festigkeit, Dehnung und Streckgrenze bei Eisen und Stahl bei ungewöhnlicher Temperatur.
10. Veränderungen in der Festigkeit, Dehnung und Streckgrenze, verursacht durch Legierung und Verunreinigung des Stahles.
11. Bestimmung der Härtbarkeit des Stahles oder der Härtungskapazität.
12. Bestimmung der Gleichförmigkeit der Härtung bei einem gehärteten Stahlgegenstand.
13. Härtungseffekt beim Härten bei verschiedenen Temperaturen.
14. Härtungsvermögen verschiedener Flüssigkeiten.
15. Einfluß des Wärmegrades der Härteflüssigkeit auf die Härtung.

Bestimmung der (absoluten) und relativen Härte der Körper.

Unter Berücksichtigung des im Vorhergehenden über die Härte der Körper bzw. über die B.K.P. ausgeführten ist diese in der Tat ein ausgezeichnetes Verfahren, einen vor allem für praktische Zwecke brauchbaren Vergleichswert für die Härte verschiedener Stoffe zu erlangen. Dieser Wert kann jedoch nur ein relativer sein; eine absolute Festigkeit können wir nicht feststellen, daher wurde diese Beifügung in Klammern geschlossen.

Zahlentafel 20. Härte verschiedener Metalle und Metallegierungen.

	Belastung der 10-mm-Kugel kg	Durchmesser des Kugeleindruckes	Härte
Blei	200	6,3	5,7
Rosemetall	200	5,8	6,9
Zinn	500	6,25	14,5
Phosphorzinn	500	5,45	19,7
Babbits (Axle Brand Deviance)	500	5,05	23,3
Magnolia-Antifriktions-Metall	500	4,85	25,4
Solamia-Lagermetall	500	4,75	26,5
Svea-Lagermetall Nr. 1	500	4,30	32,6
Rabes-Lagermetall Nr. 1	500	4,30	32,6
Glycho-Lagermetall	500	4,20	34,5
Vulkan-Lagermetall Nr. 3a	500	4,05	37,0
Svea-Lagermetall Nr. 3	500	4,05	37,0
Aluminium	500	4,00	38,0
Alpha-Lagermetall Nr. 1	500	3,75	44,0
Zink	500	3,65	46,0
Gold	500	3,60	48,0
Antimon	500	3,35	55,0
Silber $\left(\frac{998,4}{1000}\right.$ Reinheit$\left.\right)$	500	3,25	59,0
Messing	500	3,15	63,0
Gewalztes Kupfer	500	2,90	74,0
Garkupfer	500	2,90	74,0
Glockenmetall	500	2,25	124,0
Phosphorbronze (44 T. Kupfer, 6 T. Phosphorzinn	500	2,20	130,0

Zahlentafel 21. Härte einiger schwedischer Holzkohlenroheisen.

	Belastung der 10-mm-Kugel kg	Durchmesser des Kugeleindruckes	Härte
Hellgrau	3000	4,5	179
$^3/_4$ grau, an der grauen Seite geprüft	3000	4,25	202
Dasselbe Stück, an der weißen Seite geprüft	3000	3,15	375
Halbiertes Eisen, an der weißen Seite geprüft	3000	2,90	444
Weißes Eisen	3000	2,85	460

Zahlentafel 22. Härte verschiedener Holzarten.

Holzart	Belastung der 10-mm-Kugel kg	geprüft von der Seite		geprüft vom Ende	
		Durchmesser des Kugeleindruckes	Härte	Durchmesser des Kugeleindruckes	Härte
Pokholz	50	2,80	7,98	2,70	8,55
Ebenholz	50	3,50	5,02	2,50	10,00
Rotbuche	50	4,55	2,91	3,45	5,18
Elsebeerholz	50	4,80	2,59	3,80	4,25
Walnuß	50	4,85	2,54	3,95	3,92
Ahorn	50	4,90	2,49	3,40	5,35
Hickory	50	4,90	2,49	3,10	6,45
Apfelbaum	50	4,95	2,44	3,75	4,36
Esche	50	5,00	2,38	3,50	5,02
Birnbaum	50	5,05	2,33	3,85	4,14
Eiche	50	5,10	2,28	3,10	6,45
Ulme	50	5,10	2,28	3,75	4,36
Weißbuche	50	5,10	2,28	3,50	5,02
Vogelbeerbaum	50	5,30	2,10	3,90	5,02
Birke	50	5,80	1,72	3,80	4,25
Wacholder	50	5,85	1,69	3,80	4,25
Linde	50	6,45	1,35	4,55	2,91
Espe	50	6,70	1,24	3,95	3,92
Erle	50	6,85	1,17	4,85	2,54
Lärche (außen)	50	6,85	1,17	6,20	1,48
„ (Kern)	50	6,90	1,15	5,00	2,38
Fichte (Kern)	50	6,90	1,15	4,50	2,97
Mahagoni	50	7,15	1,06	4,90	2,49
Tanne (Kern)	50	7,65	0,89	4,95	2,44
Fichte (außen)	50	7,80	0,85	4,85	2,54
Tanne (außen)	50	8,10	0,77	4,20	3,45

Alle Holzarten wurden mit direkter Belastung geprüft.

Vorstehende von Brinell veröffentlichte Zahlentafeln, aus denen die Härte einer Anzahl verschiedener Metallegierungen, Roheisensorten und Holzarten ersichtlich ist, geben in einer der praktischen Vorstellung sehr befriedigend entsprechenden Weise die Härtereihenfolge der angeführten Stoffe wieder.

Ausgedehnte praktische Anwendung findet die Bestimmung der Härte bei der Prüfung von Lagermetallen und Kupferlegierungen, insbesondere der hochwertigen Bronzen. Diese letzteren finden als gepreßte bzw. geschmiedete Teile besonders im Automobilbau ausgedehnte Verwendung. Die besten Bronzesorten sollen eine Brinellhärte von nicht unter 200 kg/mm² haben. Gezogenes Messingrohr für Laufbüchsen und Bremshülsen ist mit einer Brinellhärte von 120 zu weich, von 140 normal und von 160 als gut zu bezeichnen.

Lagermetalle besitzen eine Härte von 30 bis 50 kg/cm; es empfiehlt sich, diese aber mit einer größeren Kugel als 10 mm zu prüfen, da andernfalls der Prüfdruck zu gering wird. Es ist aber für genügend große Probestücke zu sorgen und auf den Einfluß der Zeit entsprechende Rücksicht zu nehmen. Allenfalls bei diesen Metallsorten auftretenden Nachwirkungserscheinungen ist durch entsprechende Verlängerung der Belastungsdauer Rechnung zu tragen.

Die Härte der Körper in verschiedener Richtung, z. B. die Härte der Holzarten von der Seite und den Enden.

Es ist bekannt, daß außer den verschiedenen Holzarten, welche in der Längsrichtung und in der Querrichtung verschiedene Härte aufweisen, auch viele Metalle in der Walzrichtung eine andere Härte haben als senkrecht dazu. Vielfach ist die Verschiedenheit der Kernstruktur von der Mantelstruktur die Ursache dieses Härteunterschiedes. Aber auch die Streckung der einzelnen Metallkristalle trägt mit hierzu bei; demnach ist bei solchen Materialien, welche aus großen Kristallen bestehen, der Unterschied auffälliger als bei Materialien mit feinerer Kristallstruktur. Praktisch findet man daher auch bei den Eisensorten mit geringem Kohlenstoffgehalt, welche meistens aus größeren Kristallen bestehen, größere Unterschiede der Härte in den verschiedenen Richtungen im Gegensatz zu Stahlsorten mit höherem Kohlenstoffgehalt oder legierten Stählen, bei denen der Unterschied in der Härte in der Walzrichtung und senkrecht dazu nahezu vollständig verschwindet. Von den im früheren Abschnitt, S. 64, erwähnten Seigerungen sei hier ausdrücklich abgesehen; diese müssen für diese Untersuchungen durch eine geeignete Vorprüfung zuerst ausgeschieden werden.

Kontrolle der Kohlenstoff- und Schmiedeprobe bei der Eisen- und Stahldarstellung.

Bei der Eisen- und Stahldarstellung werden von den einzelnen Schmelzen Proben entnommen, nach deren Ausfall die Schmelzen sortiert werden. In den meisten Fällen werden neben Vollanalysen noch Zerreiß- und Schmiedeproben vorgenommen.

Als unterscheidende Merkmale betrachtet man in erster Linie den Kohlenstoffgehalt und die Zerreißwerte. Wenngleich der Kohlenstoffgehalt auch als alleiniges Unterscheidungsmerkmal der technischen Eisen- und Stahlsorten nicht ausreicht, so ist er doch (obwohl auch Silizium, Mangan, Chrom u. a. beträchtliche härtesteigernde Wirkung äußern können) das einzige Element, welches dem Eisen die Eigenschaft der Härtbarkeit durch Abschrecken erteilt. Die mittels der Kugeldruckprobe ermittelte Härte steht nun mit dem Kohlenstoffgehalt in einem bestimmten Verhältnis, welches von Brinell wie folgt angegeben wird:

Zahlentafel 23.

0,1 %	Kohlenstoff	entspricht	97	Härte
0,2 ,,	,,	,,	107	,,
0,3 ,,	,,	,,	145	,,
0,4 ,,	,,	,,	156	,,
0,5 ,,	,,	,,	185	,,
0,6 ,,	,,	,,	215	,,
0,7 ,,	,,	,,	232	,,

Versucht man mit diesen Ergebnissen die Zahlen anderer Forscher zu vergleichen, so muß man zunächst auf die Zerreißfestigkeit zurückgreifen. Es liegen hierfür die Forschungen von Gatewood, Sauveur und Howe vor[59]).

Zahlentafel 24.
Gatewood.

Kohlenstoffgehalt in %	σ_B in kg/mm²	Kohlenstoffgehalt in %	σ_B in kg/mm²
0,1—0,2	45,7	0,7—0,8	76,3
0,2—0,3	49,2	0,8—0,9	82,2
0,3—0,4	53,4	Eutektikum	
0,4—0,5	58,3	0,9—1,0	82,2
0,5—0,6	64,0	1,0—1,1	70,3
0,6—0,7	70,3	1,1—1,2	42,2

Zahlentafel 25.
Howe.

Kohlenstoffgehalt in %	Minimum	Maximum	Mittel
0,05	35,27	46,55	40,91
0,10	35,27	49,37	42,32
0,15	38,79	52,96	45,88
0,20	42,32	56,42	49,37
0,30	45,85	63,48	54,67
0,40	49,37	70,53	59,95
0,50	52,90	77,58	65,19
0,60	56,42	84,63	70,53
0,80	63,48	105,80	84,64
Eutektikum			
1,00	63,48	109,90	86,69
1,20	63,48	81,11	72,30

Diese Zahlen ergeben die Abb. 54.

Ziemlich genau mitten zwischen den Werten von Gatewood und Mittelwerten von Howe liegen die aus der Formel von Sauveur für die Beziehung zwischen Zerreißfestigkeit und Kohlenstoffgehalt

$$K_z = 32 + 63\,C$$

sich ergebenden Werte; diese sollen daher der einfachen Übersicht halber den weiteren Betrachtungen zugrunde gelegt werden.

Nach dem früher bereits Gesagten besteht die Beziehung

$$K_z = 0{,}35\,H + 2\ \mathrm{kg/mm^2}.$$

Aus diesen beiden Formeln ergibt sich die Beziehung zwischen H und C wie folgt:

Zahlentafel 26.

C	K_z	H	C	K_z	H
0,1	38,3	104	0,5	63,5	176
0,2	44,6	122	0,6	69,8	194
0,3	50,9	140	0,7	76,1	212
0,4	57,2	158	0,8	82,4	230

Aus der Kombination beider Formeln ergeben sich die Beziehungen:

$$H = \frac{63\,C + 30}{0,35} \quad \text{und} \quad C = \frac{0,35\,H - 30}{63}.$$

Es ist zu bemerken, daß die entwickelten Beziehungen nur für untereutektoiden Stahl bis höchstens 0,8% C Gültigkeit haben, denn für mehr als 0,8 C ergibt sich nach den übereinstimmenden Ergebnissen vieler Forscher bereits wieder ein — und zwar rapider — Abfall der Festigkeit, welche bei 1,2 C nach Howe bereits wieder auf 63÷81 kg (nach Gatewood sogar auf 42,2 kg) zurückfällt.

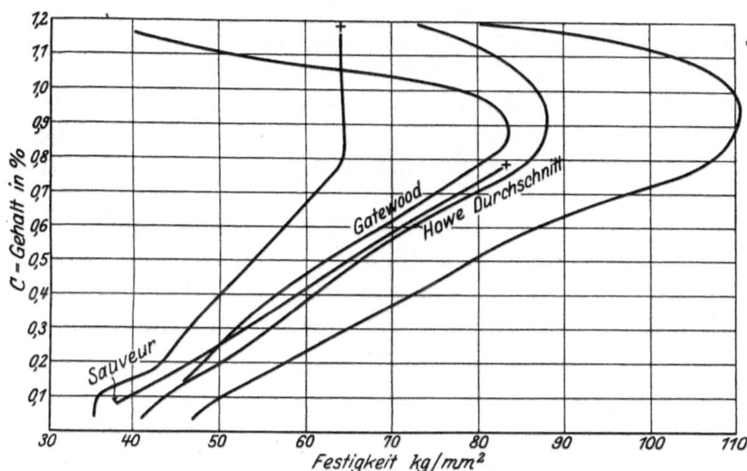

Abb. 54. Festigkeit von Kohlenstoffstahl in Abhängigkeit vom Kohlenstoffgehalt.

Man hat also in der B.K.P. ein einfaches Mittel, den Kohlenstoffgehalt von Eisen- und Stahlsorten, welche außer C keine wesentlichen Mengen weiterer absichtlicher Legierungszusätze haben, zu prüfen.

Von großer Wichtigkeit bei der Anwendung der B.K.P. zur Kontrolle des Kohlenstoffgehaltes ist, daß alle Probestücke bei möglichst gleicher Temperatur ausgeglüht und danach auf dieselbe Weise abgekühlt werden.

Bestimmung des Ausglühungsgrades bei Stahl und anderen Metallen.

Stahl, wie er die Walzen verläßt, und besonders auch Gesenkgeschmiedete oder Preßteile aus Stahl, können durch geeignetes Ausglühen erheblich weicher gemacht werden, besonders Stahlsorten mit höherem Kohlenstoffgehalt. Dies ist für solche Teile, welche auf spanabhebenden Maschinen bearbeitet werden, von großer Bedeutung, lassen sich doch bei Verwendung gut geglühten Materials die Herstellungszeiten und damit die Kosten des einzelnen Teiles recht erheblich herabdrücken. Besondere wichtig ist ein gutes Glühen bei Sonderstählen und unter diesen wieder bei den Chrom- und Chrom nickelstählen, sowie auch Mangan-Silizium-Stählen. Um den größtmöglichsten Grad von Weichheit bei Stahl zu erzielen, ist es nötig, den gesamten lamellaren Perlit in körnigen Perlit zu überführen. Zu diesem Zweck muß der Stahl über seinen Haltepunkt A_{c_3} erhitzt und dann langsam mit einer Abkühlungsgeschwindigkeit von 0,9° pro Minute bis unter 600° abgekühlt werden. Unter 600° kann die Abkühlung bedeutend beschleunigt werden, ja man kann den Stahl unter 600° sogar in Wasser abschrecken, ohne daß er eine Härtezunahme erfährt. Je nach der Zusammensetzung der Legierung kann sich auch noch eine etwas langsamere Abkühlung erforderlich machen.

Um sich nun eine Vorstellung von dem Grad der Ausglühung eines Stahles machen zu können, ist es zweckmäßig, von der betreffenden Partie einige Stücke so zu glühen, daß sie ihren größten Grad der Weichheit erlangen.

Macht man hierbei von der auf S. 49ff. angegebenen Aufschreibungsweise Gebrauch, so kann man die erhaltenen Ergebnisse, ohne Ausrechnung der Härtezahlen, einfach auf Grund des abgelesenen Kugeleindruckdurchmessers einordnen und erhält dann beispielsweise eine Aufschreibung von etwa folgender Art:

Kugeldruckdurchmesser:	5,5	5,4	5,3	5,2	5,1	5,0	4,9	4,8	4,7	4,6
Stückzahl vor dem Glühen:	—	—	—	1	9	16	30	18	6	2
Stückzahl nach dem Glühen:	—	6	16	20	30	10	—	—	—	—

Betrachtet man die Ergebnisse des Glühvorganges in bezug auf die Härte, so findet man vergleichsweise an vorstehendem Beispiel vor dem Glühen eine größere Ungleichmäßigkeit bzw. einen größeren Unterschied zwischen dem weichsten und härtesten Stück, als nach dem Glühen. Es ist eine bekannte Wirkung des Ausglühens, daß es nicht nur die Härte der einzelnen Teile herabmindert, sondern auch die sämtlichen Teile einem Mittelwert näherbringt. Die Herabminderung der Härte ist je nach dem Material und den Umständen der Herstellung recht verschieden. Bei gewalztem Kohlenstoffstahl bis etwa 0,5% C beobachtet man unter normalen Verhältnissen häufig eine Härteminderung von etwa 10%, bezogen auf die Härtezahl in geglühtem Zustand. Bei Schmiede- und Preßteilen, besonders wenn sie aus legierten Sonderstählen hergestellt sind, ist die Härteminderung oft eine bedeutend größere. Außer der Automobilindustrie machen sich daher viele andere Industrien den großen Vorteil des Ausglühens zunutze. Sowohl das Lieferwerk als auch der Empfänger haben in der B.K.P. ein einfaches Mittel an der Hand, sich von dem Erfolg des Ausglühens jederzeit ohne Zerstörung der Teile zu überzeugen; durch oben angegebene Aufschreibungsweise ist der Grad des Ausglühens leicht zu übersehen; eine mißglückte oder eine unzureichende Glühung ist nach dieser Methode bei einiger Erfahrung leicht zu erkennen.

Ähnliche Wirkung wie beim Stahl hat das Ausglühen auch bei anderen Metallen, insbesondere bei gezogenen und gepreßten oder geschmiedeten Messing- und Bronzesorten. Bei diesen ist aber die härtemindernde Wirkung des Ausglühens in den meisten Fällen unerwünscht, und man vermeidet daher eine Erwärmung. Auch im Betriebe sind daher solche Erwärmungen bei Laufbüchsen nach Möglichkeit zu vermeiden, da ihre gute Wirkungsweise besonders bei hohen spezifischen Flächenpressungen sehr von der Härte des Materials abhängig ist. Eine einmal heiß gelaufene Laufbüchse, welche dadurch ihre notwendige Härte verloren hat, wird sich bei weiterem Betrieb strecken und durch vermehrte Reibung an ihren Stirnflächen immer wieder zu neuer Erwärmung Anlaß geben, so daß ihre Auswechslung unvermeidlich ist. Untersucht man derartige Büchsen nach ihrem Ausbau und vergleicht ihre Härte mit der ursprünglichen, so findet man durch die B.K.P. die beträchtliche Härteherabminderung und damit auch indirekt den Beweis für die Ursache des Versagens.

Veränderung in der Härte, hervorgerufen durch Überhitzen des Eisens und Stahles.

Durch Erhitzen wird das Gefüge des Stahles verändert und dabei, unter der Voraussetzung, daß die Erhitzung über die Härtungstemperatur getrieben wird, das Gefüge immer gröber, je höher die Temperatur war. Zahlentafel 27 zeigt die Ergebnisse der Erhitzung bis Weißglut mit nachfolgender Abkühlung im Kohlengestübbe.

Aus diesen Versuchen geht beim Vergleichen mit den übrigen Versuchen in derselben Zahlentafel und der graphischen Darstellung hervor, daß die Härte beim Erhitzen auf Weißglut stärker verringert wird als beim Erwärmen auf Rotglut.

Mit Rücksicht darauf, daß die Grenze zwischen überhitztem und verbranntem Stahl nicht scharf gegeben ist, dürfte es schwer sein, mittelst der Kugeldruckprobe ein scharfes Kennzeichen für diese Zustände zu erlangen. Im Rahmen einer regelmäßigen Werkstoffprüfung in Werksbetrieben kann man aber mit Hilfe der B.K.P. sehr wohl auffällige Erscheinungen im Falle zu langer Erhitzung von Arbeitsstücken aufdecken und dann mit Hilfe anderer Untersuchungsverfahren, z. B. metallographischer Untersuchung, den Grad der Überhitzung feststellen und demgemäß Maßregeln zur Rückfeinung treffen.

Zahlentafel 27.
Ausglühungsgrad und Einfluß der Überhitzung auf die Härte des Stahles.

Probe *) Nr.	Im Zustand, wie sie das Walzwerk liefert		Bei schwacher Rotglut geglüht, im Kohlen gestübbe abgekühlt		Bis Weißglut erhitzt, im Kohlengestübbe abgekühlt	
	Durchmesser	Härte	Durchmesser	Härte	Durchmesser	Härte
1	5,650	109	5,950	97	6,050	94
2	5,300	126	5,525	115	5,650	109
3	4,725	161	5,000	143	5,175	132
4	4,575	172	4,800	156	5,075	138
5	4,225	204	4,325	104	4,875	151
6 (2)	4,000	228	4,250	202	4,750	159
6	3,800	255	3,950	235	4,500	170
8	3,675	273	3,975	231	4,525	176
9	3,575	289	3,775	258	4,375	189
12	3,500	302	3,750	262	4,150	212

Einwirkung der Kaltbearbeitung auf die Härte des Eisens und Stahles.

Es ist bekannt, daß die Metalle im allgemeinen und Eisen und Stahl insbesondere durch Kaltbearbeitung eine Steigerung ihrer Härte erfahren. Der Grad der Verfestigung ist abhängig von dem Grad der Kaltbearbeitung; zu weit getriebene Kaltbearbeitung bildet eine große Gefahr für die betreffenden Arbeitsstücke. Ein Beispiel dafür gibt Brinell schon in einer seiner ersten Abhandlungen [17]) an: Ein Stahlrohr von 36 mm äußerem Durchmesser wurde in mehreren Zügen ohne inneren Dorn bis zu 22 mm äußerem und 9,5mm innerem Durchmesser kaltgezogen. Nach dem Ziehen sprang das Rohr ohne äußere Verletzung infolge der übertriebenen Kaltbearbeitung der Länge nach entzwei.

An Stangen von blankgezogenem Eisen beobachtet man wohl gelegentlich, daß die eine oder andere Stange beim Abladen wie Glas zerspringt; auch dieses ist in der Hauptsache eine Folge von zu weit getriebener Kaltbearbeitung. Bei Schrauben, welche aus kaltgezogenem Werkstoff hergestellt wurden, springen oft ohne übermäßig starkes Anziehen die Schraubenköpfe ab; wenn in solchen Fällen noch außer-

*) Analysen siehe Zahlentafel 30.

gewöhnlich starke Kernseigerungen vorhanden sind, läßt sich der Bruch dadurch erklären, daß während des Kaltziehprozesses in der Seigerung des Stabkernes (s. Abb. 24, S. 65) Anrisse entstanden sind. Beim Drehen der Schrauben wurde der gesunde Mantel abgedreht und der angerissene Kern blieb stehen und fiel der ersten größeren Beanspruchung zum Opfer. Oftmals treten derartige Anrisse erst nach längerer Betriebszeit als Dauerbrüche in Erscheinung. Es ist natürlich für alle Industrien, die sich mit der Kaltbearbeitung von Metallen oder ihrer Weiterverbreitung befassen, von größter Wichtigkeit, ein Verfahren zu besitzen, mit dessen Hilfe der Grad der Kaltbearbeitung schnell und zuverlässig festgestellt werden kann.

Ein vorzügliches Mittel, den Grad der Kaltbearbeitung zahlenmäßig zu ermitteln, ist die von Taubert angegebene sog. Dreikugeldruckprobe. Diese besteht darin, daß von jeder der für wichtige Teile zu verarbeitenden Stangen ein kurzes Stück abgestochen wird, dessen Brinellhärte festzustellen ist, und zwar:

1. im Anlieferungszustand,
2. gut geglüht,
3. best abgeschreckt (gehärtet).

Ein Vergleich der so erhaltenen Werte untereinander läßt nicht nur einen Schluß auf den Grad der Kaltbearbeitung zu, sondern kann auch gleichzeitig zur Schätzung des Kohlenstoffgehalts benutzt werden (s. S. 91 ff.), was die Probe besonders für später zu härtende Teile recht wertvoll macht.

Wie aus der folgenden Abb. 55 von Taubert beispielsweise hervorgeht, ist die Härte der drei Versuchsstücke in ausgeglühtem Zustand

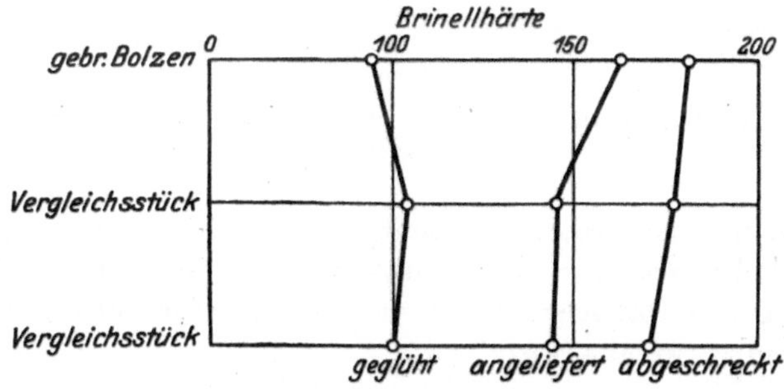

Abb. 55. Dreikugeldruckprobe an einer kaltgezogenen Stahlprobe.

nahezu gleich; die Proben haben daher alle drei praktisch denselben Kohlenstoffgehalt. In abgeschrecktem Zustand zeigen sich etwas größere Abweichungen, doch nicht in auffälligem Maße. Beim Vergleich der Härtezahlen in Anlieferungszustand zeigt sich jedoch deutlich die auffällige Abweichung des gebrochenen Bolzens gegenüber den beiden Vergleichstücken; die Härte des gebrochenen Bolzens liegt unverhältnismäßig nahe an seiner Härte im abgeschreckten Zustand, ein Zeichen, daß seine Kaltbearbeitung höher getrieben worden ist als die Vergleichstücke. Wegen der unvermeidlichen Maßabweichungen des Rohmaterials werden innerhalb einer Sendung kaltgezogenen Stangenmaterials öfters größere Härteabweichungen festzustellen sein.

Nach den Untersuchungen Brinells erfährt weicher Stahl durch Kaltbearbeitung eine größere Härtezunahme als härterer, und zwar steht

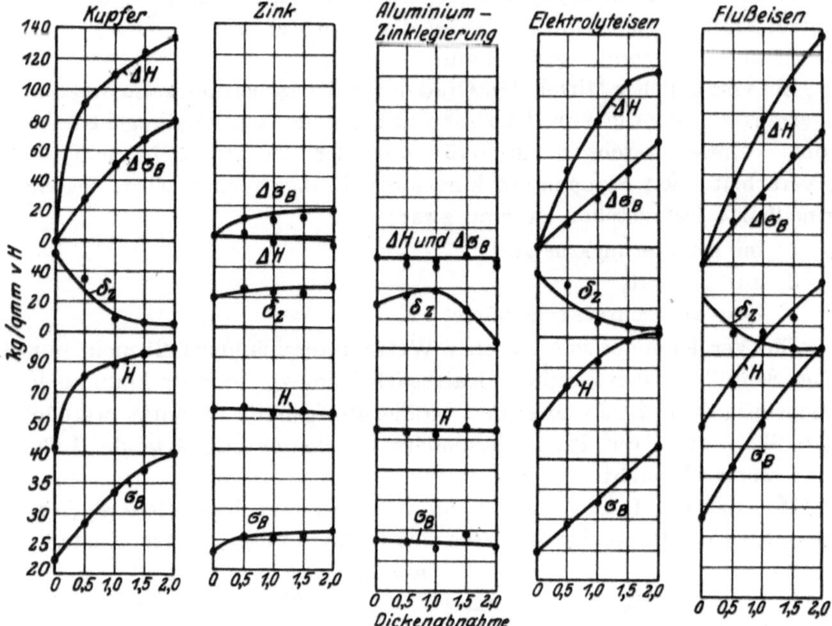

Abb. 56. Änderung der Festigkeitseigenschaften von einigen Metallen durch Kaltwalzen.

die Härtezunahme in einem bestimmten Verhältnis zur ursprünglichen Festigkeit des Stahles. Erfahrungsgemäß beträgt die Festigkeit bei blankgezogenem Handelsmaterial, wie es vielfach für Muttern, Schrauben und Bolzen verwendet wird

	in gewalztem Zustand	kaltgezogen
Festigkeit	35÷46	54÷65
Härtezahl	95,5÷126	149÷179
Kugeldruckdurchmesser	6÷5,3	4,9÷4,5.

Weitere Angaben über die Zunahme der Härte bei Kaltbearbeitung werden von Pomp[118]) in einer Abhandlung über die Änderung der Festigkeitseigenschaften einiger Metalle und Legierungen gemacht. Das untersuchte Flußeisen hatte einen Kohlenstoffgehalt von 0,03% bei im übrigen normaler Zusammensetzung.

In nachstehender Zahlentafel 28 sind die Ergebnisse der Versuche wiedergegeben (s. auch Abb. 56):

Zahlentafel 28.
Änderung der Festigkeitseigenschaften von Kupfer usw. durch Kaltwalzen.

Stoffe	Dicke mm	Dickenabnahme Δd %	Bruchfestigkeit σ_B kg/mm²	Zunahme der Bruchfestigkeit $\Delta\sigma_B$ %	Kugeldruckhärte H	Zunahme der Kugeldruckhärte ΔH %	Dehnung δ_z %
Kupfer	4,0	0	22,2	0	42	0	51,5
	3,5	12,5	28,2	27,1	80	90,4	35,0
	3,0	25,0	33,3	50,0	88	109,5	8,3
	2,5	37,5	37,2	67,2	94	123,8	5,7
	2,0	50,0	39,8	79,3	98	133,3	5,7
Zink	4,0	0	22,9	0	55	0	18,6
	3,5	12,5	25,3	10,5	56	1,8	24,3
	3,0	25,0	25,5	11,4	53	−3,6	23,3
	2,5	37,5	25,7	12,2	54	−1,8	23,3
	2,0	50,0	26,6	16,2	52	−5,5	26,0
Aluminium-Zink-Legierung	4,0	0	28,0	0	56	0	28,6
	3,5	12,5	27,9	−0,4	54	−3,6	34,3
	3,0	25,0	27,1	−3,2	53	−5,4	38,6
	2,5	37,5	29,4	5,0	56	0	25,0
	2,0	50,0	27,0	−3,6	55	−1,8	3,0
Elektrolyt-Eisen	4,0	0	24,7	0	52	0	41,5
	3,5	12,5	28,8	16,6	78	50,0	34,2
	3,0	25,0	32,9	33,2	95	82,7	11,4
	2,5	37,5	37,1	50,3	109	109,5	8,6
	2,0	50,0	41,7	68,8	112	115,4	4,3
Flußeisen	4,0	0	32,6	0	62	0	40,0
	3,5	12,5	41,4	27,0	91	46,8	14,3
	3,0	25,0	47,8	46,7	121	95,1	13,3
	2,5	37,5	55,6	70,6	135	117,7	6,0
	2,0	50,0	61,3	88,1	159	156,5	6,0

Man ersieht aus dieser Zusammenstellung, daß einzelne Metalle, wie z. B. Zink und Aluminium-Zink-Legierungen, keine Härtesteigerung bei der Kaltbearbeitung erfahren, andere dagegen, wie z. B. Kupfer, Elektrolyteisen und Flußeisen, ganz erhebliche Härtesteigerungen beim Kaltbearbeiten aufweisen, welche bei dem untersuchten Flußeisen einen Höchstwert von 156,5% erreicht.

Bestimmung der Homogenität bei Eisen und Stahl.

Unterschiede in der Gleichmäßigkeit der Härte bei Eisen und Stahl können ihre Ursache teils in Ungleichheit der chemischen Zusammensetzung, teils in mangelnder Dichtheit haben. Bei Stahlblöcken kommen diese Fehler vorzugsweise im oberen inneren Teil vor; es sind die bekannten Seigerungserscheinungen, die bereits auf S. 64ff. erwähnt wurden Bei der Abkühlung des Stahles in den Kokillen sammeln sich in dem oberen inneren Teil derselben prozentual größere Mengen von Phosphor und Schwefel an als in den übrigen Teilen der Blöcke.

Die mangelnde Dichtigkeit entsteht dagegen durch Blasen, Lunker, schaumige, schlackenartige Verunreinigung usw. Während der Verarbeitung der Blöcke ist das Augenmerk der Stahlwerke besonders darauf gerichtet, die Hohlräume nach Möglichkeit zusammenzuschweißen und die Schlacke auszupressen. In einem Teil des Ingots aber ist dies nicht möglich und dieser muß abgeschnitten werden. Sowohl die porösen Stellen als auch der höhere Gehalt an den obenerwähnten Beimischungen drücken sich bei der Zerreißprobe durch geringere Dehnung aus. Bei der B.K.P. hingegen machen sich die Seigerungen durch eine größere Härte gegenüber den anderen gesunden Teilen des Blockes aus. Da es nun einmal ziemlich umständlich, andermal aber auch verhältnismäßig kostspielig ist, aus dem Kern der Blöcke Zerreißproben zu machen, empfiehlt es sich, die Gleichmäßigkeit des Materials mittels der B.K.P. zu prüfen.

Von den zu untersuchenden Blöcken bzw. Stangen werden Scheiben von entsprechender Dicke (ca. 10 mm) abgeschnitten und auf der einen Seite glatt bearbeitet. Dann macht man längs einer Diagonale im Abstande von ca. 20÷25 mm eine größere Anzahl Kugeldruckproben; der Unterschied in dem Durchmesser der Kugeleindrücke ist dann ein Vergleichsmaßstab für die Ungleichmäßigkeit des Materials. Neuerdings wendet man zur Sichtbarmachung der Seigerungen vielfach mit großem Erfolg die Kupferammoniumchloridätzung und zur Erkennung von Rissen am Umfang oder Lunkerstellen im Inneren die Ätzung mit heißer Salzsäure an.

Ungleiche Härtezahlen findet man an demselben Stück und an eng benachbarten Stellen recht oft vor; sie sind der Anlaß zu mancherlei Kopfzerbrechen und die Ursache der Härteunterschiede lassen sich nicht immer einwandfrei aufklären. Bei Stangenmaterial findet man oft höhere Härtezahlen senkrecht zur Walzrichtung am Mantel wie parallel zur Walzrichtung im Kern; ganz im Gegensatz zu dem bisher Ausgeführten, denn man sollte eigentlich einmal wegen möglicherweise vorhandener Seigerungen, andermal wegen Kornstreckungen eine größere Kernhärte erwarten. Hier spielen die Abkühlungsverhältnisse unbedingt eine Rolle; bei Schmiede- und Preßstücken erklärt sich ein solcher Härteunterschied leicht durch plötzliche Abkühlung, denn es kommt oft vor, daß diese Teile in eine Wasserpfütze geschmissen werden; aber auch im Walzwerksbetrieb wird viel mit Wasser umhergespritzt, wodurch stellenweise Härtung der Stangen erklärlich wird. Errechnet man aus solchen Härtezahlen die Festigkeit, so unterliegt man einer Täuschung; bei

Massenbrinellierungen ist eine solche Täuschung weniger wahrscheinlich, da eine auffällige Abweichung der Anlaß zu Nachprüfungen und Nachbehandlungen sein wird.

Bestimmung der Festigkeit, Dehnung und Streckgrenze bei Eisen und Stahl.

Von allen Anwendungsmöglichkeiten der B.K.P. ist die Bestimmung der Festigkeit (Höchstlast bezogen auf den unbelasteten Querschnitt des Versuchskörpers) auf rechnerischem Wege durch Multiplikation der Härtezahl mit einem Erfahrungswert und Addition eines Verbesserungsgliedes die weitaus verbreitetste. Ihr verdankt die B.K.P. ihren Weltruf, trotz mancher Bedenken, die dagegen erhoben worden sind. Die Grundlagen, die zur Aufstellung einer solchen Beziehung geführt haben, sind auf S. 42÷63 eingehend behandelt. Die Möglichkeit, aus der Brinellhärte die Zerreißfestigkeit zu bestimmen, wird von namhaften Stahlwerken zur Prüfung ihrer Erzeugnisse insbesondere als teilweiser Ersatz bzw. Ergänzung der Zerreißprobe benutzt und es dürfte heute wohl kein Edelstahlwerk mehr geben, welches die B.K.P. nicht zu ihren Prüfverfahren zählt, besonders bei wärmebehandelten Stählen. Einige Beispiele mögen dies belegen:

In dem Katalog (B 24) der Fa. Gebr. Böhler & Co., Wien über Konstruktionsstähle heißt es:

„Alle veredelt oder geglüht zu liefernden Schmiedestücke, wie überhaupt alle Konstruktionsstähle, die im Ablieferungszustande verwendet und nur mehr auf kaltem Wege weiterverarbeitet werden, unterwerfen wir überdies noch vor Versand der B.K.P., um eine Gewähr für die Einhaltung der richtigen Festigkeit zu haben.“

Die Poldihütte, Kladno, Tiegelgußstahlfabrik, bemerkt in ihrem Katalog über Konstruktionsstahl:

„Während der Erzeugung werden laufend einer großen Anzahl von Stücken Zerreißproben, Kerbschlagproben und sonstige Proben entnommen. Ferner werden sämtliche von uns hergestellten Teile durch Kugeldruckproben auf ihre Festigkeit überprüft. Dies geschieht bei rohen und bei zum Teil angearbeiteten Stücken vor dem Versand; es sind daher die Kugeleindrücke an den Stücken ersichtlich. Fertigbearbeitete Stücke werden vor der Fertigbearbeitung überprüft. Wir haben für unsere sämtlichen Stahlqualitäten und für sämtliche Festigkeiten die Größe der Kugeleindrücke bei einer bestimmten Belastung durch Versuche ermittelt und sind daher in der Lage, umgekehrt, aus der Größe des Kugeleindrucks die Zugfestigkeit bestimmen zu können. Die derart durch zahlreiche (ca. 13000, Anm. d. Verfassers) Versuche gewonnene Tafel Blatt 44 ermöglicht es, durch die Kugeldruckprobe unmittelbar die Zugfestigkeit des Stahles zu bestimmen. Damit werden die für das Ergebnis der Kugeldruckprobe neu eingeführten ‚Härtezahlen', die mit den Festigkeiten nicht unmittelbar verglichen werden können und deshalb sowohl für den Konstrukteur, wie auch für die praktische Überprüfung der Erzeugnisse nur geringen Wert haben, entbehrlich".

Am Schlusse des Kataloges veröffentlicht diese Firma eine bereits auf S. 46 erwähnte Zahlentafel über die Zerreißfestigkeit ihrer Stähle für die verschiedenen Kugeldruckdurchmesser und Härtezahlen.

Die „Steirischen Gußstahlwerke A.-G., Judenburg" geben in ihrem Katalog über Konstruktionsmaterial folgendes bezüglich der B.K.P. an:

„Durch Zerreiß-, Kugeldruck-, Kerbzäh-, Bruch-, Biegeproben usw. wird die einwandfreie Qualität der Stücke geprüft."

Die Firma Otto Mansfeld & Co., Berlin gibt in ihrem Katalog über Konstruktionsstahl neben den üblichen Werten des Zerreißversuches auch fast für ihre sämtlichen Stahlsorten die Brinellhärtezahl an.

Die „Vereinigten Edelstahlwerke, Dortmund" geben in ihrem Katalog eine Zahlentafel der Brinellschen Härtezahlen in Beziehung mit der Zerreißfestigkeit. Ferner führen die Verein. Edelstahlwerke für einige Maschinenstähle die Brinellhärtezahl neben den Festigkeitswerten an wie folgt:

	M 45	M 55	M 65	M 75
Festigkeit . . .	40÷50	50÷60	60÷70	70÷80 kg
Brinellhärte . . .	110÷140	140÷165	165÷200	200÷235

Die „Oberschlesische Eisenindustrie" gibt in ihrer Druckschrift über Baildonstahl ebenfalls neben einer Beschreibung der B.K.P. eine Zahlentafel über die Festigkeit bei den verschiedenen Härtezahlen, welche auf Grund der vom Verfasser 1919 veröffentlichten Beziehung $K_z = 0{,}343\,H + 4{,}8$ errechnet ist.

Auch die „Bismarckhütte" widmet in ihrem Katalog über Konstruktionsstähle der B.K.P. einen entsprechenden Raum.

Aus diesen Beispielen, welche noch weiter fortgesetzt werden könnten, dürfte zur Genüge hervorgehen, welche enorme Wichtigkeit die industrielle Technik der Beziehung zwischen Zerreißfestigkeit und Härtezahlen beimißt, trotz aller Bedenken vom wissenschaftlichen Standpunkt und trotz aller gelegentlich festgestellten, auffallenden und anscheinend unerklärlichen Abweichungen.

In der Überschrift dieses Abschnittes ist neben der Festigkeit noch die Dehnung und Streckgrenze genannt. Es mag an dieser Stelle nochmals erwähnt sein, daß es bislang — leider — noch nicht gelungen ist, eine allgemeingültige Beziehung zwischen diesen Werten und den Härtezahlen zu ermitteln, obwohl es nicht an ernsten Versuchen von berufener Seite gefehlt hat.

Von diesen Versuchen sei die Arbeit von Pomp[119]) erwähnt. In einer Abhandlung über „Kritische Wärmebehandlung von kohlenstoffarmem Flußeisen" gibt genannter Verfasser für die Beziehung zwischen Härtezahlen und Dehnung nebenstehende Abb. 57.

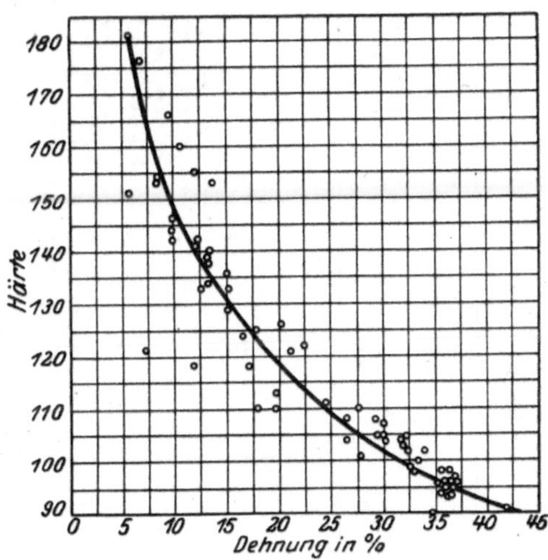

Abb. 57. Beziehung zwischen Härtezahlen und Dehnung bei kohlenstoffarmen Flußeisen.

Durch Probieren mit dem Zirkel ergibt sich, daß die dargestellte Linie den Teil eines Kreises darstellt. Nach Ausmessung des Radius dieses Kreises sowie Abmessen der Entfernungen des Kreismittelpunktes von den Achsen des Koordinatensystems war es nicht schwer, aus der allgemeinen Kreisgleichung

$$(x - a)^2 + (y - b)^2 = r^2$$

die Gleichung dieser Linie zu finden, welche nach entsprechender Umformung und unter Berücksichtigung der verschiedenen Maßstäbe für H und D wie folgt lautet:

$$D = 59 - 0{,}83 \sqrt{138\,H - 0{,}36\,H^2 - 9000}\ \%.$$

Es dürfte sich erübrigen, nach den obigen Andeutungen über die Entstehung dieser Gleichung die vollständige Ableitung hier zu geben.

Die Formel ist jedoch nur für das von Pomp untersuchte Material und für Härtezahlen von 90—180 gültig. Für kleinere Härtezahlen ergeben sich zu hohe Werte und für größere Härtezahlen nehmen die Werte für D allmählich wieder zu bis zu einem Höchstwert. Die Formel besitzt also keine allgemeine Gültigkeit.

Untersucht man Eisen- und Stahlsorten von wechselnder Zusammensetzung, so erhält man keine gleichmäßig verlaufende Beziehung; nach den Erfahrungen des Verfassers ergeben sich für die Dehnungen in Beziehung zu den Härtezahlen bedeutend größere Streuungen, wie aus folgender zeichnerischen Darstellung (Abb. 58) hervorgeht.

Eine allgemeine gültige Beziehung läßt sich aus dieser Darstellung nicht gewinnen, höchstens eine obere Grenze, deren praktischer Wert jedoch zweifelhaft sein dürfte.

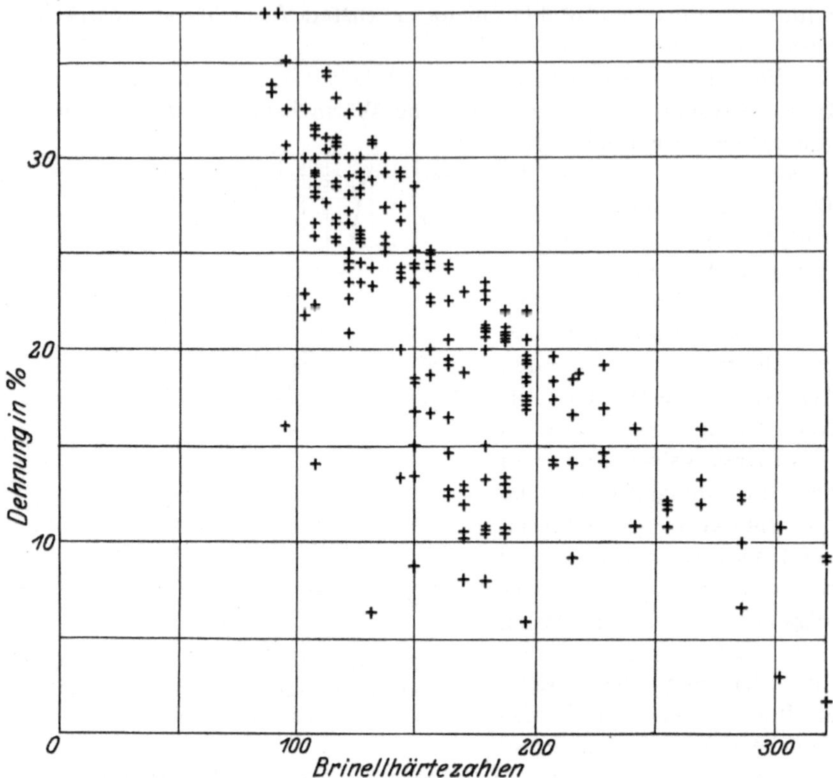

Abb. 58. Abhängigkeit der Dehnung von der Brinellhärte.

In seiner obenerwähnten Abhandlung gibt Pomp unter anderen auch noch Beziehungen für die Fließgrenze und ferner noch für die Beziehung der Kontraktion zur Härtezahl an.

Die Beziehung der Fließgrenze zur Härtezahl lautet:

$$F = 0{,}461\,H - 21{,}5\,.$$

Die Beziehung der Kontraktion zur Härtezahl lautet:

$$K = 96 - 0{,}2\,H\,.$$

Härte und Kerbzähigkeit stehen nach Pomp in keinem Verhältnis zueinander, das Verhältnis der Zerreißfestigkeit zur Härtezahl wird von Pomp für die von ihm untersuchten weichen Eisensorten zu $K_z = 0{,}365\,H - 3{,}65$ angegeben.

Alle vorstehenden Zahlen beziehen sich nur auf das von Pomp untersuchte kohlenstoffarme Flußeisen. Eine Verallgemeinerung der Formeln ist nicht ohne weiteres angängig.

Bestimmung der Festigkeit, Dehnung und Streckgrenze bei Eisen und Stahl bei ungewöhnlicher Temperatur.

Die B.K.P., welche bei normaler Temperatur recht brauchbare Vergleichswerte für die Festigkeitseigenschaften der Materialien ergibt, kann mit Vorteil auch zur Härteprüfung bei ungewöhnlicher Temperatur benutzt werden. Die Abkühlung bzw. Erwärmung der zu prüfenden Teile bietet bei der B.K.P. nicht die Schwierigkeiten als beim Zerreißversuch; die Temperatur des Versuchsstückes kann in den meisten

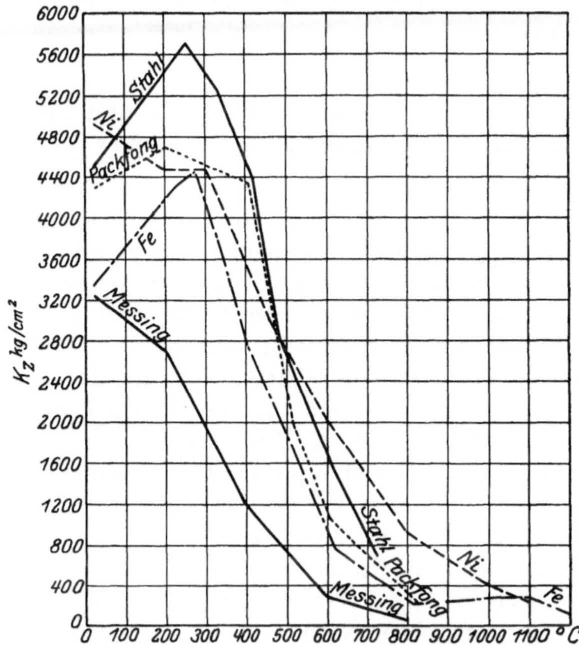

Abb. 59. Änderung der Festigkeit mit der Temperatur.

Fällen, wenn es sich nicht um zu kleine Stücke handelt, während der kurzen Dauer der B.K.P. ohne weitere Abkühlung oder Wärmezufuhr als konstant angesehen werden, im Gegensatz zu dem längere Zeit erfordernden Zerreißversuch, bei welchem künstliche Kühlung bzw. Wärmezufuhr während des Versuches erforderlich ist. In letzter Zeit hat man auch versucht, die dynamische Kugeldruckprobe zur Härteprüfung bei ungewöhnlichen Temperaturen heranzuziehen. Bezüglich der Änderung der Festigkeit mit der Temperatur hat sich aus Warmzerreißversuchen ergeben, daß die reinen Metalle mit Ausnahme von Eisen und Nickel eine stetige Abnahme der Festigkeit mit der Temperatur zeigen, wohingegen Eisen und Nickel und wahrscheinlich auch die meisten Legierungen ausgesprochene Unstetigkeiten innerhalb gewisser charakteristischer Temperaturbereiche erkennen lassen.

Vermutlich dürften diese auf allotropische Umwandlungen zurückzuführen sein. Die Abb. 59 gibt nach Ludwick eine Vorstellung der Änderung der Festigkeitseigenschaften bei einigen der wichtigsten Metallen.

Man kann annehmen, daß die B.K.P. auch für diese Fälle ein einfaches Mittel bildet, die Eigenschaften der Metalle bei ungewöhnlichen Temperaturen festzustellen, wenn auch bei diesen Versucheu gewisse Schwierigkeiten zu überwinden und Vorsichtsmaßregeln einzuhalten sein werden.

Veränderungen in der Zugfestigkeit, Dehnung und Streckgrenze, die durch Legierung und Verunreinigung des Stahles veranlaßt sind.

Die auf S. 96ff. behandelten Änderungen der Festigkeitseigenschaften durch Kaltrecken und Glühen sind im allgemeinen umkehrbare Vorgänge. Grundsätzlich verschieden hiervon sind die Änderungen der Festigkeitseigenschaften der Metalle durch Legierung. Über die Natur dieser Vorgänge sind beachtenswerte Theorien von Bottone, Benedicks, Rydberg u. a. aufgestellt worden.

Es wird angenommen, daß die härtende Wirkung des Zusatzes von der in der Volumeneinheit der Legierung enthaltenen Zahl der Atome des gelösten Stoffes abhängig ist. Und zwar soll die Härte fester Lösungen unter gewissen Umständen im Verhältnis zu ihrer Atomkonzentration stehen.

In sehr interessanter Weise vergleicht Mars[96]) die Brinellhärte mit der Atomkonzentration. In nachstehender Zahlentafel sind nach Mars die von Brinell angegebenen Härtezahlen und die aus der Zusammensetzung der Stähle berechnete Atomkonzentration zusammengestellt:

Zahlentafel 30. Vergleich der Brinellhärte mit der Atomkonzentration.

Nr. der Stahlsorte	C	Si	Mn	Fe	Härtezahl	Atom-konzentration
1	0,1	0,007	0,10	99,793	149	0,1377
2	0,2	0,018	0,40	99,382	196	0,1378
3	0,25	0,30	0,41	99,04	311	0,1378
4	0,35	0,26	0,49	98,90	402	0,1380
5	0,45	0,27	0,45	98,83	555	0,1381
6	0,65	0,27	0,49	98,59	652	0,1384
6 (2)	0,66	0,33	0,18	98,83	578	0,1384
8	0,78	0,37	0,20	98,65	652	0,1385
9	0,92	0,28	0,25	98,55	627	0,1388
12	1,25	0,60	0,20	97,95	627	0,1391

Diese Werte sind in der Abb. 60 nach Mars zeichnerisch dargestellt.

Aus der Abbildung ist ersichtlich, daß zwischen Härte und Atomkonzentration unverkennbar eine gewisse Beziehung zu bestehen scheint. Die Annahme einer Proportionalität zwischen Härte und Atomkonzentration bei gewöhnlicher Temperatur ist nicht unwidersprochen geblieben. Die Atomkonzentration müßte nach Ludwick aus der Dichte der Stoffe bei ihrer bezüglichen Schmelztemperatur errechnet werden, um vergleichsfähig zu sein.

Weitere Angaben über die Härtesteigerung durch Legierung macht Axel Wahlberg[136]), welcher den Einfluß von Kohlenstoff, Silizium und Mangan auf die Härte von Stahlsorten untersucht.

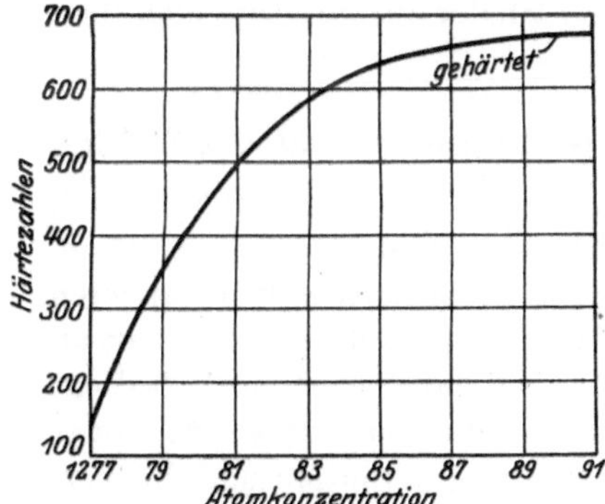

Abb. 60. Vergleich der Brinellhärte mit der Atomkonzentration.

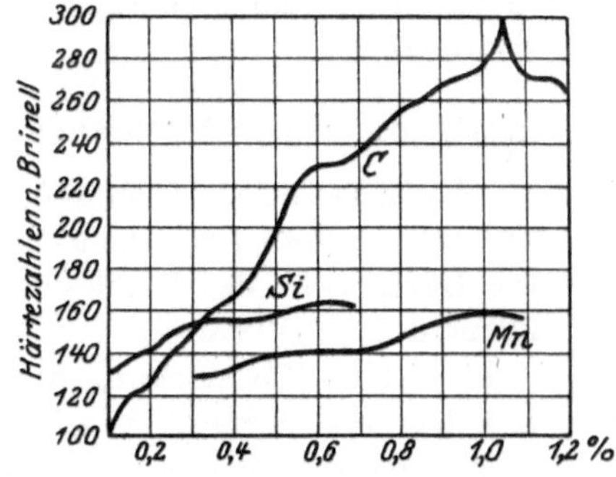

Abb. 61. Abhängigkeit der Brinellhärte von verschiedenen Begleitelementen im Stahl.

Aus obiger Abbildung ist ersichtlich, daß von diesen Stoffen der Kohlenstoff den überragendsten Einfluß auf die Härte des Stahles hat, eine Tatsache, die auch durch viele andere Untersuchungen bestätigt wird. Nach Thurston wirkt Mangan nur etwa $^1/_5$ so stark wie Kohlenstoff.

Nach Roberts-Austen äußert sich der Einfluß fremder Elemente auf die Festigkeitseigenschaften der Metalle in der Weise, daß im allgemeinen Elemente mit kleineren Atomvolumen als jenes des Metalls, in welchem sie als Begleitstoffe auftreten, Festigkeit und Dehnung vergrößern, während Elemente mit größerem Atomvolumen diese Eigenschaften herabsetzen.

Hiernach gruppieren sich die wichtigsten Begleitstoffe des Eisens in der auf S. 108, Zahlentafel 31, angegebenen Reihenfolge.

Dies gilt natürlich nur, wenn die Elemente in der Legierung ihren gewöhnlichen Zustand beibehalten, also keine chemische Verbindungen eingehen, ferner gilt dies auch nur für relativ kleine Prozentgehalte an

Begleitstoffen, und der Sättigungspunkt, an dem die Gültigkeit aufhört, ist für die einzelnen Elemente verschieden.

Zahlentafel 31.

	Atomvolumen		Atomvolumen
Kohlenstoff . . .	3,6	Aluminium . .	10,5
Bor	4,1	Silizium . . .	11,2
Nickel	6,7	Arsen	13,2
Mangan	6,9	Phosphor . . .	13,5
Eisen	7,1	Schwefel . . .	15,7
Chrom	7,2		
Wolfram	7,7		

Auf Grund dieser Verhältnisse stellte Jüptner[64]) seine Formel zur Berechnung der Zerreißfestigkeit von Eisen und Stahlsorten aus der chemischen Zusammensetzung auf, bezüglich der auf seine Originalarbeit verwiesen sei.

Bestimmung der Härtbarkeit oder Härtungskapazität des Stahles.

Es ist naturgemäß für alle Industriezweige von großer Wichtigkeit, ein Maß für die Härtbarkeit der verschiedenen Stahlsorten zu besitzen. Die Härtbarkeit des Stahles beruht neben seinem Gehalt an anderen Elementen, z. B. Mangan u. a., in der Hauptsache auf seinem Gehalt an Kohlenstoff. Die Wirkung des Härtens ist dabei auch noch bedingt von dem Wärmegrad, bis zu welchem der Stahl erhitzt wurde, sowie auch durch die Temperatur, das Wärmeleitungsvermögen und die Verdampfungswärme der Härteflüssigkeit.

Am vorteilhaftesten bedient man sich zur Feststellung der Härtbarkeit des Stahles der bereits auf S. 97 erwähnten Dreikugeldruckprobe. Die Härtbarkeit wird dann ausgedrückt durch die Zunahme an Härte, welche der Stahl bei sachgemäßer Härtung erlangt. Wenn z. B. die Härtezahl vor dem Härten 235 und nach dem Härten 652 war, so ist die Härtekapazität des Stahles 652 — 235 = 417.

In nachstehender Zahlentafel sind die Versuche Brinells zusammengestellt:

Zahlentafel 32. Härtbarkeit des Stahles.

Nr. der Probe*)	Härtezahl geglüht und im Kohlengestübbe abgekühlt	Härtezahl in Wasser gehärtet	Härtbarkeit (Härtungskapazität	Nr. der Probe*)	Härtezahl geglüht und im Kohlengestübbe abgekühlt	Härtezahl in Wasser gehärtet	Härtbarkeit (Härtungskapazität)
1	97	149	52	6	235	652	417
2	115	196	81	6 (2)	202	578	376
3	143	311	168	8	231	652	421
4	156	402	246	9	258	627	369
5	194	555	361	12	262	627	365

*) Analysen siehe Zahlentafel 30, S. 106.

Die Arbeiten von Hanemann und Kühnel haben den Nachweis erbracht, daß der Stahl in osmonditischem Zustand seine höchste Festigkeit besitzt, ein Umstand, der bei der Untersuchung des Härtezustandes von Stählen wertvoll ist.

Bestimmung der Gleichmäßigkeit der Härtung bei einem gehärteten Gegenstand.

In der Technik werden eine große Anzahl Maschineneinzelteile verwendet, welche nur an einzelnen Stellen hart zu sein brauchen, an anderen dagegen wieder weich sein müssen.

An vielen einsatzgehärteten Teilen müssen einzelne Stellen zwecks weiterer Bearbeitung weich bleiben. An manchen Schneidwerkzeugen brauchen nur die schneidenden Teile hart zu sein, während es erwünscht ist, daß der eigentliche Körper verhältnismäßig nicht zu hart ist, um frühzeitigen Bruch zu vermeiden. Ein typisches Beispiel für planmäßig verteilte Härte bilden Artilleriegeschosse mit harter Spitze und weichem Schwanzende.

In der B.K.P. hat die Industrie ein vorzügliches Mittel, derartige Härteunterschiede festzustellen und zahlenmäßig auszudrücken. Vor Bekanntwerden der B.K.P. benützte man ausschließlich die Feilprobe zum Nachweis derartiger Unterschiede. Diese Methode ist jedoch nur subjektiv. Durch die B.K.P. kann diese Unsicherheit in vielen Fällen ausgeschaltet werden und unabhängig von dem subjektiven Urteil einer Person ein Zahlenwert gewonnen werden, welcher aufgeschrieben und für spätere Untersuchungen als Vergleichswert festgehalten werden kann.

In solchen Fällen kann es mitunter praktisch sein, wenn es sich um gleiche Werkstoffe handelt, unter Umgehung der Härtezahlen, allein die Kugeleindruckdurchmesser als Vergleichswerte für den geringeren oder größeren Grad der Härte zu benutzen.

Härtungseffekt beim Härten bei verschiedenen Wärmegraden.

Die gute Härtung eines Stahles hängt außer von seiner chemischen Zusammensetzung und von der Geschwindigkeit der Abkühlung von der richtigen Härtetemperatur ab. Die zweckmäßigste Härtetemperatur für Kohlenstoffstähle bei mittleren Stückgrößen ergibt sich aus dem Eisenkohlenstoffdiagramm (Abb. 62).

Werden diese Temperaturen wesentlich unterschritten, so ergeben sich Härteunterschiede, die mit Hilfe der B.K.P. deutlich feststellbar sind. Bei Überschreitung der günstigsten Härtetemperaturen läßt sich allerdings mit Hilfe der B.K.P. kein Unterschied finden, denn die

Stähle werden fast ebenso hart, als wenn sie aus der richtigen Temperatur heraus gehärtet worden wären. Ihr Gefüge wird allerdings grobkristallinisch und die Festigkeitseigenschaften nehmen ab. Die Feststellung dieses Zustandes ist aber nur entweder metallographisch oder allenfalls, wenn aus einer größeren Partie einige Stücke geopfert werden können, aus dem Bruchaussehen möglich.

Ein einfaches aber vorzügliches Mittel, die richtige Härtetemperatur des Stahles festzustellen, ist die Verbindung der B.K.P. mit der sog. Metcalfschen Härtungsprobe. Diese besteht bekanntlich darin, daß eine Stahlstange von ungefähr 15÷20 mm Stärke an einem Ende mit 8÷10 Kerben im Abstande von 15 mm versehen wird. Die Abschnitte sind fortlaufend zu numerieren und das Stahlstück derart zu erhitzen, daß das äußerste Ende eben Schweißhitze erhält und beginnt Funken

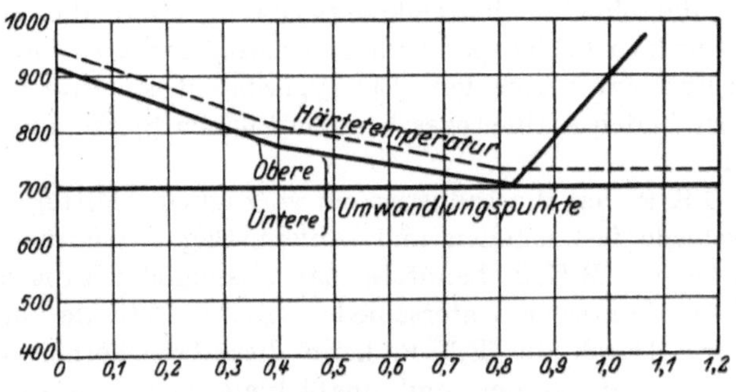

Abb. 62. Eisenkohlenstoffdiagramm.

zu sprühen. Der letzte Abschnitt soll nicht glühend werden. Dann löscht man den Stab in Wasser ab und macht seine Oberfläche durch Schleifen mit Schmirgelleinen glatt und blank. Hierauf brinelliert man jeden einzelnen Abschnitt; notiert die zu jedem Abschnitt gehörige Härtezahl und schlägt nun Abschnitt nach Abschnitt von der Stange ab. Aus dem entstehenden Bruchgefüge in Verbindung mit der Brinellhärte kann man den Teil der Stange bestimmen, der die besten Eigenschaften zeigt. Die Temperatur des betreffenden Abschnittes, die man sich eingeprägt haben muß, ist die gesuchte Härtetemperatur.

Wenn auch diese Probe in geübter Hand recht brauchbare Ergebnisse liefert, so ist doch die Haltepunktbestimmung aus den Erhitzungs- und Abkühlungskurven das sicherste Mittel, die richtige Härtetemperatur zu finden.

Das Härtungsvermögen verschiedener Härteflüssigkeiten.

Die Wirkung der Härtung auf das Gefüge des Stahles besteht bekanntlich darin, daß die feste Lösung durch schnelle Abkühlung derart unterkühlt wird, daß keine Umwandlung des Austenit in Perlit erfolgen kann, sondern möglichst nur Martensit gebildet wird. Dies wird jedoch in den seltensten Fällen und nur bei ganz dünnen Stücken erreicht. Nach den Untersuchungen von Portevin und Garvin bildet sich schon in Zylindern von 14 mm Durchmesser ein troostitischer Kern. Außer den bereits erwähnten Umständen (chem. Zusammensetzung und Härtetemperatur) bildet demnach die Abkühlungsgeschwindigkeit ein wesentliches Moment bei der Stahlhärtung. Die Abkühlungsgeschwindigkeit ist aber abgesehen von dem Volumen des Körpers in hohem Maße von der Natur der Abkühlungsflüssigkeit abhängig. Die Härtewirkung verschiedener Flüssigkeiten, wie z. B. Wasser, Öl, Salzlösungen usw. ist daher verschieden. Nach den Untersuchungen von Benedicks ist der latenten Verdampfungswärme bei flüssigen Härtungsmitteln der größte Einfluß bei der Härtung zuzuschreiben. Die spezifische Wärme sowie wahrscheinlich auch die Viskosität sind von geringerer Bedeutung. Dadurch ist beispielsweise die geringere Härtewirkung von Quecksilber erklärt, während die kräftigere Härtewirkung von Salzlösungen durch diese Theorie keine Erklärung findet.

In der B.K.P. haben wir ein einfaches Mittel, die Härtewirkung der verschiedenen Flüssigkeiten einwandsfrei, zahlenmäßig angeben zu können.

Nachstehende Zahlentafeln geben eine Übersicht über die Ergebnisse von Versuchen, die Brinell mit verschiedenen Härteflüssigkeiten vorgenommen hat.

Zahlentafel 33. Härtungsvermögen der verschiedenen Härtungsflüssigkeiten. Proben von Stahl Nr. 1*). Härtungswärme 880°.

Härte nach dem Härten	Härte vor dem Härten	Härte-Zuwachs	Härteflüssigkeit
112	99	13	Blei 350° warm
118	99	19	Siedendes Wasser
121	99	22	Abgerahmte Milch, 20—25° warm; Pferdefett, 80° warm
124	99	25	Holzteer, 80° warm
128	99	29	Buttermilch, süße Milch, Petroleum, 20 bis 25° warm
131	99	32	Talg, 80° warm
134	99	35	Molken, Schwefelsäure, 20—25° warm
137	99	38	Seifenwasser, 20—25° warm (1 T. Seife, 10 T. Wasser)
149	99	50	Gewöhnliches Wasser, 20—25° warm
156	99	57	Salzwasser, 20—25° warm (gesättigt)
202	99	103	Gesättigte Sodalösung, 20—25° warm

*) Analyse siehe Zahlentafel 30, S. 106.

Zahlentafel 34. Härtungsvermögen verschiedener Härtungsflüssigkeiten. Proben von Stahl Nr. 5*). Härtungswärme 780°.

Härte nach dem Härten	Härte vor dem Härten	Härte-zuwachs	Härteflüssigkeit
217	202	15	Kochendes Wasser
223	202	21	Buttermilch, 20—25° warm
235	202	33	Holzteer, 80° warm
241	202	39	Geschmolzenes Blei, ungefähr 360° warm
248	202	46	Petroleum, 20—25° warm
255	202	53	Pferdefett, Talg, 80° warm
293	202	91	Abgerahmte Milch, 20—25° warm
302	202	100	Süße Milch, 20—25° warm
402	202	200	Schwefelsäure, 20—25° warm (spez. Gew. = 1,837)
555	202	353	Molken, 20—25° warm
600	202	398	Seifenwasser, 20—25° warm, (1 T. Seife, 10 T. Wasser)
625	202	425	Salzwasser, 20—25° warm (gesättigt)
652	202	450	Sodalösung (gesättigt), gew. Wasser, 20 bis 25° warm

Aus diesen Versuchen geht hervor, daß der Stahl Nr. 5 die größte Härtesteigerung beim Abkühlen in gesättigter Sodalösung erfahren hat. Ordnet man die in obigen Zahlentafeln und Abbildungen behandelten Härtungsflüssigkeiten nach ihrem Härtungsvermögen, so erhält man bei den verschiedenen Stählen verschiedene Reihenfolgen, woraus folgt, daß die Wirkung der verschiedenen Härteflüssigkeiten auf die verschiedenen Stahlsorten nicht gleich ist, was durch die B.K.P. in guter Weise zum Ausdruck kommt.

Einwirkung des Wärmegrades der Härtungsflüssigkeit auf die Härtung.

Bei der Wirkung der im vorigen Abschnitt besprochenen Härteflüssigkeiten ist ihre Temperatur nicht in Betracht gezogen worden. Es ist jedoch klar, daß auch dieser ein gewisser Einfluß auf die Härtung zukommt. Kaltes Wasser härtet unter sonst gleichen Umständen kräftiger als warmes. Ungewöhnlich erscheint vielleicht, daß einige Härteflüssigkeiten die Eigenschaft haben, im warmen Zustande kräftiger zu härten als im kalten.

Nachstehende Zahlentafel 35 nebst Abb. 63 geben die Untersuchungen **Brinells** über diese Verhältnisse wieder.

Man ersieht daraus, daß außer andern beispielsweise Sodalösung bei ca. 60° eine größere Härtewirkung hat als bei ca. 16°. Bei Holzteer, Petroleum und Talg ist die Härtewirkung bei ca. 60° ungefähr dieselbe

*) Analyse siehe Zahlentafel 30, S. 106.

wie bei normaler Temperatur. Es dürfte dies wohl mit der Höhe des Siedepunktes dieser Flüssigkeiten zusammenhängen.

Zahlentafel 35. Einwirkung der Temperatur der Härtungsflüssigkeit auf die Härte.
Proben von Stahl Nr. 5*). Härtungswärme bei beiden Serien gleich.

Härte	Härteflüssigkeit und Temperatur	Härte	Härteflüssigkeit und Temperatur
683	Molken, 15–27° warm	340	Molken, 58–60° warm
652	Gewöhnliches Wasser, 15 bis 17° warm	352	Gewöhnliches Wasser, 58 bis 60° warm
600	Salzwasser, 15–17° warm	364	Salzwasser, 58–60° warm
418	Seifenwasser, 15–17° warm	235	Seifenwasser, 58–60° warm
293	Abgerahmte Milch, 15–17° warm	235	Abgerahmte Milch, 58–60° warm
269	Pferdefett, 15–17° warm	248	Pferdefett, 50–60° warm
248	Petroleum, 15–17° warm	241	Petroleum, 58–60° warm
248	Süße Milch, 15–17° warm	223	Süße Milch, 58–60° warm
241	Buttermilch, 15–17° warm	235	Buttermilch, 58–60° warm
652	Kältemischung, –20° (2 T. Chlorkalium, 1 T. Schnee)	683	Kältemischung, +15° (2 T. Chlorkalium, 1 T. Schnee)
444	Sodalösung, 15–17° warm	627	Sodalösung, 58–60° warm
311	Schwefelsäure, 15–17° warm (spez. Gew. = 1,837)	430	Schwefelsäure, 58–60° warm (spez. Gew. = 1,837)
255	Talg, fest, ungefähr 22° warm	293	Talg, 58–60° warm
217	Holzteer, 15–17° warm	223	Holzteer, 58–60° warm

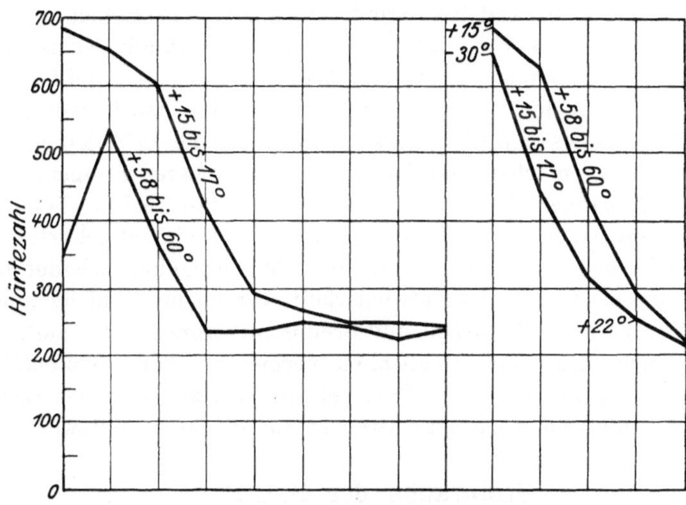

Abb. 63. Einfluß des Wärmegrades der Härteflüssigkeit auf die Härte beim Abschrecken von Stahl.

*) Analyse siehe Zahlentafel 30, S. 106.

Anwendung der B.K.P. beim Vergüten bzw. Veredeln von Stählen.

Die wichtigste Anwendung der B.K.P. ist die Überwachung des Vergütungs- bzw. Veredlungsverfahrens bei der Herstellung von Edelstahlerzeugnissen.

Unter Vergütung des Stahles soll hier eine Kombination von Härten und Anlassen verstanden sein.

Die erste Operation, das Härten des Stahles, erfolgt in bekannter Weise durch Erhitzen auf die zweckmäßige Härtetemperatur (s. Eisenkohlenstoffdiagramm S. 110) mit nachfolgendem Abschrecken.

Die zweite Operation, das Anlassen, richtet sich sowohl bezüglich der Zeit wie auch Höhe der Temperatur nach den gewünschten Eigenschaften, die erzielt werden sollen.

Bei der Überwachung der auf diese Weise erhaltenen Materialfestigkeiten hat die B.K.P. ihr eigenstes Feld. Eine neuzeitliche Vergütungsanlage ohne Brinelleinrichtung ist nicht gut denkbar. Die Kontrolle erfolgt zweckmäßig in folgender Weise: nachdem man sich davon überzeugt hat, daß die Härtung eine ausreichende war, wird zunächst, wenn es sich, wie dies meistens der Fall ist, um eine große Anzahl gleicher Teile handelt, eine Probe bei nicht zu hoher Anlaßtemperatur gemacht. Die Teile werden nach dem Erkalten brinelliert und das Ergebnis wie auf S. 49 angegeben aufgeschrieben. Hat man die Anlaßtemperatur richtig eingeschätzt, d. h. vor allem nicht zu hoch genommen, so hat der größte Teil der so behandelten Stücke die richtige Festigkeit und nur ein geringer Teil ist noch zu hart. Diese werden dann mit der nächsten Arbeitspartie noch einmal in derselben Weise nachgelassen und kommen dann meistens auf den richtigen Wert. Sollte dies jedoch nach mehrmaligem Nachlassen nicht der Fall sein, so ist aus diesen Teilen eine besondere Partie zu machen und diese mit etwas höherer Temperatur zu glühen. Mehrmaliges Nachlassen schadet dem Stahl nichts. Teile, die jedoch zu weit nachgelassen wurden, müssen noch einmal gehärtet und wieder nachgelassen werden. Auch diese Wiederholung schadet dem Stahl, wenn sie nicht allzuoft wiederholt werden muß, nicht weiter, verursacht aber unnötige Arbeit und Brennstoffverbrauch, weshalb man zu hohe Temperatur nach Möglichkeit vermeidet. Mit zweckmäßigen Einrichtungen, guten Öfen und Pyrometern sowie zuverlässigen Leuten lassen sich außerordentlich enge Grenzen für die Festigkeitswerte einhalten.

Mißbrauch der B.K.P.

Die vielseitige Verwendbarkeit der B.K.P. hat in der Praxis mitunter jedoch dazu geführt, sich ihrer in ungeeigneten Fällen oder in unrichtiger Weise zu bedienen.

In erster Linie sei vor dem wahllosen Brinellieren aller möglichen Teile gewarnt. So selbstverständlich es erscheint, daß jede Brinellprobe ihren Zweck haben muß, so findet man doch in der täglichen Praxis leider oft genug Fälle, daß Brinellproben verlangt bzw. ausgeführt werden, weil ein Material oder ein Konstruktionsteil Anlaß zu einer Beanstandung gegeben hat, ohne daß eine klare Vorstellung davon besteht, inwiefern nun ein Schluß auf ein bestimmtes Verhalten bzw. auf bestimmte Eigenschaften des betreffenden Teiles oder Materiales gezogen werden könnte. Eine jede Brinellprobe muß doch auf die klare Frage nach einem bestimmten Materialwert eine eindeutige Antwort geben können, und es ist wichtig, daß dieser Wert mit andern früheren Erfahrungswerten verglichen werden kann, um festzustellen, in welchem Verhältnis der gewonnene Wert zu den bisherigen Erfahrungen steht und um auf diese Weise bestimmt aussagen zu können: der gewonnene Wert ist hoch oder gering im Vergleich mit den bisherigen Erfahrungswerten. Es folgt hieraus, daß es notwendig ist, solche Erfahrungswerte für die jeweiligen Betriebe zu sammeln, soweit sie nicht auf andere Weise bereits bekannt sind. Man sollte daher grundsätzlich jede einzelne Brinellprobe oder, wenn es sich um eine große Stückzahl handelt, den ermittelten Durchschnitt unter genauer Bezeichnung des Materials oder des Teiles in ein bei der Brinellpresse befindliches Buch eintragen, welches in gewissen Zeitabständen von einer dazu befähigten Persönlichkeit auszuwerten wäre, wenn nicht die Anlegung einer Kartothek mit Aufschreibung der Ergebnisse, wie auf S. 49 ausgeführt, vorgezogen wird. Auf diese Weise wird sich im Laufe der Zeit ein reicher Schatz an Erfahrungen sammeln, welcher unabhängig von persönlichen Einflüssen dem Unternehmen zum dauernden Nutzen dient.

Bei der Ausführung der B.K.P. werden oft sogar von erfahrenen Personen Fehler gemacht, die die Ergebnisse zweifelhaft erscheinen lassen.

Einer der häufigsten Fehler, die man beobachtet, ist das Brinellieren von dünnen oder schwachen Teilen mit zu großer Kugel bzw. zu hoher Belastung. Die meisten Brinellpressen sind außer mit der Normalkugel (10 mm) nur selten auch noch mit einer 5-mm-Kugel ausgerüstet, und so kommt es, daß im Bedarfsfalle eine kleinere Kugel als 10 mm gar nicht zur Hand ist. Nun liegt aber, wie bereits ausgeführt, die untere Grenze der Abmessungen der Probestücke für die B.K.P. bei 10-mm-Kugel und 3000 kg Druck verhältnismäßig hoch, so daß es vorkommt, daß an verhältnismäßig nicht allzu kleinen Probestücken an den gerade leicht zugänglichen Stellen ein einwandfreier Kugeldruck 10/3000 nicht möglich ist. Dies trifft besonders oft an gesenkgeschmiedeten Automobilbestandteilen zu, welche häufig sehr zarte Formen und geringe Abmessungen, besonders dünne Wandstärken und schwache Rippen oder Ränder haben.

Die meisten Praktiker stehen in solchen Fällen ratlos da, weil ihnen das Prüfen mit abnormaler Kugel ungeläufig ist und selbst wenn ausnahmsweise mit einer kleineren Kugel geprüft worden wäre, fehlen meistens die Zahlentafeln der Härtezahlen für die kleinere Kugel oder es hält ihre Berechnung so lange auf, daß wegen anderer dringender Arbeiten die Untersuchung liegenbleibt, bis der Geschäftsgang über sie hinweggegangen ist. Um wenigstens nicht ganz ohne Ergebnis dazustehen, wird dann oft unrichtigerweise dennoch mit der Normalkugel geprüft, nicht zuletzt, weil für die abnormale Kugel ja auch Erfahrungsvergleichswerte fehlen.

Ähnliches gilt auch für das Prüfen weicher Materialien wie beispielsweise Lagermetalle, Aluminium, Kupfer u. a. m. Die Benutzung der Normalkugel bei Normaldruck ist an solchen Werkstoffen nicht möglich; Vergleichswerte für geringere Belastungen fehlen, Umrechnungen werden nur ungern als einwandfreie Ergebnisse gewertet.

In solchen Fällen, die sich in industriellen Unternehmen doch immer wiederholen, müssen die erforderlichen Unterlagen selbst geschaffen werden. Bei einigem Geschick und entsprechender Sorgfalt ist dies verhältnismäßig nicht so schwer, wenn dann einmal der Anfang gemacht ist, geht die Fortsetzung mit den anderen laufenden Proben parallel.

Folgende Gedächtnisregel kann hier von Nutzen sein:

Für ein Probestück von bekannter und gleichmäßiger Härte ist der Kugeleindruckdurchmesser bei 10/3000 theoretisch genau das Doppelte des Eindruckdurchmessers bei 5/750 und dieser ist wiederum das Doppelte des Eindruckdurchmessers 2,5/187,5 wie sich aus der Formel für H rechnerisch beweisen läßt. — Hat man also für 5/750 einen Kugeleindruck von 2,2 mm gefunden, so kann man, ohne einen Fehler zu begehen, in der Tafel 10/3000 bei 4,4 mm Durchmesser die Härtezahl aufsuchen, es ist die gleiche, die man in der Tafel 5/750 bei 2,2 mm Durchmesser findet. Erfahrungsgemäß fällt aber die Härtezahl 5/750 meistens höher aus als 10/3000; bei harten Stahlsorten beobachtet man mitunter etwa 5 % höhere Werte. Mit Hilfe von einigen Kontrollversuchen findet man leicht den Berichtigungswert für besondere Fälle.

Ein weiterer oft vorkommender Fehler beim Vergleich von Härtezahlen ist die Nichtbeachtung der Streckrichtung der Prüflinge. Härtezahlen, welche senkrecht zur Materialfaser gewonnen worden sind, sollten nur unter entsprechendem Vorbehalt mit solchen Ergebnissen verglichen werden, die sich in der Faserrichtung ergeben haben. Manche Unstimmigkeiten würden ihre zwanglose Aufklärung gefunden haben, wenn beim Prüfen die Richtung der Materialfaser immer beachtet worden wäre.

Beim Aufschreiben der Härtezahlen sollte man daher nie versäumen, die üblichen Zeichen hinzuzufügen:

$\perp$ senkrecht zur Faserrichtung
$\parallel$ mit der Faserrichtung.

In solchen Fällen, in denen die Faserrichtung nicht festgestellt werden kann, empfiehlt sich dies ebenfalls anzudeuten, etwa durch ein Zeichen wie folgt:

$\underline{\underline{\vee}}$ Faserrichtung nicht festgestellt.

Es mögen nun noch einige Mißbräuche erwähnt werden, die mitunter bei der Ermittlung von Festigkeitswerten aus der B.K.P. bei Eisen- und Stahlsorten vorkommen. Die Angabe der Zerreißfestigkeit eines Werkstoffes erfordert einige Kenntnisse des Prüfwesens sowie der Stoffe selbst. Es ist nicht angängig, von irgendeinem beliebigen Teil die Zerreißfestigkeit so ohne weiteres aus der Kugeldruckprobe vorauszusagen, wenn nicht zum mindesten von dem betreffenden Stück bekannt ist, daß die Voraussetzungen für die Festigkeitsberechnung zutreffen. Von diesen trifft eine der wichtigsten, daß das Material durchgearbeitet sein muß, bei allen gewalzten, gezogenen, gepreßten und geschmiedeten Teilen zu, nicht aber bei Stahlguß, Weichguß, Temperguß u. dgl. In rohem Zustand ist die Unterscheidung dieser Teile in den meisten Fällen nicht schwer; fertig bearbeitet ist sie aber nach dem Aussehen unmöglich. Ist daher von einem zu prüfenden Teil nicht mit Sicherheit bekannt, daß es einen Durcharbeitungsprozeß mitgemacht hat, so sei man mit der Angabe von Festigkeitswerten zurückhaltend.

Dann ist ferner zu beachten, daß sich die Festigkeitsberechnung immer nur auf den jeweiligen Zustand des Materials bezieht. Durch Nichtbeachtung dieses Umstandes können auch dadurch unangenehme Unstimmigkeiten entstehen, wie durch folgende Beispiele dargetan werden soll:

1. Ein Werkstück sei aus dem gewöhnlichen kaltgezogenen Handelsmaterial (Schraubenweicheisen, gezogenes Rundeisen od. dgl.) hergestellt. Dieser Werkstoff ergibt in gezogenem Zustand gewöhnlich Kugeldruckdurchmesser von 4,4 — 4,9 woraus sich eine Festigkeit von etwa 54 ÷ 65 kg/mm berechnet. Werden diese Teile nun im Laufe ihrer Weiterbehandlung ganz oder teilweise auf Rotglut erhitzt, so verlieren sie die durch die Kaltbearbeitung erlangte Festigkeit und diese sinkt auf ca. 35 ÷ 46 kg, der Festigkeit dieses Werkstoffes in geglühtem Zustand herab entsprechend Kugeldruckdurchmesser von 6 ÷ 5,3 mm.

2. Vielfach wird kaltgezogenes Handelseisen mit Vorteil zur Einsatzhärtung verwandt. Bei richtiger Wärmebehandlung ist die Festigkeit dieses Materials in fertigem Zustand höher als in kaltgezogenem Zustand, je nachdem ob einmalige oder doppelte Härtung angewandt wurde. Aus der Brinellprobe in kaltgezogenem Zustand läßt sich über die Festigkeit nach einer Einsatzhärtung daher nichts Bestimmtes aussagen.

3. Ähnliches gilt auch für die Festigkeit vergüteter Teile, welche meistens erheblich höher ist als im Walzzustand. Der Konstrukteur, der sich vom Betrieb für eine zu vergütende Stahlsorte die Festigkeit

geben läßt, achte daher darauf, ob das Prüfstück im Walzzustand oder bereits vergütet brinelliert wurde.

Wenn auf Grund einer Einzelbrinellierung die Festigkeit angegeben werden soll, so ist es angebracht, durch Angabe zweier Grenzzahlen anzudeuten, daß der Wert eine gewisse Toleranz umfaßt. Die Zahlentafel 12, S. 53, gibt für solche Fälle die erforderlichen Anhaltspunkte. Bei Massenbrinellierung einer ganzen Sendung ergeben sich die Grenzzahlen aus den größten und kleinsten Kugeleindrücken von selbst.

Ein weiterer Mißbrauch ist die Festigkeitsberechnung aus der Härtezahl über eine gewisse obere Grenze hinaus, wie dies vielfach unrichtigerweise getan wird. Schmiedeeisen und Stahlsorten für die allein die Ermittlung der Festigkeit aus dem Kugeldruckdurchmesser bisher mit hinreichender Genauigkeit sichergestellt ist, kommen im Naturzustand, d. h. weder geglüht, noch gehärtet oder vergütet, also so, wie sie den Hammer, die Walze oder die Presse verlassen, nicht mit Festigkeiten über 100 kg/mm vor. Selbst hochlegierte Sonderstähle erreichen diese Grenze in nicht wärmebehandeltem Zustand nur selten. Vergütete Konstruktionsstähle finden etwa bis 145 kg industrielle Anwendung, und hier kann man die obere Grenze der Festigkeitsberechnung aus der Kugeldruckprobe annehmen. Was darüber ist, ist so hart, daß auch die Zerreißversuche nur mit größter Vorsicht einwandfreie Ergebnisse liefern, und vor allem die Streuung der einzelnen Werte derartig hohe Beträge annimmt, daß selbst die Bewertung nach Zerreißversuchen mit höheren Toleranzen rechnen muß, als bei Festigkeiten bis zu dieser Grenze, welche natürlich keine physikalische Bedeutung hat, sondern aus der Erfahrung geschätzt ist.

Die Stähle mit der höchsten Zerreißfestigkeit, die Werkzeugstähle, werden zudem verhältnismäßig selten mit der B.K.P. geprüft und es interessiert gerade die Zerreißfestigkeit bei diesen Stählen am allerwenigsten; für sie ist die B.K.P. fast ohne praktische Bedeutung. Ihr besonderes Anwendungsgebiet hat die B.K.P. und insbesondere die Berechnung der Zerreißfestigkeit aus ihr bei den Konstruktionsstählen. Diese werden massenweise nach dem Brinellverfahren geprüft und bewertet. Hier ist auch die unmittelbare Ablesung der Festigkeit mit Hilfe einer Sonderteilung in den Ablesemikroskopen, wie auf S. 81 beschrieben, mit Vorteil anzuwenden.

Diese Sonderteilung schützt in sinnfälliger Weise vor Überschreitung der oberen Grenze und auch vor Übertreibung der Genauigkeit.

Man liest nämlich nur die runden Festigkeitswerte: 35, 40, 50 .... kg/mm ab; was dazwischen liegt, muß geschätzt werden. So schätzt man also beispielsweise 38, 42, 48 kg und wird nie versucht sein: 38,2 oder 42,4 bzw. 48,6 kg anzugeben, weil schon die vorhergehende Stelle geschätzt und somit unsicher ist. Es kommt gleichzeitig auch jedem Beobachter sofort zum Bewußtsein, daß mit den höheren Festigkeitswerten die Genauigkeit abnimmt. Es ist beispielsweise das Intervall von 40÷50, also 10 kg Differenz, fast ebenso groß wie das Intervall von 100÷150 kg, also 50 kg Differenz; dennoch ist die Genauigkeit zwischen 40 und 50 kg etwa fünfmal größer als zwischen 100 und 150 kg. Einem geschätzten Kilo zwischen 40 und 50 kg entsprechen fünf geschätzte Kilo zwischen 100 und 150 kg.

Diese Eigenschaft der Festigkeitsteilung ist mit einer ihrer größten Vorzüge; man wird sich bei ihrer Anwendung niemals von der praktischen Wirklichkeit entfernen können, sei es durch Übertreibung der Genauigkeit, sei es durch Über- oder Unterschreitung der Grenzen der überhaupt vorkommenden Festigkeiten, wogegen man bei der Ermittlung der Festigkeit auf rechnerischem Wege nicht geschützt ist.

Ein weiterer oft angetroffener Mißbrauch der B.K.P. ist der Versuch an Stahl**guß**, Messing- und Bronze**guß** Zerreißwerte aus dem Kugeleindruck zu berechnen. Gegossene Teile sind mangels Durcharbeitung zu unhomogen, denn kleine Fehlstellen können die Zerreißwerte derart beeinflussen, daß eine Übereinstimmung mit der Kugeldruckprobe nicht erwartet werden kann, und umgekehrt braucht der Kugeldruck nur eine Fehlstelle zu treffen, um einen vollständig irreführenden Wert zu liefern. Derartige Versuche sind daher zwecklos.

Noch ein oft vorkommender Fehler sei zuletzt erwähnt. Es ist die unzureichende Vorbereitung der Oberfläche der Probestücke. So anspruchslos die B.K.P. in bezug auf Versuchsvorbereitung auch ist, so ist doch eine blanke, glatte und ebene Metalloberfläche erforderlich. Keineswegs soll man die Probe ohne Entfernung der Walzhaut oder der Zunderschicht vornehmen. Insbesondere wird vielfach der Fehler gemacht, in eine vorhandene Einsatzschicht zu drücken, was natürlich sehr unrichtig ist. Die Einsatzschicht ist auch in nicht gehärtetem Zustand härter als der Kern. Ein derartiger Kugeldruck in eine Einsatzschicht hat keinen praktischen Wert; nicht einmal auf die Härte der Einsatzschicht oder gar ihre Tiefe kann man einen sicheren Schluß ziehen.

Werden die vorstehend behandelten Fehler vermieden und das Anwendungsgebiet der B.K.P. nicht überschritten, so fallen damit die Quellen mancher Unstimmigkeiten fort.

IV. Maschinen und Apparate zur Vornahme der B.K.P.

Nach dem von Brinell so zweckmäßig gemachten Vorschlag soll die B.K.P. an Eisen und Stahl normalerweise mit 3000 kg Druck erfolgen; in besonderen Fällen, wenn es sich um die Prüfung weicherer Werkstoffe oder sehr dünner und kleiner Probekörper handelt, ist ein geringerer Prüfdruck anzuwenden und es ist sogar manchmal erwünscht, mit dem Druck bis auf einen sehr geringen Betrag heruntergehen zu können. Ganz ausnahmsweise kann es vielleicht vorkommen, daß man in die Lage kommt, einen Prüfdruck über 3000 kg bis höchstens 5000 kg anwenden zu müssen.

Abb. 64. Die erste von Brinell entworfene und benutzte Kugeldruckpresse.

Abb. 65. Kugeldruckpresse der Firma Alpha, Stockholm.

Maschinen und Apparate zur Vornahme der B.K.P. müssen also die Erzeugung dieser Druckabstufungen mit der im Werkstoffprüfwesen üblichen Höchstabweichung von $\pm 1\%$ gestatten.

Die ersten Versuche *Brinells* wurden auf einer Werkstoffprüfmaschine gemacht, wie sie zur Vornahme von Zerreißversuchen an Normalstäben von 20 mm Durchmesser gebaut werden. Die Erzeugung eines Prüfdruckes von genau bestimmter Größe (3000 kg bzw. 1000, 500 usw.) ist auf derartigen Maschinen umständlich und erfordert die besondere Aufmerksamkeit eines geübten Versuchsausführenden. Ungelernte Arbeiter können an diesen Maschinen nicht zu Brinellproben verwendet werden. Es spricht jedoch noch der wichtige Umstand gegen eine Verwendung der üblichen und vielverbreiteten Zerreißmaschinen gegen ihre Anwendung zu Brinellversuchen, daß nämlich der für die B.K.P. erforderliche Prüfdruck meist in den untersten Meßbereich derartiger Maschinen fällt und daher mit der Möglichkeit einer verhältnismäßig großen Abweichung der wirklichen Belastung von der angezeigten gegenüber den mittleren und höheren Meßbereichen gerechnet werden muß.

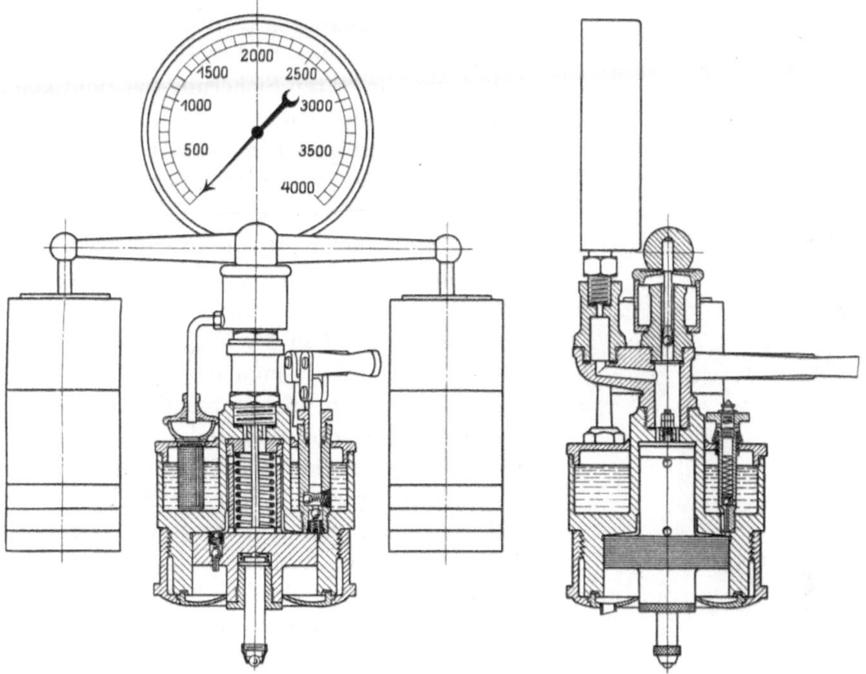

Abb. 66. Schnitt durch den wesentlichen Teil der Presse Abb. 65.

Schon frühzeitig war daher Brinell bereits bemüht, eine besondere Maschine zu entwerfen, welche nach Möglichkeit allen obenerwähnten Anforderungen entsprechen und außerdem noch besondere Vorteile in ihrer Handhabung bieten sollte.

Abb. 64 stellt die erste Sonderpresse für Brinellproben dar. Sie ist unter der Leitung Brinells entworfen und hergestellt worden und diente einige Zeit zur Vornahme der B.K.P. auf dem Eisenwerk Fagersta, Schweden.

Schon kurze Zeit nach der allgemeinen Veröffentlichung der B.K.P. interessierte sich die Industrie für diese Methode und es ist das Verdienst der Firma „Aktiebolaget Alpha“, Stockholm, das Wagnis des Baues einer Sonderpresse für die B.K.P. auf sich genommen zu haben.

Abb. 65 stellt die Brinellpresse der Firma „Aktiebolaget Alpha", Stockholm dar. Der Entwurf dieser Maschine muß als ein außerordentlich glücklicher bezeichnet werden. Die Maschine besteht in der Hauptsache aus einem C förmigen Gestell, aus Grauguß, dessen unterer Teil die verstellbare Flachgewindespindel mit Handrad zur Aufnahme der Probekörper trägt und gleichzeitig den Fuß bildet. Im oberen Teil befindet sich eine sinnreich hergestellte hydraulische Presse von gedrängten Abmessungen mit einem Manometer als Druckanzeigevorrichtung und einer Kontrollvorrichtung mit direkter Gewichtsbelastung zur steten Sicherung der richtigen Anzeige des Manometers.

Abb. 67.
Kugeldruckpresse für geringe Belastungen von 10÷100 kg.

Abb. 66 zeigt einen Schnitt durch den oberen Teil der Maschine. Der eigentliche Körper der Presse ist mit seinem unteren Teil mittels einer Mutter im Gestell der Maschine befestigt und gleichzeitig als Preßzylinder ausgebildet. Der obere Teil des Preßkörpers trägt in der Mitte die Kontrollvorrichtung mit Manometer, während ein hoher Rand den Ölvorratsbehälter bildet, dessen Deckel die Pumpenhebelsäule und den Ölrücklauftrichter mit Sieb der Kontrollvorrichtung trägt. — Der untere Teil des Kolbens trägt den Druckstempel mit der Prüfkugel. Die Lastanzeige erfolgt durch einen Manometer, der so geteilt ist, daß die jeweilige Belastung unmittelbar auf der Teilung abgelesen werden kann. Ferner ist die Alphasche Brinellpresse noch mit einer Kontrollvorrichtung versehen, welche es gestattet, etwa 6 Laststufen mit direkter Gewichtsbelastung zu prüfen. Diese Vorrichtung dient auch zugleich dazu, den Prüfdruck für die Dauer eines Versuches nach oben zu begrenzen und eine Zeitlang auf gleicher Höhe zu halten (D.R.P. Nr. 191759). Sie besteht aus einem mit dem Preßzylinder unmittelbar in Verbindung stehenden kleineren Zylinder, in welchem sich in ähnlicher Weise wie bei Manometereichvorrichtungen ein Kolben reibungslos auf und ab bewegt. Zwecks allseitiger Beweglichkeit ist dieser Kolben eine Kugel, so daß es niemals vorkommen kann, daß er eckt und dadurch steckenbleibt. Diese Kontrollvorrichtung kann erforderlichenfalls abgenommen und die Öffnung durch eine Mutter verschlossen werden. Das im Boden des Druckzylinders eingeschraubte und durch den Deckel des Ölvorratsraumes herausragende Absperr- bzw. Entlastungsventil ist im Inneren zu einem Sicherheitsventil ausgebildet, welches den Druck bei etwa 3500 kg abläßt und dadurch verhindert, daß durch übermäßiges Pumpen das Maschinengestell gesprengt wird, wenn die Kontrollvorrichtung abgenommen und die Öffnung durch die beigegebene Mutter verschlossen ist. — Ein weiteres Sicherheitsventil befindet sich im Druckkolben;

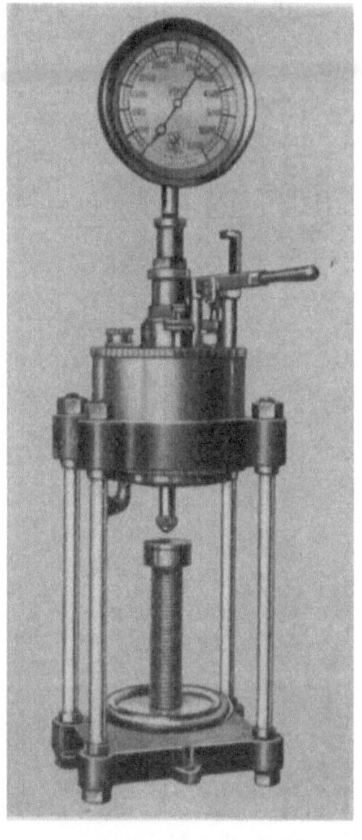

Abb. 68. Amerikanische Brinellpresse auf Säulen.

Abb. 69. Amerikanische Brinellpresse mit tiefliegendem Ölbehälter.

dieses verhindert das Herausdrücken des Kolbens, welcher durch eine Spiralfeder bei Nichtbenutzung der Maschine bzw. in den Versuchspausen immer wieder in seine Anfangslage zurückgezogen wird.

Die Handhabung der Maschine ist die denkbar einfachste; sie hat insbesondere den Vorteil, daß sie von ungelernten Hilfskräften bedient werden kann, an deren Aufmerksamkeit nur verhältnismäßig geringe Ansprüche gestellt werden, da die Höchstbegrenzung der Drucklast fehlerhafte Versuchsergebnisse unter gewöhnlichen Verhältnissen ausschließt.

Zur Vornahme eines Druckversuches legt man den entsprechend vorbereiteten Probekörper auf die Druckplatte, welche eine kugelige Auflagefläche besitzt und sich daher nach allen Seiten neigen läßt, um auch keilförmigen oder unregelmäßig geformten Probekörpern eine einigermaßen horizontale Auflage zu ermöglichen. — Mittels der Schraubspindel drückt man nun den Probekörper bei vorläufig noch geöffnetem Entlastungsventil gegen die Prüfkugel,

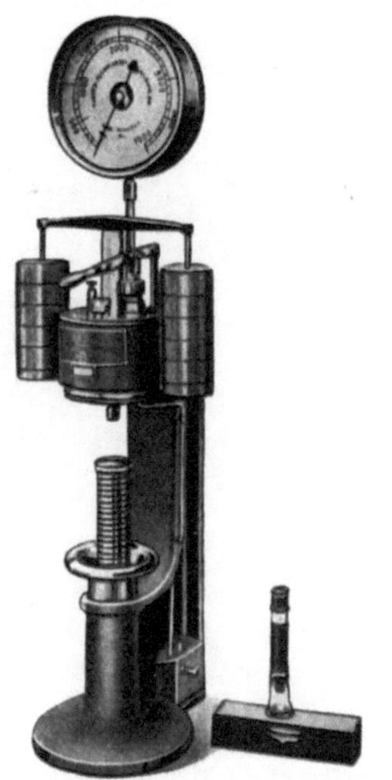

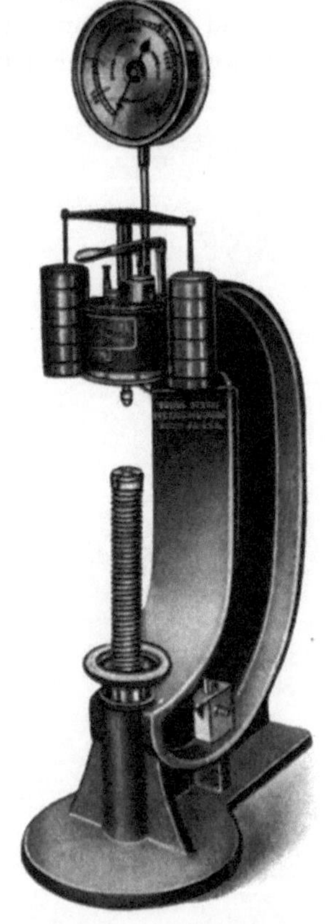

Abb. 70 und 71. Amerikanische Nachbildungen der Brinellpresse.

schließt dann das Ventil und betätigt die Pumpe, bis die Kontrollgewichte sich heben. Die Höhe des Probedruckes hängt von den aufgelegten Gewichten ab. Die leere Gewichtsbrücke ohne Gewichte entspricht 500 kg, die beiden kleineren Gewichte entsprechen zusammen 500 kg Prüfdruck, je 2 von den größeren 4 Gewichten 1000 kg. Alle 6 Gewichte zusammen mit der Gewichtsbrücke ergeben demnach 3000 kg Prüfdruck.

In den letzten Jahren ist darauf aufmerksam gemacht worden[31]), daß sie sich auch mit Vorteil zu kleinen Zerreißproben ausnutzen läßt. Dieser Umstand ist bei der weiten Verbreitung, den die Alphasche

Brinellpresse gefunden hat, für viele Betriebe, für die es nicht wirtschaftlich ist, eine große Zerreißmaschine anzuschaffen, sehr willkommen,

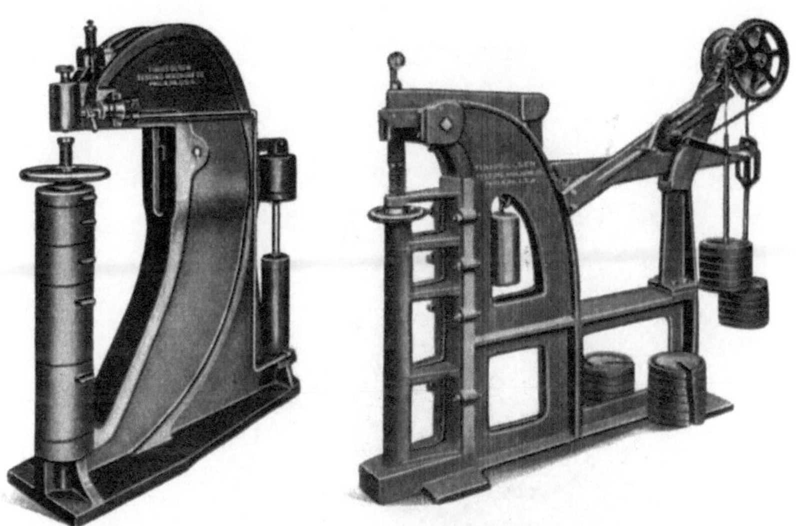

Abb. 72 und 73. Außergewöhnlich große Brinellpresse amerikanischer Bauart.

Abb. 74. Transport-Vorrichtung für Brinellpressen.

Abb. 75. Rockwell-Härteprüfer.

gibt er ihnen doch die Möglichkeit an die Hand, ohne größere Vorbereitungen, unter Benutzung einer einfachen Vorrichtung vollwertige

Zerreißproben auf der Maschine vorzunehmen, wodurch diese geeignet wird, einen behelfsmäßigen, bei der heute allgemein gebotenen Sparsam-

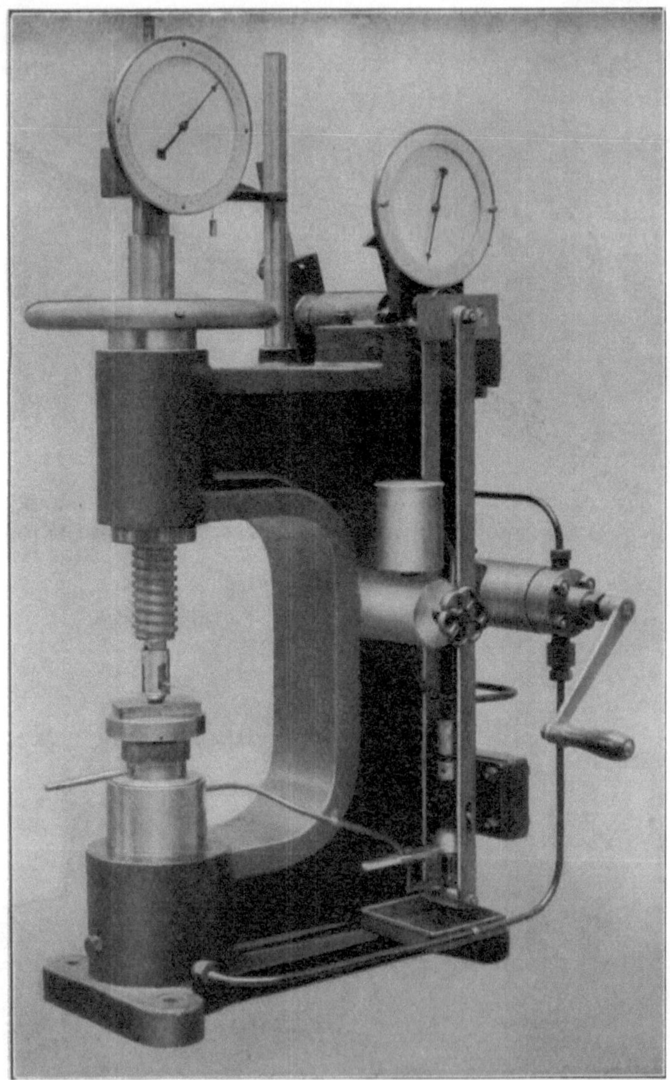

Abb. 76. Härteprüfmaschine der Fa. Amsler, Schaffhausen.

keit jedoch sehr erwünschten Ersatz kostspieliger Zerreißmaschinen zu bilden (siehe Werkstattstechnik XVI. Jahrg., Heft 2, S. 39—42, 1922).

Für Härteprüfungen mit geringen Belastungen dient eine Maschine wie in Abb. 67 dargestellt. Sie ist für Belastungen von 10—100 kg bestimmt und kommt hauptsächlich bei weichen Metallen und Legierungen, dünnen Blechen, Sägeblättern usw. zur Anwendung.

Die großen Erfolge der Alphaschen Brinellpresse und das Bedürfnis der Industrie haben im Laufe der Zeit eine große Anzahl von Kon-

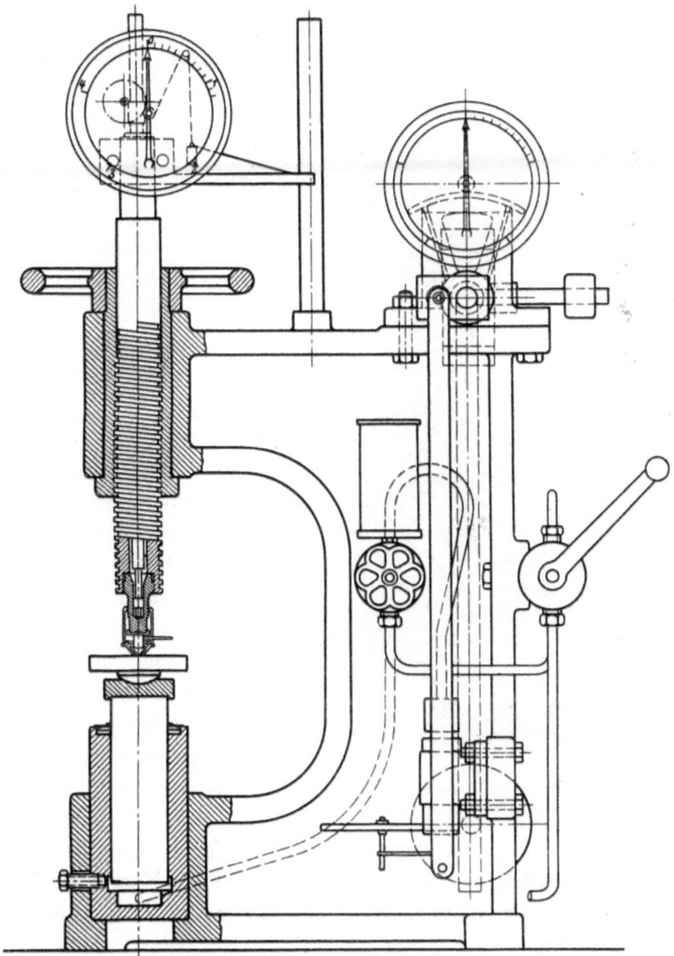

Abb. 77. Schnitt durch die Amslersche Härteprüfmaschine.

struktionen auf dem Markte erscheinen lassen, die alle wohl dasselbe Ziel bezweckten, in den meisten Fällen aber die Grundbedingungen: genaue Einhaltung und Begrenzung des Prüfdruckes nicht erfüllen. Auch die patentierte Kontrollvorrichtung konnte durch keine andere Konstruktion vollständig ersetzt werden. — Manche dieser Ersatzkonstruktionen müssen direkt als fehlerhaft bezeichnet werden, da sie derart gebaut sind, daß das Gewicht des Probekörpers, sofern dieses nicht verschwindend gering ist, den Prüfdruck beeinflußt. Bei manchen dieser Ersatzkonstruktionen sind auch verhältnismäßig eng stehende Tragsäulen der Anwendung sperriger Stücke hinderlich.

Es ist daher gar nicht verwunderlich, daß die Maschine in ihren Grundzügen nachgebaut wird. Dies trifft hauptsächlich in Amerika zu. Den Amerikanern kam es offenbar weniger auf den Ehrgeiz an, eine neue Maschinenform zu finden, als eine gute Maschine in altbewährter Form bei einfachster und billigster Herstellung zu besitzen.

Abb. 78. Scherversuch auf der Amslerschen Härteprüfmaschine.

Abb. 68 zeigt eine amerikanische Ausführung der Maschine. Der Säulenabstand beträgt $6^3/_4''$, ist also verhältnismäßig eng; schon normale Getrieberäder für Autos können auf diesem Modell nicht ohne weiteres geprüft werden.

Eine eigenartige Änderung der Form zeigt die Abb. 69 derselben Firma. Die Abweichung dieser Form von den bisherigen besteht in der Trennung des Ölreservoirs von dem eigentlichen Preßkörper.

Von den amerikanischen Herstellern der Brinellpressen ist ferner zu nennen die bekannte Prüfmaschinenfirma Tinius Olsen, Testing Machine Company, Philadelphia, Pa. U. S. A. Außer den direkten Nachbildungen der Original-Alphapressen, wie Abb. 70 und 71, hat die Firma einige eigenartige eigene Entwürfe von Brinellpressen mit Gewichtsbelastung herausgebracht.

Die in Abb. 72 und 73 dargestellten Maschinen übertreffen an Größe und Gewicht alle bisher bekannten Brinellpressen um ein bedeutendes, beträgt doch das Gewicht der Maschine, Abb. 91, etwa das 20fache der in Abb. 70 dargestellten Presse. Diese Maschinen sind zum Brinellieren ganz außerordentlich sperriger Werkstücke gedacht, ein Zweck, der sich auch mit einfacheren Mitteln hätte erreichen lassen. Im Vergleich zu den Alphamaschinen muten diese Mammut-Brinellpressen jedenfalls recht eigenartig an.

Eine recht praktische und auch für nichtamerikanische Verhältnisse sehr empfehlenswerte Vorrichtung zum Transport und zur Handhabung der gewöhnlichen Brinellpressen ist in Abb. 74 dargestellt. Sie dient zum Transport der Pressen an die Lagerstapel und zum Brinellieren verschieden hoch gelagerter Stangen. Eine besondere Erklärung der Wirkungsweise dürfte sich erübrigen.

Von gewissem Interesse dürfte der Preis der amerikanischen Brinellpressen sein. Dieser beträgt für eine Maschine nach Abb. 70 mit einem nutzbaren Raum zwischen Kugel und Probeauflagefläche von $8^1/_2''$ und einem Gewicht von 200 lbs netto Doll. 300.—. Das zugehörige Ablesemikroskop wird mit Doll. 35.— besonders berechnet.

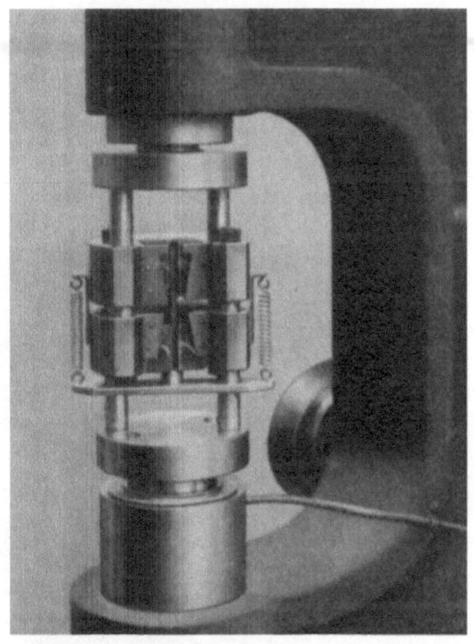

Abb. 79. Zerreißversuch auf der Amslerschen Härteprüfmaschine.

Von den amerikanischen Maschinen ist noch eine Sonderkonstruktion zu erwähnen, die von den vorher beschriebenen wesentlich abweicht. Es ist der in Abb. 75 dargestellte Härteprüfer der Firma Wilson Maeulen & Co., 383 Concord Avenue, New York.

Der leitende Gedanke bei dem Entwurf dieser Maschine ist die unmittelbare Ablesung (direct reading) einer Härtevergleichszahl (Rockwellhärte).

Diese Maschine will keine Brinellpresse im Sinne der bisher beschriebenen Maschinen sein, sondern sie erhebt Anspruch auf eine besondere Bezeichnung, nämlich „Rockwellhärteprüfer". Die auf ihr gewonnenen Werte für die Härte, die sog. „Rockwellhärtezahlen", ergeben sich aus einer zusätzlichen Tiefe, welche durch das Einpressen eines Stempels unter einer hohen Prüflast entsteht, gegenüber der Tiefe, bis zu welcher der Stempel an derselben Stelle unter einer geringeren Last eingedrungen ist. Es handelt sich also nur um eine Abart des gewöhnlichen Tiefenmeßverfahrens.

Schweizer Brinellpressen.

Die europäischen Hersteller von Brinellpressen sind durchwegs eigene Wege gegangen. Von diesen ist zunächst die bekannte Prüfmaschinenfabrik Alfred J. Amsler & Co., Schaffhausen (Schweiz), zu erwähnen, welche mehrere Typen Härteprüfmaschinen baut.

Abb. 76 stellt eine nach dem Prinzip der hydraulischen Pressen gebaute Härteprüfmaschine dar. Als Druckflüssigkeit dient Öl, das durch eine Druckpumpe in den Zylinder der Presse gefördert wird und dort den Kolben, auf dem das Probestück liegt, aufwärts gegen die feststehende Kugel drückt.

Abb. 80. Biegeversuch auf der Amslerschen Härteprüfmaschine.

Abb. 77 stellt einen Schnitt durch die Maschine dar. Der Kolben ist wie bei der Alphamaschine so genau in den Zylinder eingeschliffen, daß eine künstliche Liderung zur Vermeidung allzu großen Ölverlustes nicht erforderlich ist. Mittels eines Handrades läßt sich die Spindel, welche die Prüfkugel trägt, entsprechend der Dicke des Probestückes verstellen.

In der üblichen Weise liegt das Probestück auf einer ebenen Platte, die durch eine Kugelfläche derart drehbar gelagert ist, daß sie nach allen Richtungen hin geneigt werden kann, falls die Auflagefläche des Probekörpers nicht genau parallel zu der Prüffläche ist, die beim Versuch normal zur Druckachse liegen soll.

Abb. 81. Brinellpresse mit Quecksilbermeßdose, Bauart Amsler.

Die Druckpumpe ist eine von Hand zu betätigende Schraubenpumpe, welche das Öl aus dem Rücklaufbehälter entnimmt und im

Abb. 82. Brinellpresse mit Quecksilbermeßdose, Bauart Amsler, mit besonders großem Verstellbarkeitsbereich.

Gegensatz zu Hubpumpen stoßfrei auf den Druckkolben wirkt. Dieser preßt die Probe von unten gegen die Prüfkugel.

Der Kolben hat einen verhältnismäßig großen Hub und die Maschine kann daher auch noch mit Vorteil zu einigen anderen Prüfungen verwendet werden, wie z. B. Scherversuche, Zerreißversuche und Biegeversuche.

Die Abb. 78, 79 und 80 stellen die Maschine bei diesen Versuchen dar.

Eine andere Art von Brinellpressen ist in den Abb. 81 und 82 dargestellt.

Die Kraftmessung erfolgt bei diesen Maschinen mittels Meßdose, eine Methode, welche für Kugeldruckpressen noch von einer Reihe anderer Hersteller angewendet wird.

Die Konstruktion dieser Meßdose geht aus Abb. 83 hervor.

Der Probekörper wird auf irgendeine Weise mit einer bestimmten Kraft gegen den unteren Teil der Meßdose gedrückt. Die Reaktion wird von zwei Ausladungen aufgenommen, die starr verbunden sind mit dem unteren in der Zeichnung nicht dargestellten Teil der Presse.

Die Gesamtkraft wird durch die Säulen aufgenommen. Durch den Druck verkürzen sie sich dabei ganz wenig; sie sind so bemessen, daß sie keine bleibende Formveränderung erleiden, sondern sich nur während der Dauer des Druckes verkürzen, also die Rolle von Federn spielen.

Die Verkürzung der Säulen ist proportional zum Druck, den sie übertragen. Bei der Verkürzung der Säulen hebt sich die mittlere Stange um den gleichen Betrag, um den sich die Säulen verkürzen. Ein Kolben dringt dabei in die darüber liegende, mit Quecksilber gefüllte Kammer ein und treibt eine der Kolbenbewegung entsprechende Quecksilbermenge in ein Glasrohr. Die Menge des verdrängten Quecksilbers ist proportional zur Verkürzung der Säulen, mithin proportional zum Druck auf die Meßdose.

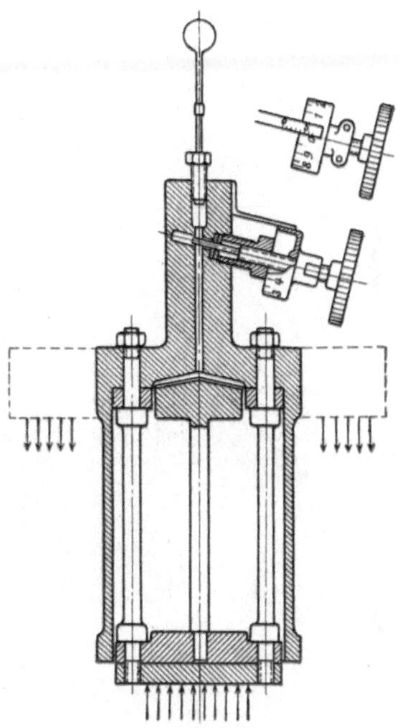

Abb. 83. Schnitt durch die Quecksilbermeßdose, Bauart Amsler.

Der Kolben ist gegen die Quecksilberkammer durch eine Gummihaut abgedichtet.

Zur Messung der verdrängten Quecksilbermenge dient eine Mikrometerschraube, die in den Quecksilberraum eintaucht, und die man vor dem Versuch und nach Ausübung des Druckes so einstellt, daß der Quecksilberfaden im Glasrohr auf den Index einspielt. Der Betrag, um welchen man dabei die Mikrometerschraube zurückschrauben muß, ist das Maß des verdrängten Quecksilbers, also auch der Kraft. Die Skala zeigt die ganzen Umdrehungen, die Trommel Bruchteile einer Drehung der Mikrometerschraube an. Die Einteilung ist derart, daß man den Druck, in Kilogramm ausgedrückt, direkt ablesen kann. In der Regel entspricht ein Teilstrich auf der Skala einem Druck von 1000 kg und ein Teilstrich auf der Trommel einem Druck von 10 kg.

Der Deformationskraftmesser ist eine sehr genaue und empfindliche, gleichzeitig aber auch unveränderliche Meßvorrichtung. Es ist nicht durchaus notwendig, daß der Probekörper genau zentrisch unter der Meßvorrichtung stehe. Auch bei exzentrischer Lage des Probekörpers zeigt der Kraftmesser richtig an.

Der der Original-Alphaschen Kugeldruckpresse mit Recht nachgerühmte Vorzug der selbsttätigen Druckbegrenzung war der Anlaß für die Firma Amsler, eine Maschine zu entwerfen, die ebenfalls durch eine selbsttätige Druckbegrenzung sich zur Bedienung mit ungelerntem und nicht allzu zuverlässigem Personal eignet.

Abb. 84 stellt diese Maschine dar in dem Augenblick, als ein Rad auf ihr geprüft wird.

Abb. 84. Amslersche Kugeldruckpresse mit Federbelastung.

Die Maschine bildet einen nach vorn offenen Bügel. Der Kugelstempel sitzt am untern Ende eines Federnsystems. Das Federnsystem ist auf annähernd 3000 kg vorgespannt. Übersteigt der ausgeübte Druck die Kraft, mit der das Federnsystem vorgespannt ist, so wird es frei und eine Klinke greift in ein Sperrad ein, so daß man an der Kurbel nicht mehr weiter drehen kann. Bei dieser Einrichtung ist es also unmöglich, den vorgeschriebenen Druck auf die Kugel zu überschreiten. Das Ausrücken der Sperrklinke geschieht automatisch.

Das Federnsystem enthält zwei mächtige Schraubenfedern, von denen die stärkere die schwächere in ihrem Innern einschließt. Die äußere Feder ist auf annähernd 2500 kg vorgespannt, die innere auf annähernd 500 kg. Der Halter der 10-mm-Kugel ist so ausgebildet, daß

Abb. 85. Kugeldruckpresse mit direkter Gewichtsbelastung für geringe Prüflasten.

er gleichzeitig gegen beide Federn drückt, die zusammen auf 3000 kg beansprucht werden. Der Halter der 5-mm-Kugel dagegen stützt sich bloß gegen die innere Feder, die auf 500 kg eingestellt ist.

Es wäre von Vorteil, wenn diese Maschine mit einer Vorrichtung ausgestattet würde, die es jederzeit schnell und einfach ermöglicht, die richtige Kraftwirkung der Federn zu prüfen. Als solche Vorrichtung käme vielleicht eine kleine Kraftmeßdose Bauart Wazau in Frage. Diese Meßdosen sind von dem Materialprüfungsamt Berlin-Lichterfelde zur Eichung zugelassen; ihre Wirkungsweise ist später in dem Abschnitt Kontrollvorrichtungen beschrieben.

Zur Brinellierung ganz dünner Proben stellt Amsler noch eine Maschine mit Gewichtsbelastung bis 500 kg her. Die Konstruktion dieser Maschine ist aus Abb. 85 ersichtlich.

Die Maschine dient bei Kugeldruckproben zur Erzeugung des Kugeleindrucks unter geringem Druck; eine Vorrichtung zur Messung der Eindrucktiefe ist nicht vorgesehen.

Der Kugelstempel hängt an einem Wagbalken, dessen rechtes Ende mit Gewichten belastet ist.

Die Hebelarme sind so bemessen, daß der Druck auf die Kugel gleich dem Zehnfachen des rechts hängenden Gewichtes ist.

Das Anhängegewicht setzt sich aus 10 Scheiben von je 5 kg Gewicht zusammen; der Druck auf die Kugel läßt sich also von 50 zu 50 kg abstufen. Zur Kontrolle des Verhältnisses der wirksamen Hebelarme kann man am linken Ende des Wagbalkens und am Kugelstempel Gewichte anhängen.

Französische Brinellpressen.

Von den französischen Konstruktionen sind in erster Linie die bekannten und auch in Deutschland verbreiteten Maschinen der Firma Société des Etablissements Malicet et Blin, Aubervilliers, zu nennen.

Abb. 86. Französische Kugeldruckpresse für 5-mm-Kugel und 750 kg Druck.

Die Firma baut verschiedene Typen, von denen einige in den Abb. 86, 87, 88, 89 dargestellt sind. Die Kraftwirkung erfolgt durch ein genau eingestelltes Federsystem.

Die kleinere dieser beiden Maschinen, Abb. 86 und 87, ist für einen Druck von 750 kg und 5-mm-Kugel gebaut und transportabel, während die größere, Abb. 88 und 89, für 3000 kg und 10 mm Kugel entworfen und ortsfest ist.

Bei beiden Maschinen wird der erforderliche Prüfdruck durch Betätigung eines seitlich befindlichen Hebels erzeugt. Das Handrad zur

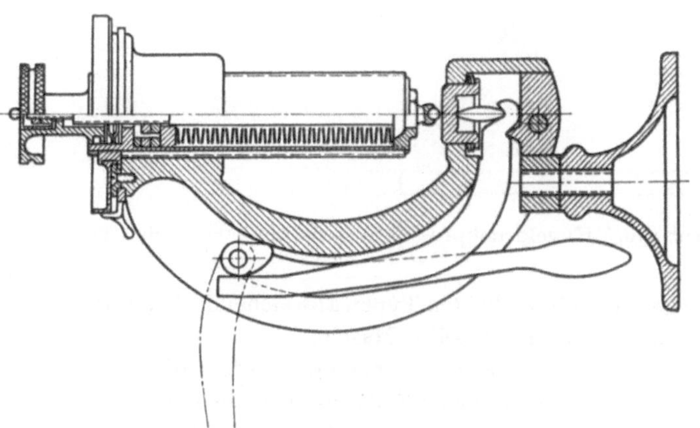

Abb. 87. Schnitt durch die in Abb. 86 dargestellte Kugeldruckpresse 5/750.

Abb. 88. Französische Kugeldruckpresse für 10-mm-Kugel und 3000 kg Druck.

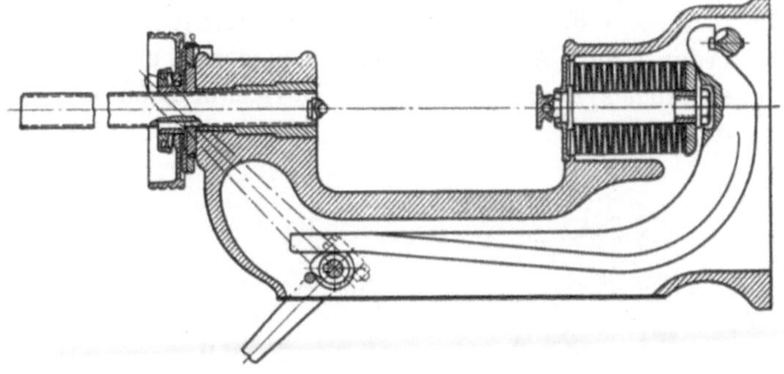

Abb. 89. Schnitt durch die in Abb. 88 dargestellte Kugeldruckpresse 10/3000.

Verstellung der Druckspindel trägt eine Teilung, an welcher die Eindrucktiefe, die in diesem Falle gleichzeitig als Härtemaßstab gedacht ist, abgelesen werden kann. Außerdem kann natürlich in der üblichen Weise der Kugeleindruck abgelesen und die Härtezahl nach Brinell daraus bestimmt werden.

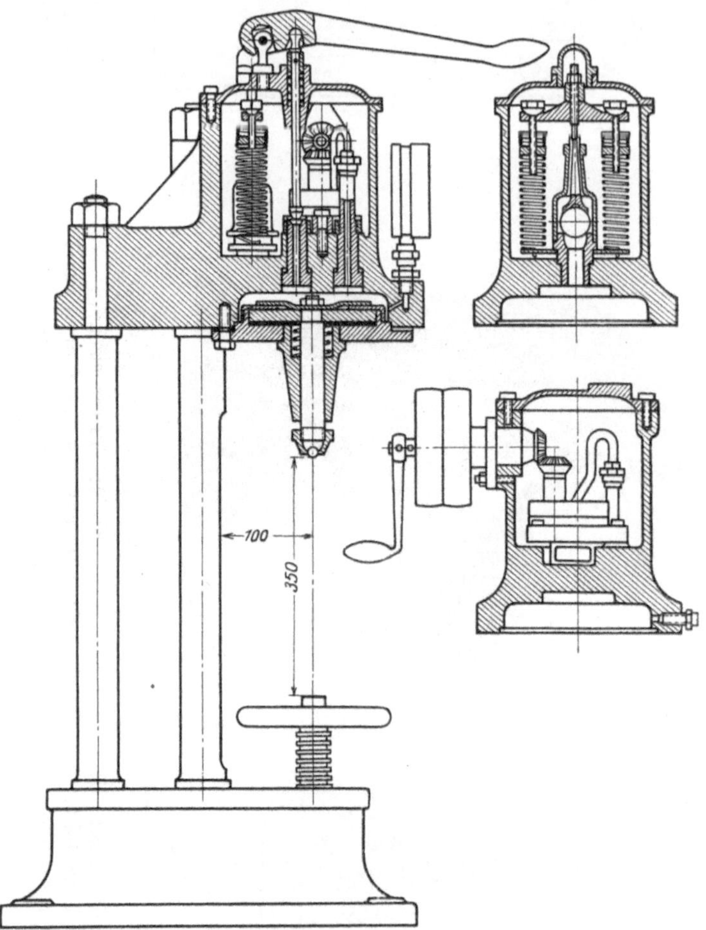

Abb. 90. Kugeldruckpresse, System Guillery (Schnitt).

Eine gegenüber diesen beiden Typen abweichende Ausführung bildet die in Abb. 90, 91, 92 dargestellte Maschine.

Diese Maschine ist in dem Bestreben entworfen, die zur Vornahme des Brinellversuches erforderliche Zeit, unter Wahrung der wünschenswerten Genauigkeit, auf ein geringstes Maß zu beschränken.

Guillery ersetzte die Kontrollgewichte durch ein in Abb. 90 dargestelltes Federbelastungsventil, welches gegenüber den verhältnismäßig schweren Kontrollgewichten als nahezu masselos angesehen werden kann.

Angeregt durch H. Le Chatelier und Portevin befaßte sich Guillery damit, die Versuchsdauer bei B.K.P. abzukürzen. Er suchte dies durch einen bestimmten Überdruck über den zur Erzeugung von

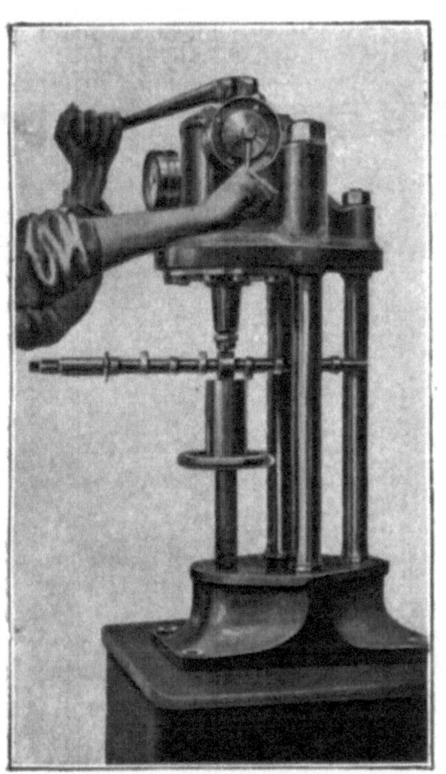

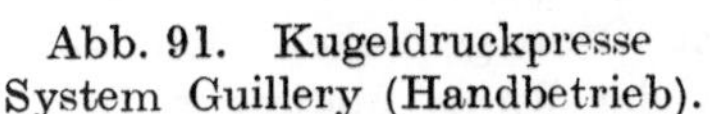

Abb. 91. Kugeldruckpresse System Guillery (Handbetrieb).

Abb. 92. Kugeldruckpresse System Guillery (Maschinenbetrieb).

genau 3000 kg erforderlichen Druck zu erreichen, und zwar derart, daß bei passender Wahl dieses Überdruckes der durch die Ausschaltung der Zeit entstehende Fehler gegenüber dem richtigen Wert genau ausgeglichen wird. Die Ermittlung dieses Überdruckes geschieht mittels einer ganz gleichförmigen Platte, deren Brinellhärte mit allen erforderlichen Vorsichtsmaßregeln auf einer geeichten Maschine bestimmt ist.

Theoretisch müßte für jedes Material eine neue Regulierung gemacht werden, in Wirklichkeit genügt für die gewöhnlichen Kohlenstoffstähle und für die Sonderstähle (Nickelchromstahl und Chromstahl), auch wärmebehandelte Stähle, dieselbe Einstellung.

Die Maschine besteht aus einem Sockel, welcher drei Säulen trägt, auf welchen der obere Teil, der den Mechanismus trägt, aufgesetzt ist. In dem Sockel befindet sich eine Schraubenspindel, die mit einem Handrad verstellbar ist, um die Probekörper mit der Prüfkugel in Berührung zu bringen.

Die Prüfkugel ist an einem Stempel befestigt, der mit dem Druckkolben in Verbindung steht. — Dieser Kolben, der nur einen kurzen Hub von ca. 5 mm besitzt, ist mit einem geringen Spiel in dem Zylinder geführt und wird nach Art der Meßdosen mit einer dünnen Gummimembran abgedichtet. Eine im Deckel angebrachte Feder zieht den Kolben wie bei den Alphapressen wieder in seine Anfangslage zurück. Eine Pumpe, welche mittels eines Kegelrades von Hand oder durch Riementrieb angetrieben wird, erzeugt den erforderlichen Druck; die aus dem Vorratsbehälter angesaugte Druckflüssigkeit wird in den Druckzylinder gepreßt und fließt durch ein Auslaßventil zurück. Durch einen Hebel kann das Auslaßventil geschlossen und der Kolben unter Druck gesetzt werden, bis der Versuch beendet ist. Durch Heben des Hebels wird das Auslaßventil wieder geöffnet, die Druckflüssigkeit kann in den Vorratsbehälter zurückfließen und der Kolben ist wieder entlastet. Die Pumpe läuft dabei andauernd weiter. Beim nächsten Versuch wiederholt sich das Spiel.

Die mit dieser Maschine erzielte Leistung soll sich auf etwa 600 pro Stunde belaufen, also auf ungefähr das Zehnfache einer Alphapresse. Dies bedeutet einen ganz wesentlichen Vorteil gegenüber der bisherigen Arbeitsweise; immerhin wird man sich recht oft von der Richtigkeit der Arbeitsweise der Maschine durch Vergleichsproben überzeugen müssen.

Von weiteren französischen Brinellpressen sind die Konstruktionen der Firma Société Française de Constructions Mécaniques Anciens Etablissement Cail, Denain (Nord), zu nennen. Die Maschinen dieser Firma gleichen in ihrem Grundgedanken den auf S. 136 und 137 beschriebenen Maschinen der Firma Malicet & Blin derart, daß man sie für ein und dieselbe Bauart halten kann. Von den etwa zehn verschiedenen Ausführungsformen seien hier beispielsweise nur einige angeführt:

Abb. 93 und 94 stellen einen leichten transportablen Apparat für eine Belastung von 750 kg und einer Kugel von 5 mm dar.

Abb. 95, 96 und 97 stellen eine ortsfeste Ausführung für 3000 kg und 10-mm-Kugel dar, einmal ohne Fuß, dann mit Fuß, ferner im Schnitt. Diese Maschinen haben eine Druckspindel und ein großes Handrad zur Erzeugung des Prüfdruckes.

Abb. 93. Leichte französische Brinellpresse für 5 mm Kugeldurchmesser und 750 kg Belastung.

Abb. 95. Französische Brinellpresse für 10-mm-Kugel und 3000 kg Druck ohne Fuß.

Abb. 96. Dieselbe Maschine wie Abb. 95, jedoch mit Fuß.

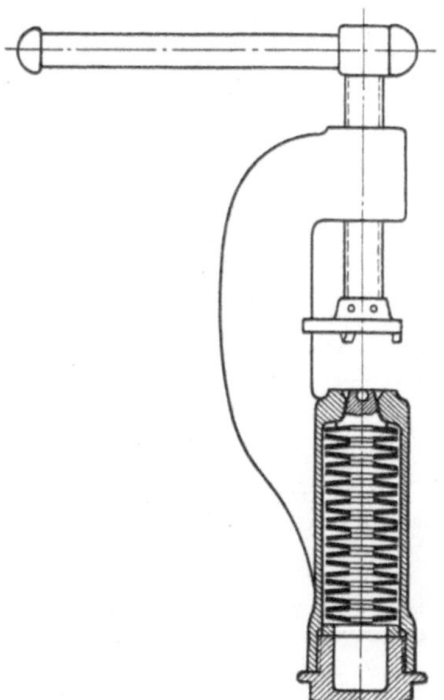

Abb. 94. Schnitt durch die Kugeldruckpresse Abb. 93.

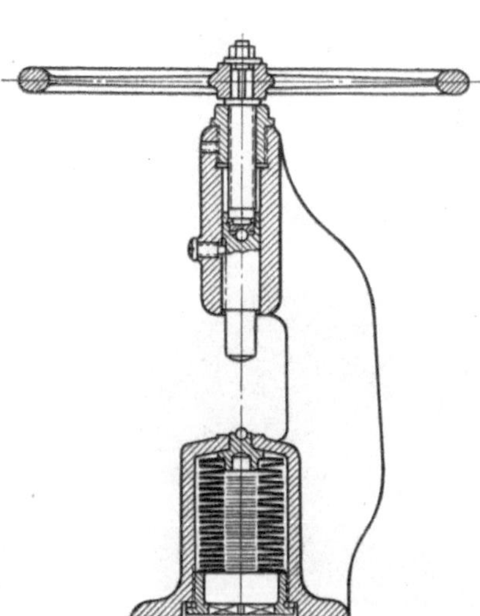

Abb. 97. Schnitt durch die Kugeldruckpresse Abb. 95, ohne Fuß.

Die in Abb. 98 dargestellte Maschine unterscheidet sich von den vorherigen dadurch, daß der Prüfdruck nicht mit einem Handrad, son-
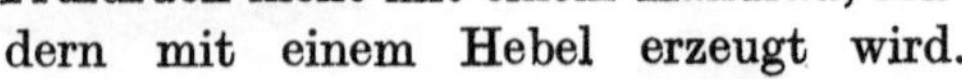
dern mit einem Hebel erzeugt wird.

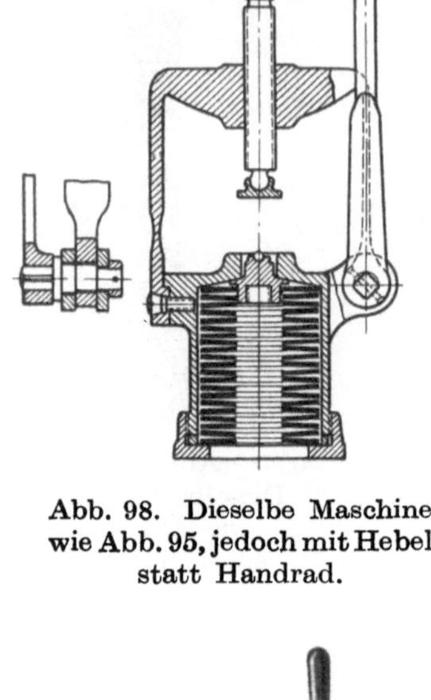

Abb. 98. Dieselbe Maschine wie Abb. 95, jedoch mit Hebel statt Handrad.

Als Maschinen, deren Kraftmessung von Federn abhängig ist, gilt bezüglich ihrer Genauigkeit dasselbe, was an anderen Stellen mit Bezug auf diese bzw. ähnliche Konstruktionen gesagt ist, nämlich, daß sie einer ständigen Überwachung auf ihre richtige Wirkung nicht entraten können.

Englische Brinellpressen.

Von englischen Firmen, welche Brinellpressen bauen, bringt die Firma Brown, Bayleys Steel Works Ltd. Leeds road, Sheffield, eine sehr interessante und erwähnenswerte Konstruktion heraus.

Abb. 99. Englische Brinellpresse der Fa. Brown, Bayleys Steel Works, Sheffield.

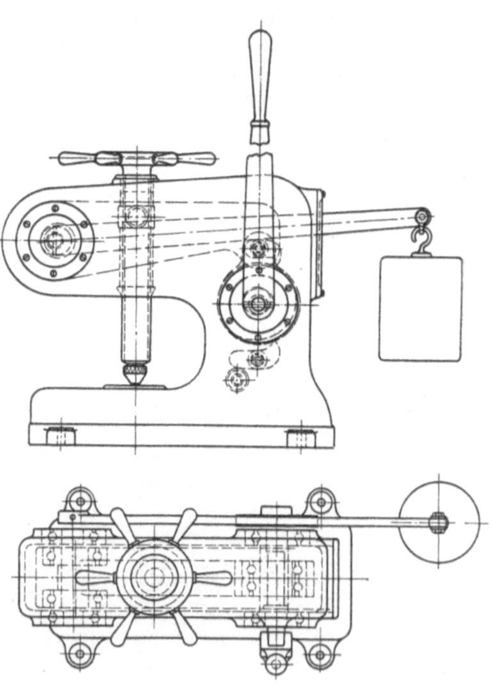

Abb. 100. Schnitt durch die englische Brinellpresse Abb. 99.

Die in Abb. 99 dargestellte Maschine ist mit Rücksicht auf eine rauhe Werkstattsbehandlung entworfen mit der Absicht, bei möglichst genauer Wirkungsweise schnelles Arbeiten zu gestatten und praktisch keine besondere Aufmerksamkeit und Richtigkeitsprüfung zu erfordern.

Es wird bei dieser Maschine als ein Vorteil angesehen, daß sie weder Schneiden, noch Federn besitzt, welche Anlaß zu Ungenauigkeit geben könnten. Sie soll sogar der hydraulischen Bauart überlegen sein.

Die Wirkungsweise der in Abb. 100 im Schnitt dargestellten Maschine ist folgende: Der nach oben stehende, durch eine Sperrklinke am Zurückschnellen gehinderte Handhebel wird um 90° nach vorne umgelegt; hierdurch wird mittels eines Exzenters ein Druck auf das im Innern der Maschine auf Kugellagern gelagerte Hebelsystem ausgeübt, und zwar derart, daß einmal die Druckspindel mit der Kugel mit einem Druck von 3000 kg belastet, anderseits das an dem langen wagerechten Hebel frei hängende Gegengewicht zum Einspielen gebracht wird. Das Hebelsystem ist mit dem Gegengewicht zusammen derart ausgeglichen, daß die Prüflast 3000 kg nicht übersteigen kann.

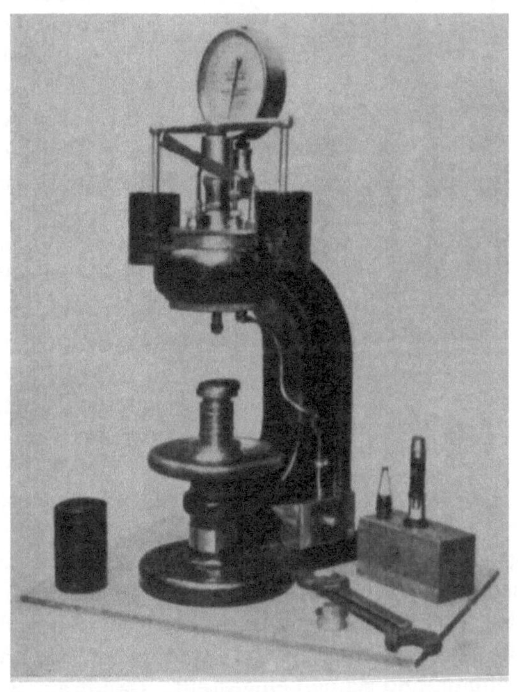

Abb. 101. In Deutschland hergestellte Brinellpresse Stockholmer Bauart.

Deutsche Maschinen für die B.K.P.

Bei der großen Bedeutung, die die B.K.P. für die gesamte Metallindustrie besitzt, ist es natürlich, daß auch die deutsche Industrie eine Anzahl bemerkenswerter Sonderausführungen von Brinellpressen hervorgebracht hat.

In erster Linie verdient es hervorgehoben zu werden, daß die bewährte Konstruktion der Akt. Bol. Alpha seit kurzem auch in Deutschland gebaut wird und zwar von der Metallgießerei und Armaturenfabrik Albert Elz, Schweinfurt. Die von dieser Firma gebauten Brinellpressen unterscheiden sich, wie aus vorstehender Abb. 101 ersichtlich, nicht von dem Stockholmer Original. Sie werden mit Röhrenfedermanometern ausgerüstet, welche durch ein besonderes Verfahren künstlich gealtert sind, um eine Abweichung der genauen Anzeige nach längerem Gebrauch auf das geringste Maß zu beschränken. Der Manometerzeiger besitzt eine von elektrischen Meßinstrumenten her bekannte senkrecht stehende Zeigerfahne, die ein schräges Ablesen von der Seite her verhindert.

Abb. 102. Brinellpresse mit Meßdose, Bauart Losenhausen.

Einige beachtenswerte Entwürfe bringt die Firma J. Losenhausen A.-G., Düsseldorf-Grafenberg zur Ausführung. Von diesen sei zuerst die der normalen Brinellprobe für 3000 kg entsprechende Ausführung beschrieben.

Die in Abb. 102 dargestellte Maschine ist mit Meßdose und Stahlrohrfedermanometer sowie stoßfrei arbeitender hydraulischer Druckeinrichtung mit Schraubenkolben ausgeführt. Die eigentliche Maschine besteht in der Hauptsache aus einer Grundplatte, welche die Druckvorrichtung, die Meßdose und mittels zweier Säulen das obere Querstück trägt. Auf dem Kolben der Meßdose ruht auf einer oben vollständig eben geschliffenen gehärteten Druckplatte mit kugeliger Lagerung das Probestück, während die Kugel oder der Kegel in der Druckspindel des oberen Querstückes gelagert ist. Die Säulen dieses Querstückes übertragen gleichzeitig den Zug auf die Grundplatte, so daß die eigentliche Maschine ein vollständig in sich geschlossenes Ganzes bildet. Mittels des über dem Querstück sichtbaren Handrads wird die Spindel, an der die Kugel oder der Kegel befestigt ist, nach der Höhe des Probekörpers bequem und schnell eingestellt. Damit ein Bruch der Kugeln die Manometer nicht durch heftige Erschütterungen beschädigt, sind an den Rohranschlüssen der Manometer selbsttätige Rückschlagventile zum Schutze der Manometer vorhanden. Die Manometer werden in der Regel zur unmittelbaren Ablesung des Prüfdruckes in Kilogramm geteilt, und zwar bei allen Maschinengrößen von 10 zu 10 kg eingeteilt. Gebrauchsmanometer und Kontrollmanometer sind voneinander vollständig getrennt; mittels einer besonderen Prüfvorrichtung kann die Maschine jederzeit leicht und genau auf ihre richtige Lastanzeige geprüft werden, wie später unter Abschnitt Kontrollvorrichtungen dargestellt.

Für weichere Werkstoffe, welche nicht über 1500 kg Prüfdruck erfordern, z. B. Messing, Kupfer, Bronze u. dgl., baut Losenhausen eine Brinellpresse mit Laufgewichtswage, Abb. 103. Diese besteht aus einem kräftigen, gußeisernen Gestell, das in seinem Unterteil die Wagehebel trägt. Durch diese wird der auf das Probestück ausgeübte Druck auf

Abb. 103. Brinellpresse mit Laufgewichtswage, Bauart Losenhausen.

den im oberen Teil des Ständers gelagerten Laufgewichtsbalken übertragen und durch Einstellen des Laufgewichtes ausgeglichen. Vermittels einer Handradgewindespindel kann das Laufgewicht, wie bei allen Prüfmaschinen nach dem Laufgewichtshebelsystem, unbeeinflußt von den bei der Kurbeldrehung auftretenden Reaktionen, verschoben werden, so daß dadurch bei der Prüfung kein Einfluß auf das Ergebnis ausgeübt wird. Das Laufgewicht selbst besteht aus zwei Teilen und zeigt als Feinmeß-Kraftanzeiger nach dem Abheben des einen Teiles bei der Verschiebung auf der ganzen Länge der Einteilung z. B. nicht 750, sondern nur 75 kg an. Mit dieser Einrichtung können daher auch die weichsten Metalle noch mit hinreichender Genauigkeit auf ihre Härte geprüft werden. Das Probestück selbst liegt auf der Druck-

Abb. 104. Kugeldruckpresse nach Martens-Heyn, Bauart Losenhausen.

platte, die von Wagehebeln getragen wird, während die Kugel oder der Kegel durch den Antrieb mittels Schraube und Kegelräder in das Probestück eingedrückt wird. Zur Nachprüfung dieser Maschine dient eine Justierschale oder eine Kontrollmeßdose.

Auch eine Sonderpresse für das Kugeldruckverfahren nach Martens-Heyn stellt Losenhausen her. Abb. 104 stellt diese Sonderpresse dar.

Die Maschine ist nach dem Prinzip der Laufgewichtshebelmaschinen hergestellt und besitzt als eigentümlichen Teil den zu diesem Verfahren nötigen Tiefenmesser. Der Laufgewichtshebel wird vor dem Versuch genau ausgeglichen, alsdann das Probestück auf die Druckplatte gelegt und die Sperrvorrichtung des Laufgewichtshebels freigegeben, so daß dieser frei ausschwingen kann.

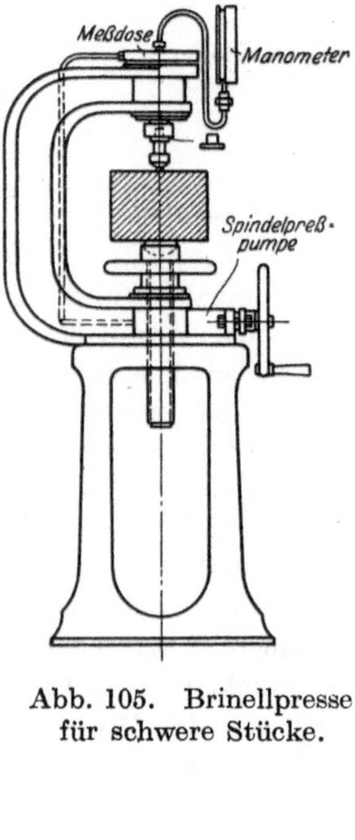

Abb. 105. Brinellpresse für schwere Stücke.

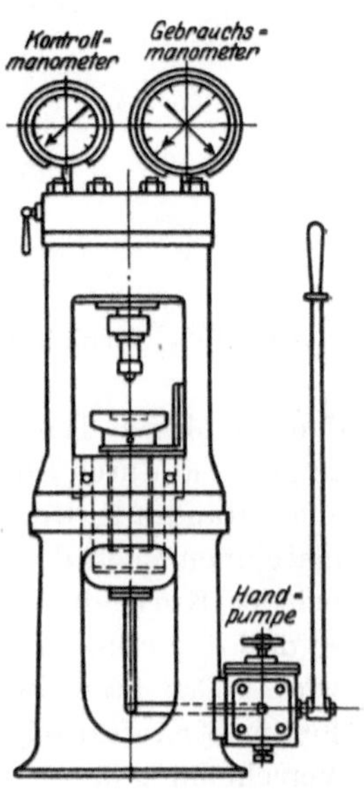

Abb. 106. Kugeldruckpresse zum Prüfen von Eisenbahnschienen.

Durch Drehen an dem Handrad wird nun das Probestück so lange leicht gegen die Kugel gedrückt, bis die Zunge genau auf den Nullpunkt der Teilung zeigt. Der Laufgewichtshebel ist dann leicht mit dem Finger in der Mittellage festzuhalten und am Tiefenmesser die Stellung des Mikrometerzeigers abzulesen und zu vermerken. Durch Drehen an einem Handrädchen wird das Laufgewicht so lange vorwärts geschoben, bis der Tiefenmesser eine Eindrucktiefe von 0,05 mm anzeigt; an der Laufgewichtteilung kann man dann die Härtezahl $P\,0{,}05$ unmittelbar ablesen.

Abb. 107. Kugeldruckpresse mit Gewichtshebelbelastung.

Abb. 108. Kugeldruckpresse mit elastischem Kraftmesser.

Für große und schwere Stücke, die in der auf S. 144 beschriebenen Kugeldruckprüfmaschine nicht eingelegt werden könnten, baut Losenhausen die in Abb. 105 dargestellte Brinellpresse.

Diese Bauart kommt hauptsächlich für solche Teile in Betracht, deren Eigengewicht ziemlich bedeutend ist, so daß durch seine Vernachlässigung bei der Bestimmung der Härte große Fehler entstehen würden. Die Meßdose ist bei dieser Type aus dem Grunde in den oberen Teil des Ständers verlegt worden.

Für Härteprüfung an Eisenbahnschienen mit einer 19-mm-Kugel gemäß der Vorschrift der preußischen Staatsbahn, wonach als äußerstes

Maß die Kugeleindrucktiefe nicht kleiner als 3,5 und nicht größer als 5,5 mm sein soll, baut Losenhausen die in Abb. 106 dargestellte Kugeldruckpresse, welche auch als Kugelprüfmaschine bis 50 t Verwendung findet.

Neuerdings bringt die Firma zwei neue Entwürfe auf den Markt, welche in Abbildung 107 und 108 dargestellt sind.

Abb. 109. Transportabler Kugeldruckapparat.

Abb. 110. Kugeldruckpresse Mohr & Federhaff.

Diese Maschinen zeichnen sich durch eine äußerst kräftige und stabile Bauart aus; die eine Type ist nach dem Prinzip der Gewichtshebel gebaut, während die andere Type mit elastischem Kraftmesser versehen ist. Die Kraftwirkung erfolgt in beiden Fällen mittels Handrads. Beide Typen stehen sich hinsichtlich ihrer Anwendbarkeit vollständig gleich und sie werden lediglich deshalb mit diesen beiden verschiedenen Kraftmessern gebaut, weil in Abnehmerkreisen teils die eine, teils die andere Art bevorzugt wird.

Einem langgefühlten Bedürfnis entspricht der in Abbildung 109 dargestellte transportable Kugeldruckapparat.

Eine besondere Aufmerksamkeit hat die Firma Mohr & Federhaff, Mannheim, auf die Durchbildung ihrer Kugeldruckpressen verwandt. Die verschiedenen Bauarten dieser Firma entsprechen den verschiedenen Verwendungsgebieten.

Die in Abb. 110 dargestellte Brinellpresse ist besonders mit Rücksicht auf kleinere leicht transportable Versuchsstücke gebaut. Sie besteht in der Hauptsache aus dem Sockel, in welchem der hydraulische Antrieb sowie der Kraftmesser eingebaut sind, und dem oberen Querhaupt, welches das Manometeraggregat und allenfalls den Tiefenmesser trägt.

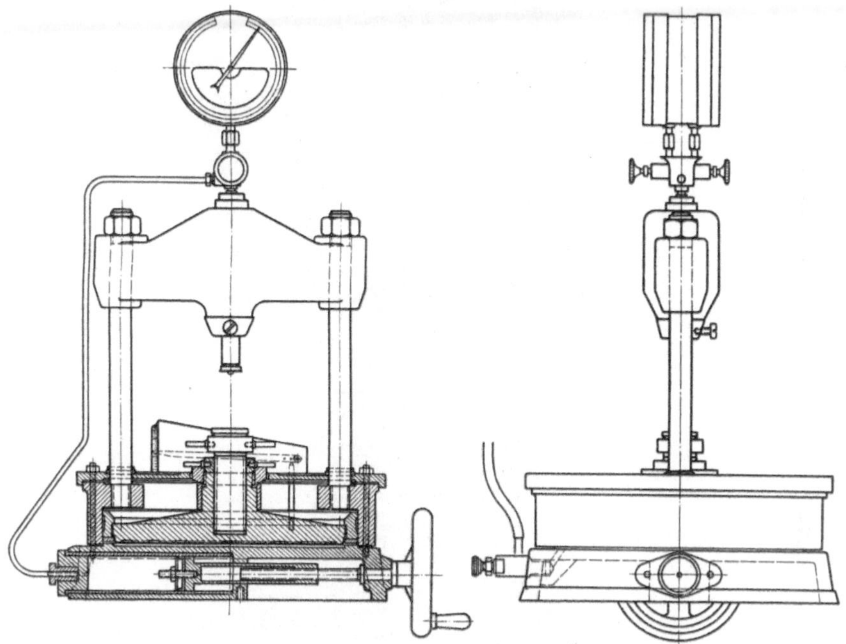

Abb. 111. Schnitt durch die Kugeldruckpresse Abb. 110.

Abb. 111 zeigt diese Maschine im Schnitt.

Der im Sockel der Maschine eingebaute Kraftmesser ist eine Meßdose nach Bauart Martens, bestehend aus einem Zylinder und einem Kolben, welch letzterer sich auf eine dünne Membrane legt, die den mit Preßflüssigkeit gefüllten Zylinderraum dicht abschließt. Die von dem Kolben ausgeübte hydraulische Pressung setzt sich also in Druck auf das Versuchstück um, und zwar ohne Flüssigkeitsverlust und ohne Reibungswiderstände. Der Meßdosenkolben dient also gleichzeitig auch als Arbeitskolben insofern, als durch ihn die nötige Eindrückung der Kugel in das Versuchstück hervorgebracht wird.

Eine sehr empfindliche Zeigervorrichtung, welche den Weg des Kolbens in stark vergrößertem Maßstabe an einer Skala ersichtlich macht, dient zur sicheren Kontrolle der Kolbenstellung. Die Bewegung des Meßdosenkolbens geschieht von Hand mit Hilfe einer im Sockel

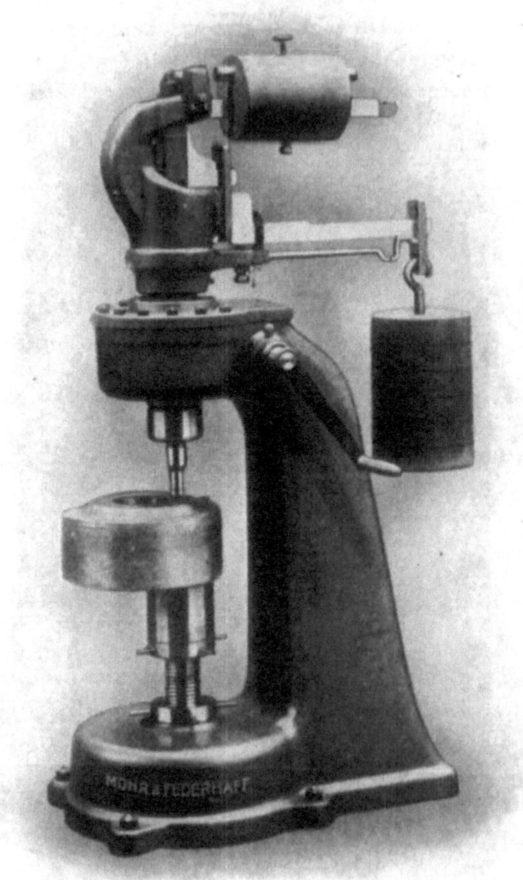

Abb. 112. Kugeldruckpresse mit Gewichtshebelbelastung, Bauart Mohr & Federhaff.

untergebrachten Spindelpresse, mit welcher man leicht und stoßlos den Druck auf das Versuchstück ausübt. Dieser Druck wird an dem oben sichtbaren Manometerapparat abgelesen, welches in einem Gehäuse derartig vereint ist, daß auf der Vorderseite die Ablesung für das Gebrauchsmanometer und auf derselben Skala gleichzeitig auch für das Kontrollmanometer erfolgen kann, welch letzteres durch ein Nadelventil bei Nichtgebrauch abgesperrt gehalten wird.

Die in Abb. 112 dargestellte Brinellpresse dient vorzugsweise zum Prüfen größerer sperriger Stücke, schwerer Maschinenteile u. dgl. Diese Type ist nach dem Grundsatze der

Abb. 114. Transportable Kugeldruckpresse mit Meßdose und Manometer, Bauart Mohr & Federhaff.

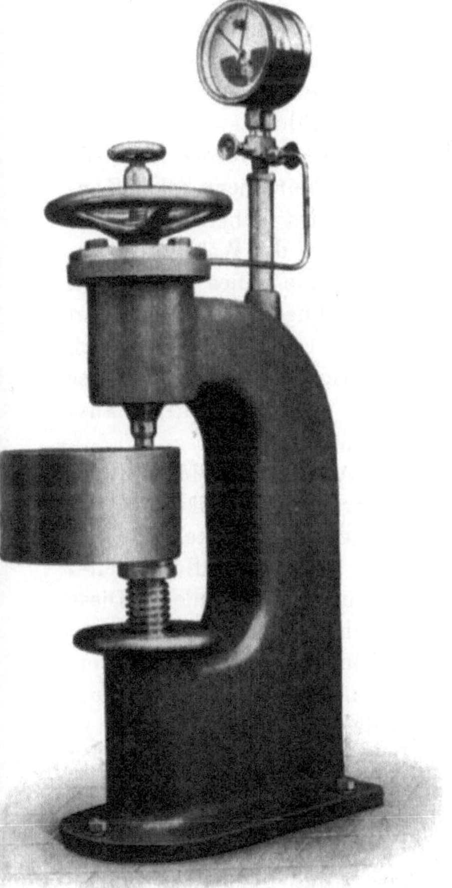

Abb. 113. Kugeldruckpresse mit Meßdose und Manometer Bauart Mohr & Federhaff

Hebelwage gebaut; das Gestell ladet 150 mm frei aus und ist für 300 bzw. 500 mm größte Probenhöhe eingerichtet. Die als Auflager dienende kugelig gelagerte Platte ist durch eine Schraubspindel mit Gegenmutter um rund 100 mm verstellbar; für kleinere Probestücke müssen zusätzliche Unterlegstücke von je 100 mm Höhe benutzt werden. Auf dieser Brinellpresse können Proben von ziemlich großen Flächenausdehnungen geprüft werden, vorausgesetzt, daß

Abb. 115. Anwendungsbeispiel der transportablen Kugeldruckpresse, Bauart Mohr & Federhaff.

Abb. 116. Anwendungsbeispiel der transportablen Kugeldruckpresse, Bauart Mohr & Federhaff.

die Untersuchung nicht mehr als ca. 150 mm vom Rande entfernt vorgenommen werden kann. Der Antrieb der Druckspindel erfolgt durch Kurbel und Schneckengetriebe. Die zur Kraftmessung dienende Hebelwage wird mit Anhängegewichten belastet, welche entsprechend Belastungen von 250 zu 250 kg abgestuft sind, so daß die normalen Laststufen 250, 750, 1000 und 3000 kg ohne weiteres eingestellt werden können.

Erwähnenswert an dieser Maschine ist ferner noch die Möglichkeit einer raschen Kontrolle des Übersetzungsverhältnisses der Wage ohne Zuhilfenahme eines besonderen Kontrollhebels, nämlich in einfacher Weise dadurch, daß der Gegengewichtshebel der Wage als Kontrollhebel ausgebildet ist.

Abb. 113 stellt eine Brinellpresse ebenfalls mit frei ausladendem Gestell dar, jedoch mit Druckflüssigkeitsmessung im Zylinder. Diese Maschine eignet sich in derselben Weise wie die vorhergehende Type zur Prüfung großer, sperriger Maschinenteile. Der zylindrische Arbeitskolben mit Druckstempel wird mittels Spindelpreßpumpe und Handrads auf- und abwärts bewegt. Der Prüfdruck wird am Manometer als Flüssigkeitsdruck im Arbeitszylinder abgelesen.

Die vorstehend beschriebenen Maschinen sind vorzugsweise als ortsfeste Maschinen gebaut.

Abb. 114 stellt jedoch eine Maschine dar, welche als eine trag- und fahrbare Kugeldruckpresse gebaut ist und im Gegensatz zu jenen in jeder Lage verwendbar ist. Mit dem Bau dieser Brinellpresse wird die Firma einem dringenden Bedürfnisse der Werkstoffprüftechnik gerecht. Die Bestrebungen, auch an ortsfesten Gegenständen oder schwer transportablen Werkstücken die Kugeldruckprobe machen zu können, haben zur Konstruktion einer Anzahl von Ersatzapparaten geführt. Keine dieser Vorrichtungen ist natürlich

Abb. 117. Anwendungsbeispiel der transportablen Kugeldruckpresse, Bauart Mohr & Federhaff.

imstande, eine richtiggehende Brinellpresse vollständig zu ersetzen. Das Bedürfnis aber auf Lagerplätzen, in Magazinen, Stangenlagern usw., eine transportable Brinellpresse zu besitzen, ist ein sehr großes, und es können durch eine solche ganz erhebliche Transportkosten gespart werden. Der Entwurf dieser trag- und fahrbaren Kugeldruckpresse ist daher als ein Fortschritt zu bezeichnen.

Auf einem kleinen Fahrgestell, das zum Transport auf größere Entfernungen dient, wird die Kugeldruckpresse zwischen den einzelnen Materiallagerplätzen oder Werkstätten hin und her gefahren. Zum Prüfen kann die Maschine dann leicht mit der Hand oder mittels Kranes aus dem Gestell herausgehoben werden, wobei ein an dem Gestell befindlicher Handgriff als Einhängeöse für den Kran benutzt wird.

Abb. 115, 116 und 117 stellen diese verschiedenen Anwendungsmöglichkeiten dieser Brinellpresse dar. Die Ausladung des schmiedeeisernen Bügels beträgt 70 mm, die größte Prüfhöhe 160 mm. Mittels Schraubenspindel und Handrads kann der obere Teil der Presse mit Zylinder und Manometer soweit verschoben werden, daß die kleinste Prüfhöhe 80 mm beträgt. Für noch kleinere Prüfhöhen sind Unterlagen erforderlich. Die Schraubenverstellung zum Verändern der Prüfhöhen dient gleichzeitig zum Anklemmen der Presse an das Versuchsstück.

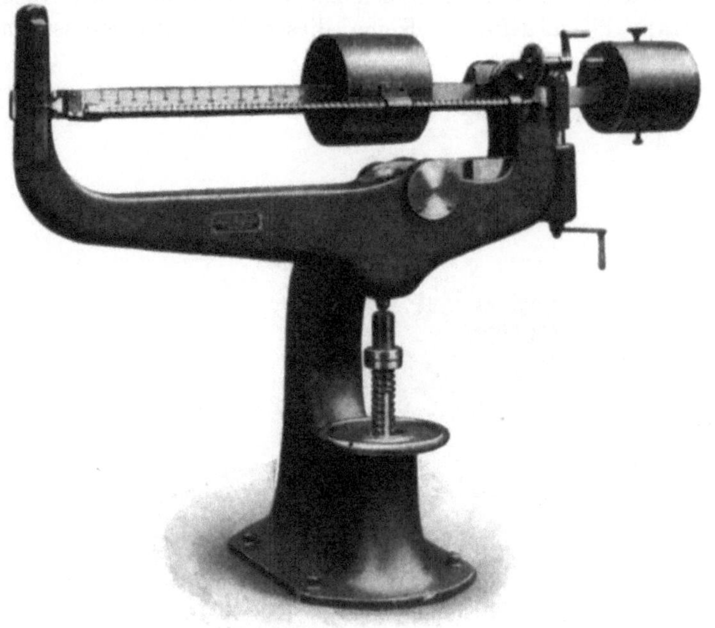

Abb. 118. Kugeldruckpresse mit Laufgewichtswage, Bauart Mohr & Federhaff.

Der Antrieb und die Kraftmessung dieser Kugeldruckpresse erfolgt auf dieselbe Art und Weise wie bei der auf S. 151 Abb. 113 dargestellten Maschine, d. h. also mit Handrad und Druckflüssigkeitsmessung.

Zur Prüfung weicherer Werkstoffe, wie Kupfer, Messing, Bronze und ähnlichen Materialien, oder auch Werkstücken aus Eisen oder Stahl von geringerer Dicke dient die in nachstehender Abb. 118 abgebildete Brinellpresse mit Laufgewichtswage bis 1000 kg.

Die freie Ausladung des Gußgestelles beträgt 150 mm, die größte Prüfhöhe 160 mm. Die als Auflager dienende, kugelig gelagerte Platte hat gleichfalls 160 mm Höhenverstellung, so daß ganz dünne Proben geprüft werden können. Vor dem Versuch wird der auf die gewünschte

Last eingestellte Laufgewichtsbalken mittels Schraubspindel in seine Höchstlage gebracht, wodurch sich der Kugelstempel um etwa 2 mm hebt. Die Probe wird dann auf das untere Auflager gelegt und mit dem Handrad an den Kugelstempel angedrückt. Wird dann der Laufgewichtsbalken freigegeben, so drückt sich die Kugel unter der Einwirkung des Laufgewichts mit der eingestellten Belastung in das Probestück ein. Eine Überlastung der Maschine ist bei dieser Ausführung vollkommen ausgeschlossen.

Neben den bisher erwähnten Firmen befaßt sich auch die Firma L. Schopper lange Jahre mit dem Bau von Kugeldruckpressen; sie war die erste, welche Kugeldruckprüfmaschinen nach der Bauart Martens-Heyn herstellte.

Abb. 119. Kugeldruckpresse nach Martens & Heyn, Bauart Schopper.

Vorstehende Abb. 119 stellt diese Maschine dar. Der Härteprüfer besteht aus einem Druckerzeuger, der im unteren Teil der Vorrichtung liegt und der darüber befindlichen Vorrichtung zur Messung der Eindrucktiefe.

Der Druckerzeuger ist in Abb. 120 im Schnitt dargestellt. Das durch den Anschlußstutzen a eintretende Druckwasser gelangt unter eine Gummihaut *c*, welche zwischen Deckel *d* und Grundplatte *e* wasserdicht festgeklemmt ist. Wird Wasser zugelassen, so wird die Membrane *c* gehoben und der Kolben belastet.

Die 5-mm-Stahlkugel wird mit Klebewachs in dem Futterkörper *i* (Abb. 121) befestigt, der sich gegen das Querhaupt *k* lehnt. Der auf Härte zu prüfende Probekörper wird auf den Tisch *l* aufgelegt. Dieser ruht mittels Kugellagerung auf dem oberen Teil der Stellschraube *m*, welche zur Einstellung dient.

Die Vorrichtung zum Messen der Eindrucktiefe der Kugel ist ersichtlich aus Abb. 121. Die Stahlstäbchen *o* legen sich auf die zu prüfende

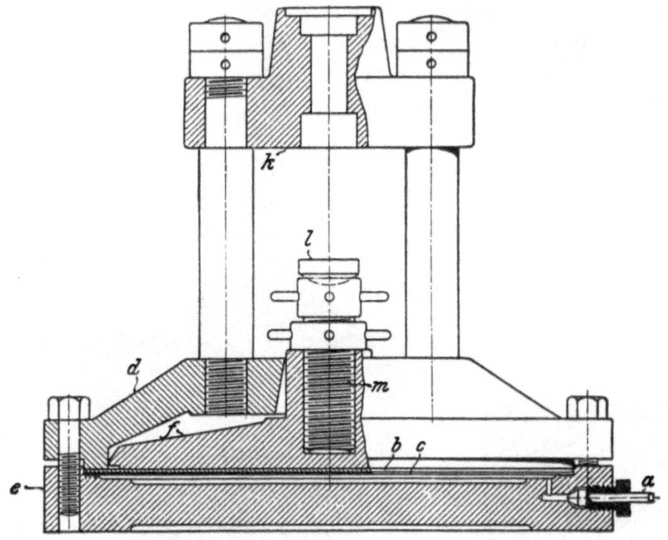

Abb. 120. Schnitt durch den Druckerzeuger der Kugeldruckpresse Abb. 119.

Fläche des Probekörpers auf. Sie tragen auf Spitzen die Stahlplatte *p*. Auf dieser ruht ein Führungskolben m_1 und auf diesem schließlich im Schwerpunkte des Stützdruckes der drei Spitzen an *p* der Stahlkolben m_2, der in seinem Zylinder quecksilberdicht eingeschliffen ist. In dem Raum *q* oberhalb des Kolbens m_2 befindet sich Quecksilber, das in das Glasröhrchen *r* hineinragt. Mittels des Stellkölbchens *s*, Abb. 122, kann der Quecksilberspiegel in dem Haarröhrchen *r* in die Nullstellung gebracht werden. Wird nun unter dem Druck *P* die Kugel in das Probestück eingepreßt, so werden die Stahlstifte *o* und mit ihnen in gleichem Maße die gesamten Teile *p*, m_1, m_2 gehoben. Das Quecksilber wird aus dem Raume *q* zum Teil verdrängt und steigt im Röhrchen *r* um einen Betrag, der an der Skala *t* abgelesen wird, und der in Beziehung zur Eindringtiefe *h* der Kugel steht.

Die Eichung des Haarröhrchens r erfolgt mit Hilfe einer Mikrometerschraube, die an Stelle des Tisches l auf die Stellschraube m aufgebracht wird und dem Meßgerät beigegeben ist.

Übt man auf einen Probekörper einen Druck P mittels der Kugel aus, so gibt das Quecksilber im Tiefenmesser einen Anstieg h in Millimeter an. Dieser Anstieg h ist nun aber nicht ohne weiteres gleich der

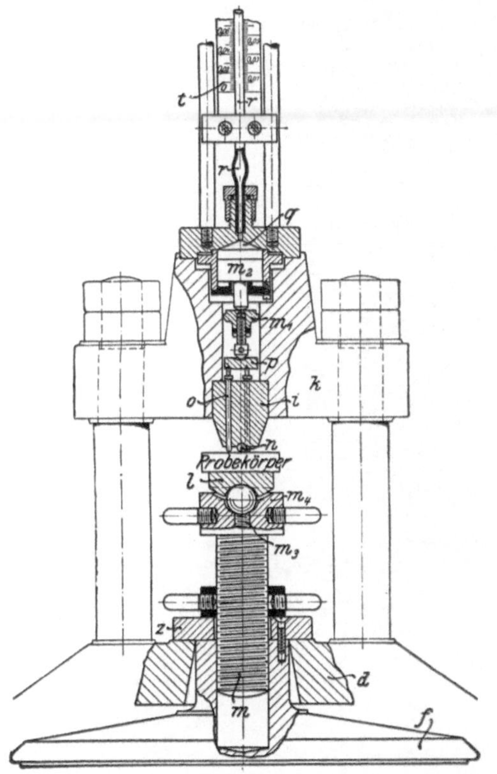

Abb. 121. Schnitt durch die Tiefenmesservorrichtung der Kugeldruckpresse Abb. 119.

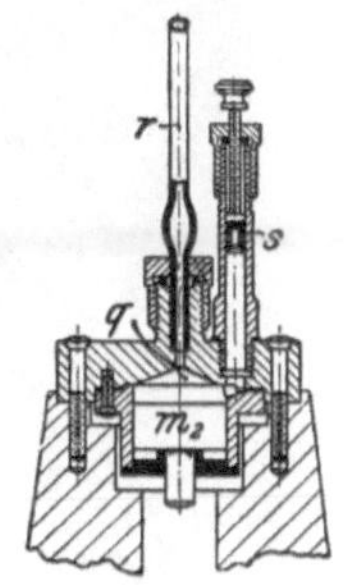

Abb. 122. Einstellvorrichtung zum Tiefenmesser der Kugeldruckpresse Abb. 119 ff.

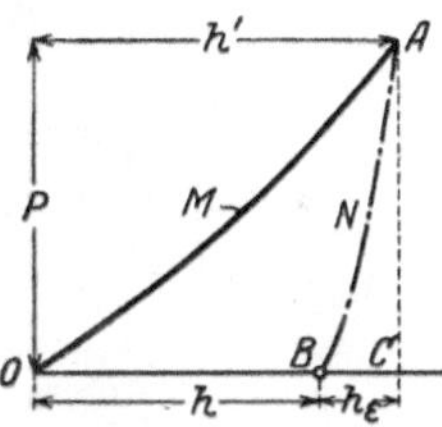

Abb. 123. Druckdiagramm zu dem Kugeldruckverfahren nach Martens-Heyn.

bleibenden Eindringtiefe h der Kugel, sondern in dem Werte h sind außer h noch die Beträge h für elastische Formveränderungen im Apparat und für die elastische Höhenverminderung der Kugel enthalten. Auch die elastische Eindrückung des Probekörpers kann gegebenenfalls noch hinzukommen.

Drückt man in irgendeinen Stoff die Kugel unter wachsendem Druck ein, so wird die Beziehung zwischen Druck P und Stellung des Tiefenmaßes durch die Kurve OA in Abb. 123 dargestellt, worin der Druck als Ordinate, die Stellung des Tiefenmaßes als Abszisse verwendet ist.

Im Punkt A entspricht dem Druck P die Stellung des Tiefenmaßes h. Schließt man den Wasserzufluß und öffnet allmählich den Wasserauslaß, so sinkt der Druck nach Maßgabe der Manometeranzeige, gleichzeitig sinkt das Quecksilber im Tiefenmesser. Die Entlastungskurve AB ist

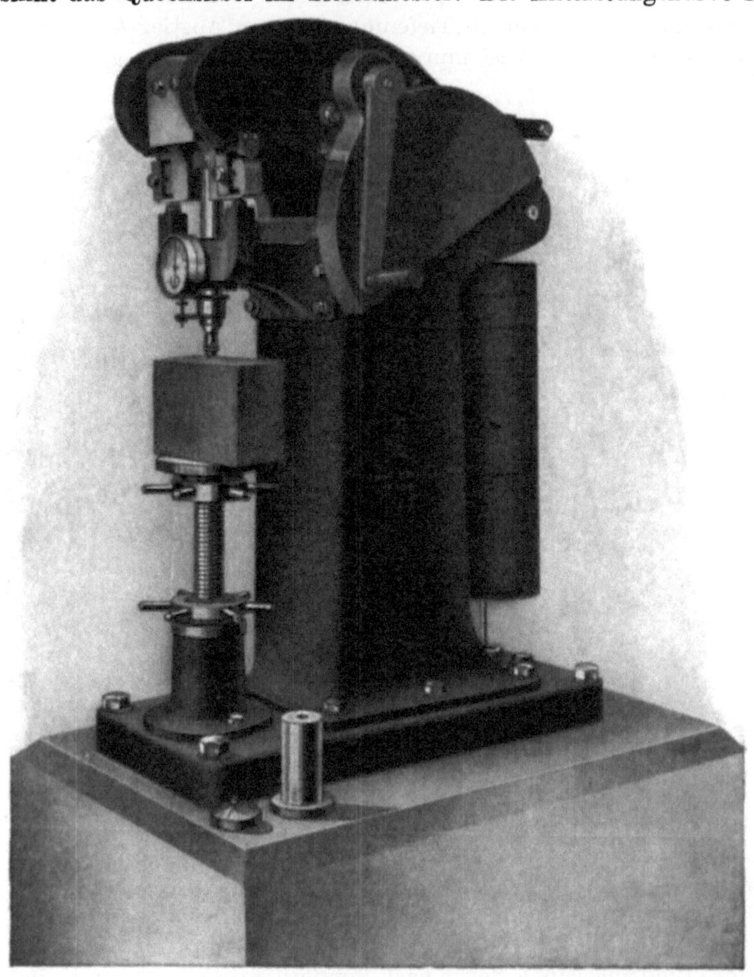

Abb. 124. Kugeldruckpresse für 10 mm Kugeldurchmesser und 3000 kg Druck, Bauart Schopper.

aber eine wesentlich andere als die Belastungskurve OA. Der Quecksilberspiegel sinkt bei der Entlastung allmählich und bleibt beim Druck Null längere Zeit in der Höhe h entsprechend dem Punkte B stehen. Erst nach einiger Zeit sinkt bei voll geöffnetem Ausfluß der Quecksilberspiegel weiter bis auf 0. Die Strecke $OB = h$ entspricht der wirklichen bleibenden Eindrucktiefe der Kugel. Der Betrag $BC = h$ entspricht den elastischen Formänderungen der Vorrichtung, der Kugel und des Probekörpers selbst.

Bei Kugeldruckproben zum Zwecke des Ersatzes von Zerreißproben wird vorteilhafter mit der Methode der tiefen Eindrücke, also bei 3000 kg Druck, gearbeitet. Die praktische Anwendung der Methode Martens-Heyn ist daher nur eine beschränkte geblieben.

Abb. 125. Kugeldruckpresse mit unten liegender Meßdose, Bauart Spieß.

In neuester Zeit stellt die Firma L. Schopper auch Kugeldruckpressen für die normale Brinellprobe her.

Abb. 124 stellt eine solche Presse mit einem Druck von 3000 kg für Stahl und Eisen dar. Das Gestell der Presse ist als frei ausladender Ständer ausgebildet. Als Druckgeber ist ein mit Gewichten belasteter Hebel, der in Schneiden gelagert ist, verwendet worden. Durch Auswechseln der Gewichte können folgende Belastungen erzielt werden:

3000, 2000, 1000, 750 kg
500, 250, 187,5 62,5 kg.

Diese Belastungsstufen reichen aus, um Stahl, Eisen, Kupfer und deren Legierungen mit 10-mm-, 5-mm- oder 2,5-mm-Kugel zu prüfen.

Die Lastgewichte sind je nach den Belastungsstufen abgeglichen und genau bezeichnet. Damit Verwechslungen vermieden werden, ist auf einer Skala angegeben, welche Gewichte für eine bestimmte Laststufe aufgelegt werden müssen.

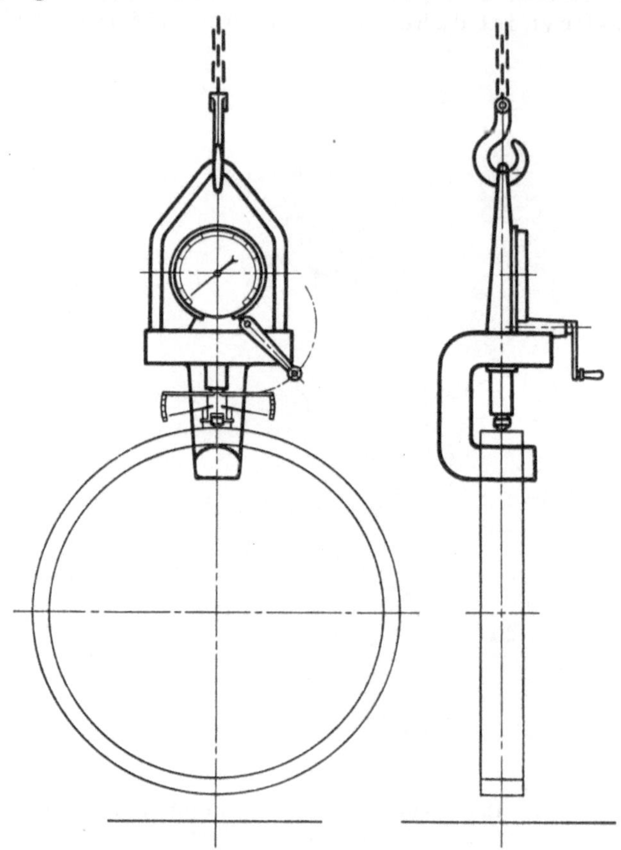

Abb. 126. Transportable Kugeldruckpresse, Bauart Spies.

Durch Drehen an einer Kurbel erfolgt die Freilegung des Druckbalkens und die Ausübung des statischen Drucks auf die Stahlkugel bzw. das Probestück.

Es kann auch ein Eindrucktiefenmesser angebracht werden mit einem Meßbereich von 0—1 mm und 0—5 mm, Teilung $^1/_{100}$ mm.

Eine Kugeldruckpresse nach dem bekannten Meßdosenprinzip ist auch die in Abb. 125 dargestellte Kugeldruck-Prüfmaschine der Firma A. Spies, Siegen.

Diese Maschine ist für einen Höchstdruck von 3000 kg gebaut; die Lastanzeige erfolgt durch Meßdose und Manometer (Kontrollmanometer kann auch angebracht werden). Die Meßdose befindet sich im unteren Teil der Maschine; die Probe kommt beim Versuch auf den Dosenkolben zu liegen, schwere Teile beeinflussen daher das Ergebnis mehr oder weniger je nach ihrem Gewicht. Die in der oberen Spindel befindliche Prüfkugel wird durch Drehen einer Handkurbel abwärts bewegt und so

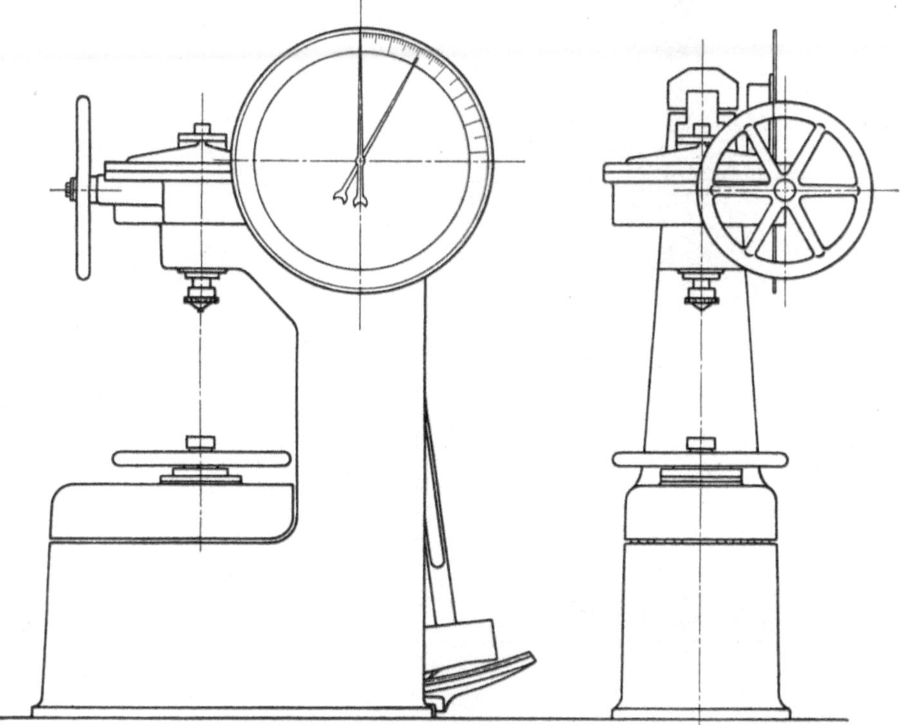

Abb. 127. Kugeldruckpresse, Bauart Tarnogrocki.

in das zu prüfende Material eingedrückt. Für Proben mit nicht genau parallelen Flächen ist in üblicher Weise ein kugelig nach allen Seiten hin drehbares Auflagestück auf dem Dosenkolben vorgesehen.

Auch eine beachtenswerte bewegliche Ausführung wird von obiger Firma hergestellt.

Abb. 126 stellt die Kranausführung dieser Presse dar. Auch Rohre, deren Innendurchmesser genügend groß ist, daß der Widerlagerzapfen der Presse eingeführt werden kann, lassen sich mit dieser Maschine prüfen.

Nicht zuletzt ist noch die Kugeldruckpresse der Firma Alb. v. Tarnogrocki, Essen zu erwähnen.

Die in Abb. 127 dargestellte Kugeldruckpresse gleicht in ihrer Bauart den durch ihre großen Anzeigescheiben auffallenden Materialprüfmaschinen dieser Firma. Die Proben werden auf eine durch Schraubspindel verstellbare Auflage gelegt; der Prüfdruck wird von Hand durch

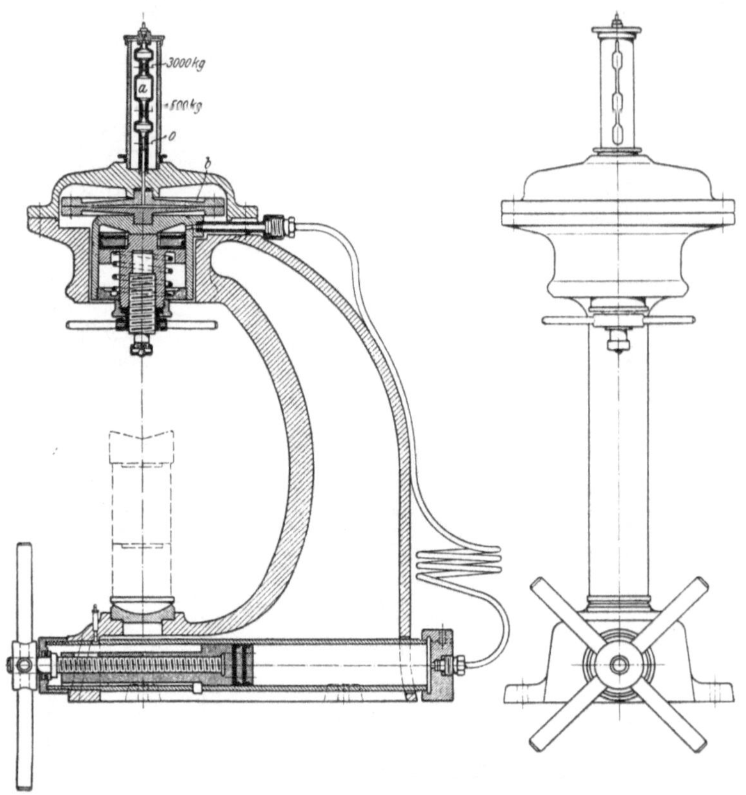

Abb. 128. Kugeldruckpresse, Bauart Wazau.

Niederschrauben einer die Prüfkugel tragenden Spindel erzeugt. Die Kraftmessung erfolgt durch Auswiegen des auf die Auflage ausgeübten Prüfdruckes. Soweit aus der Abbildung ersichtlich ist, scheint der Wiegenmechanismus auf dem Prinzip der Pendelwage zu beruhen.

Die Maschine besitzt wie viele andere Maschinen auch den Nachteil, daß schwere Teile ihrem Gewicht entsprechend die Ergebnisse mehr oder minder beeinflussen.

Einen sehr beachtenswerten Entwurf zu einer Kugeldruckpresse veröffentlicht G. Wazau[140]).

Die in Abb. 128 dargestellte Maschine beruht auf dem bekannten Prinzip der Wazauschen Kraftmesser. Diese stellen eine Art Meßdose dar, welche keinen beweglichen Kolben mit Membran und Manometer besitzen, die vielmehr die elastische Volumenänderung eines Hohlraumes mittels einer Quecksilberfüllung messen.

Die Wirkungsweise der Maschine ist etwa folgende. Nachdem, wenn nötig unter Zuhilfenahme von Beilagestücken, die Kugel mittels der Schraubspindel mit der Probe in Berührung gebracht worden ist, wird die im unteren Teil des Gestelles sichtbare Spindelpreßpumpe von Hand betätigt.

Die Preßflüssigkeit nimmt durch die Rohrleitung ihren Weg über den im oberen Teil der Maschine befindlichen Preßkolben, dieser drückt auf die Kugel und die Rückwirkung des im Gehäuse frei spielenden Zylinders wird von dem Kraftmesser als Druck aufgenommen. Das Quecksilber in dem Hohlraum des Kraftmessers wird dadurch ausgepreßt und steigt in der Glasröhre bis zu der jeweiligen Marke von 500 oder 3000 kg. Zwischenstufen können bei dieser Bauart nicht abgelesen werden, was als eine Beschränkung empfunden werden könnte; bei Massenbrinellierungen kommen aber Zwischenwerte der Belastung ohnehin nicht in Frage. Dagegen besitzt diese Presse nicht den Vorteil der Begrenzung der Höchstlast der schwedischen Bauart „Alpha".

Hiermit dürfte eine wohl ziemlich lückenlose Übersicht über die bisher bekanntgewordenen Brinellpressen gegeben worden sein. Mindestanforderungen an genaue Herstellung, ferner Besonderheiten der Gestaltung, bedingt durch den erforderlichen Prüfdruck, sind die Ursachen, daß der Preis der vorstehend beschriebenen Brinellpressen eine gewisse Höhe nicht unterschreitet; je nach Bauart kosten die deutschen Pressen etwa 665 bis 1380 M., im Mittel 850 M., ohne Mikroskop, Tiefenmesser und sonstigen Zubehör ab Fabrik. Dieser Preis ist in manchen Fällen ein Hindernis ihrer Anschaffung gewesen und es hat nicht an Bemühungen gefehlt, die normale Brinellpresse durch einen billigeren Apparat zu ersetzen, der möglichst dieselbe Leistung und vor allem die erforderliche und gleichbleibende Genauigkeit der Belastung gewährleisten konnte.

Ersatzapparate für Kugeldruckpressen.

Als Ersatzapparat für Kugeldruckpressen ist der in Abb. 129 dargestellte Schienenprüfer, unter D.R.P. Nr. 138356 einer französischen Gesellschaft patentiert worden. Die Wirkungsweise dieses Apparats dürfte ohne weiteres aus der Abbildung verständlich sein, so daß sich eine nähere Beschreibung erübrigen dürfte. Das Wesen des Patentanspruchs besteht darin, daß ein kleiner Kolben auf einen großen wirkt, derart, daß der Druckzylinder des kleinen Kolbens im

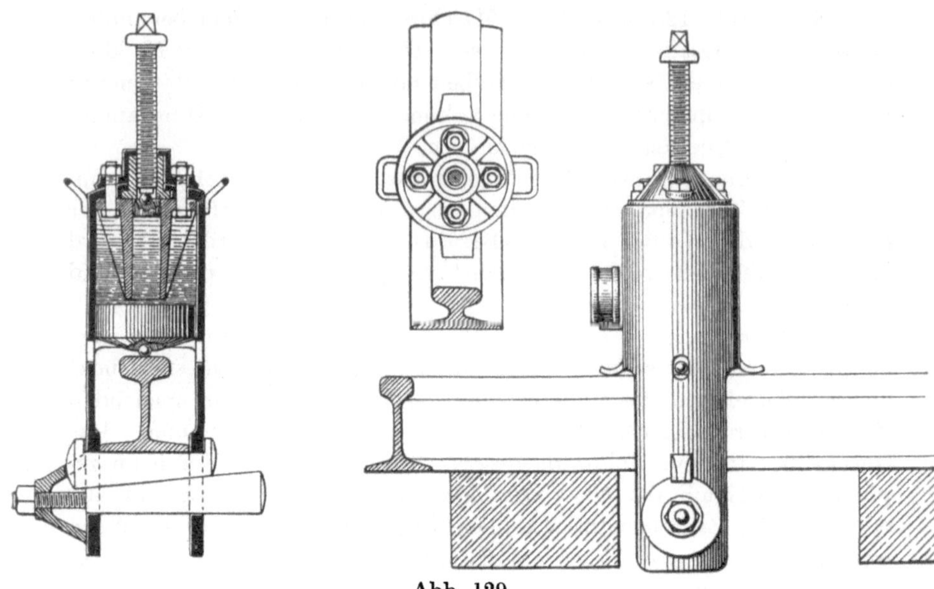

Abb. 129.

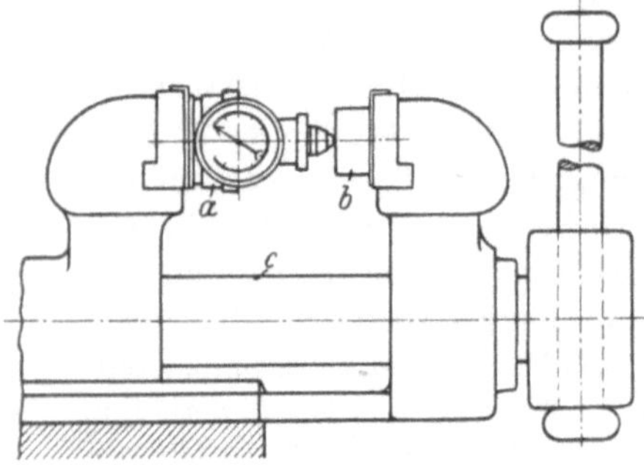

Abb. 130. Kugeldruckapparat nach Czochralsky-Welter.

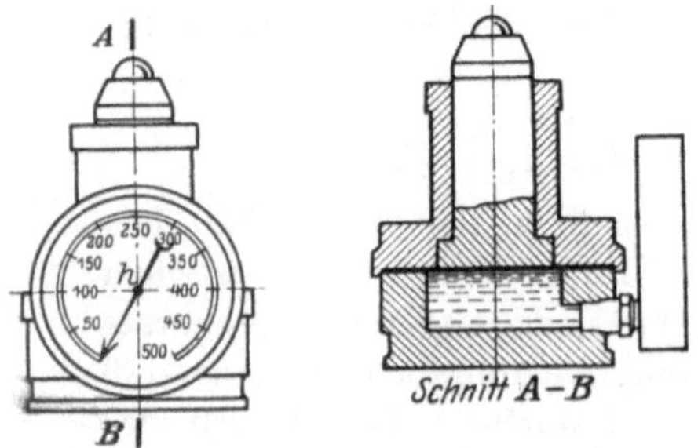

Abb. 131. Schnitt durch den Kugeldruckapparat Abb. 130.

Innern des Zylinders des größeren Kolbens angeordnet ist, so daß auf die Wandung des kleinen Zylinders durch die Druckflüssigkeit von außen und von innen derselbe Druck ausgeübt wird. Die Größe dieses Druckes wird an einem Manometer bei *e* abgelesen. Der Apparat ist in der abgebildeten Form an Werkstücken geeigneter Abmessungen ohne weiteres zu Brinellproben verwendbar. Bei einer geringen Änderung der Bauart wäre er auch für Werkstücke anderer Form brauchbar.

In dem Handbuch über Lagermetalle „Czochralski-Welter“ wird auf S. 33 ein Kugeldruckapparat dargestellt und beschrieben. Dieser in Abb. 130 und 131 abgebildete Apparat dürfte ohne nähere Erläuterung verständlich sein.

Eine einfache Vorrichtung zur Vornahme der B.K.P. ist der in nachstehender Abbildung dargestellte S-&-S-Kugeldruckhärteprüfer D.R.P. a., Abb. 132.

Dieser Härteprüfer läßt sich mit einem Kegelschaft gleich einem Bohrfutter in die Spindel einer Bohrmaschine oder in Pinole eines Drehbankreitstockes einstecken; der Kegelschaft läßt sich auch leicht gegen einen andern auswechseln, mit der er sich erforderlichenfalls an andern zur Erzeugung der nötigen Pressung geeigneten Maschinen, z. B. Dornpressen, Spindelpressen u. a., anbringen läßt.

Abb. 132. Kugeldruckapparat, Bauart Schuchard & Schütte.

Der Meßdruck wird durch Betätigung des Vorschubes der verwendeten Maschine erzeugt, eine an der Prüfvorrichtung vorgesehene Vorrichtung verhindert dabei, daß der Meßdruck eine vorausbestimmte Höhe (750 kg) überschreitet.

Die Prüfung ist eine statische und lehnt sich an die DINORM an, entsprechend einer Belastung von 750 kg und einer Prüfkugel von 5 mm. Die auf diese Weise gewonnenen Härtezahlen sind mit denen bei 3000 kg und 10-mm-Kugel vergleichbar.

Einen einfachen und leicht transportablen Apparat zur Vornahme der B.K.P. haben Seehase & Kutscher konstruiert.

Abb. 133 stellt den durch D.R.P. Nr. 312121 geschützten Apparat dar.

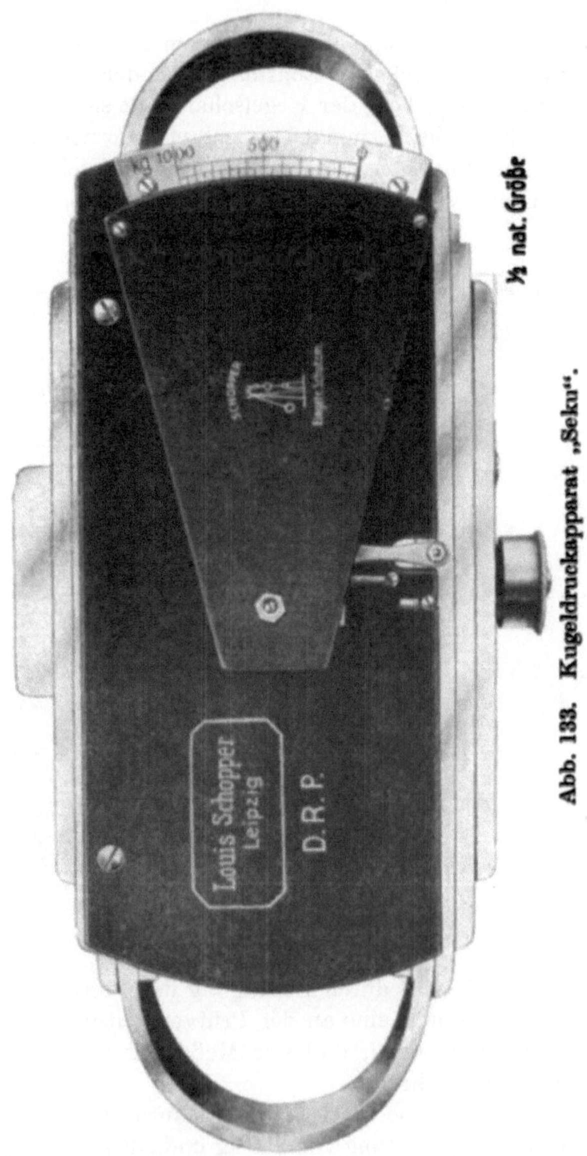

Abb. 133. Kugeldruckapparat „Seku". ½ nat. Größe

Der Apparat besteht im wesentlichen aus Prüfkugel und Vorrichtung zum Messen der Druckkraft. Die Druckkraftmessung erfolgt durch ein elastisches Federsystem. Der bei der Zusammendrückung des elastischen Systems zurückgelegte Relativweg wird durch einen Zeigerhebel in vergrößertem Maßstabe auf einer Skala angezeigt. Der Zeigerhebel wird durch eine Feder in Spannung gehalten, so daß toter Gang in den Lage-

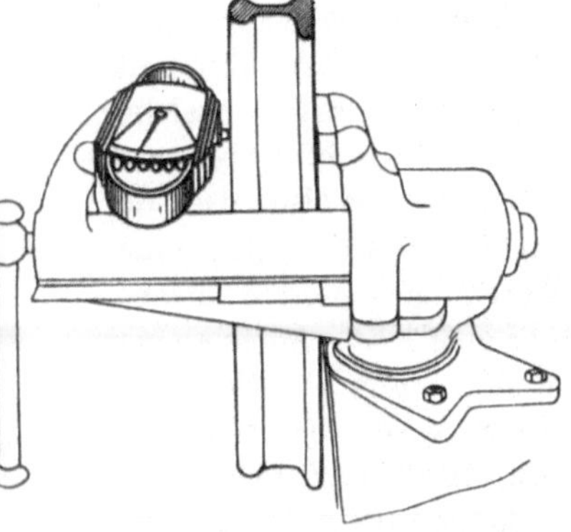

Abb. 134. Anwendungsbeispiel des Kugeldruckapparates „Seku" in einem Schraubstock.

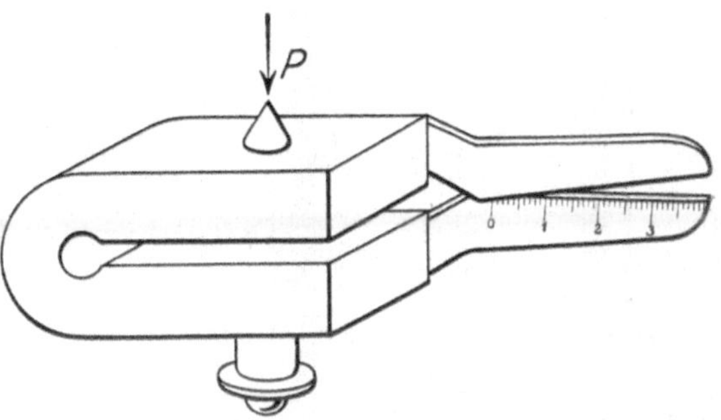

Abb. 135. Einfache Vorrichtung zur Vornahme der B.K.P.

rungen die Kraftanzeige nicht beeinflußt. Die Vorrichtung zum Messen der Druckkraft wird in zwei Ausführungen angefertigt. Bei Ausführung I ist die Skala von 0—1000 kg, bei Ausführung II von 0—3000 kg geteilt.

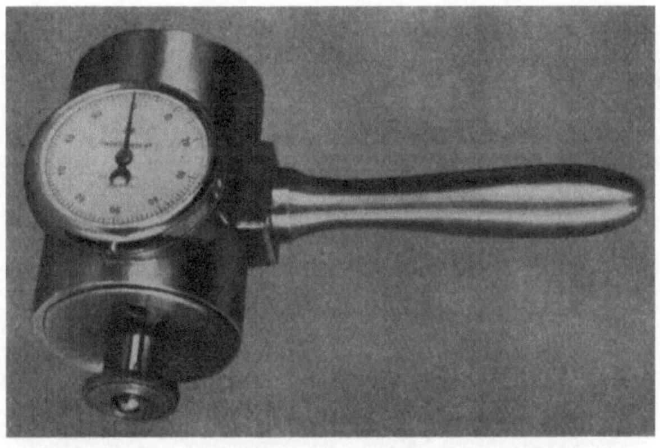

Abb. 136. Einfacher Kugeldruckapparat, Bauart Döhmer.

Das zum Ablesen der Kugeleindrücke dienende Meßgerät ist bereits auf S. 74 beschrieben.

Abb. 134 zeigt die Anwendung des Apparates in einem gewöhnlichen Werkbankschraubstock.

Außer den vorstehend beschriebenen, gewerblich hergestellten Apparaten sab Verfasser gelegentlich auf einem großen Edelstahlwerk eine recht einfache Vorrichtung zur Vornahme der B.K.P. (Abb. 135).

Ein Stahlblock von entsprechender Stärke, welcher zum Teil aufgeschlitzt ist, wird in ähnlicher Weise wie der Apparat „Seku" mit seiner Prüfkugel gegen den Probekörper gedrückt. Mittels einer scherenförmigen Ablesevorrichtung wird die elastische Zusammenbiegung der beiden Schenkel gemessen. Die Eichung erfolgt auf einer Brinellpresse, einer Zerreißmaschine oder durch unmittelbare Gewichtsbelastung. Der Apparat hat in seinem Grundgedanken eine gewisse Ähnlichkeit mit dem Kraftprüfer Bauart „Haberer"

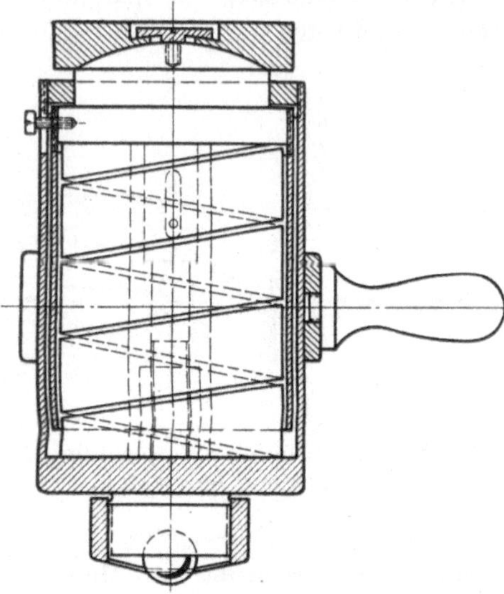

Abb. 137. Schnitt durch den Apparat Abb. 136.

Abb. 138. Anwendungsbeispiel des Apparates Abb. 136.

der Firma Mohr & Federhaff, ist jedoch entsprechend seinem Verwendungszweck für eine Belastung von 3000 kg gebaut und daher von geringeren Abmessungen.

Einen anderen kleinen Apparat hat Verfasser im Jahre 1918 entworfen. Dieser in Abb. 136, 137 und 138 dargestellte Apparat besteht aus einem Gehäuse, in welchem eine Schraubenfeder derart angeordnet ist, daß ihr elastischer Weg beim Zusammenpressen von einem empfindlichen Meßinstrument angezeigt wird.

Zuletzt sei noch eine einfache Vorrichtung zum Ersatz teurer Brinellpressen erwähnt.

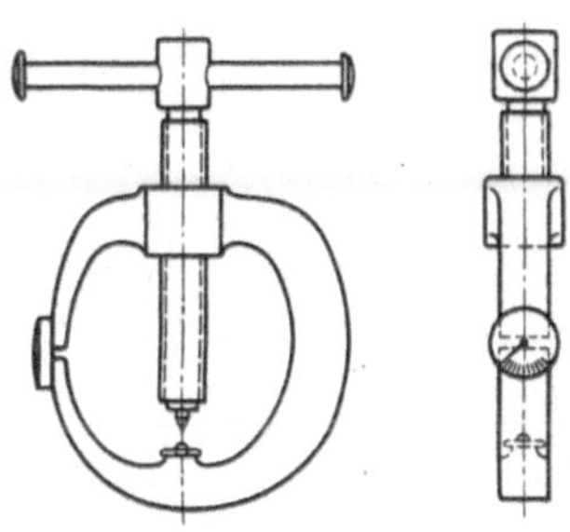

Abb. 139. Kugeldruckapparat zur Prüfung von Stangen.

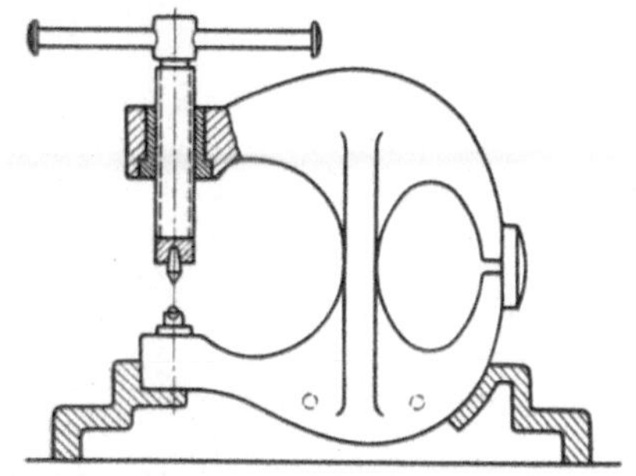

Abb. 140. Kugeldruckapparat zur Prüfung von Blechen.

Diese Vorrichtung besteht in der Hauptsache aus einem Federbügel, dessen elastische Aufbiegung beim Belasten gemessen wird, und zwar ist die Ausführung 139 für Stangenmaterial, die Ausführung 140 für Bleche und ähnliche sperrige Stücke gedacht.

Apparate und Meßinstrumente zur Prüfung der richtigen Anzeige der Brinellschen Kugeldruckpressen.

Mehr wie bei anderen Prüfmaschinen ist eine regelmäßige Überprüfung ihrer richtigen Anzeige bei den Brinellschen Kugeldruckpressen notwendig. Insbesondere alle die Maschinen, welche auf dem Prinzip der Federbelastung beruhen, sollten so oft wie möglich auf ihre richtige Anzeige geprüft werden. Die beste Methode dieser Prüfung ist die Belastung mit geeichten Gewichten. Die Alphaschen Kugeldruckpressen werden vor Versand auf diese Weise mit unmittelbarer Gewichtsbelastung geprüft und es ist bezüglich der Genauigkeit ihrer Ausführung bemerkenswert, daß für jede Maschine bei allen Belastungen bis zu 3000 kg eine Genauigkeit von 2,5 kg garantiert werden kann, was einem durchschnittlichen Fehler von weniger als $\pm 0{,}1\%$ entspricht.

Brinellpressen nach der Bauart Amsler (S. 126), Losenhausen (S. 144) und einige ähnliche Ausführungsarten, bei denen das Gewicht der Probekörper der Belastungswirkung senkrecht nach unten entgegengesetzt gerichtet wirkt, können auf einfache Weise mit unmittelbarer Gewichtsbelastung geprüft werden, wie nachstehende Abb. 141 andeutet.

Alle diejenigen Maschinen jedoch, bei denen die Belastungswirkung von oben her erfolgt, oder solche, die nicht umgekehrt werden können,

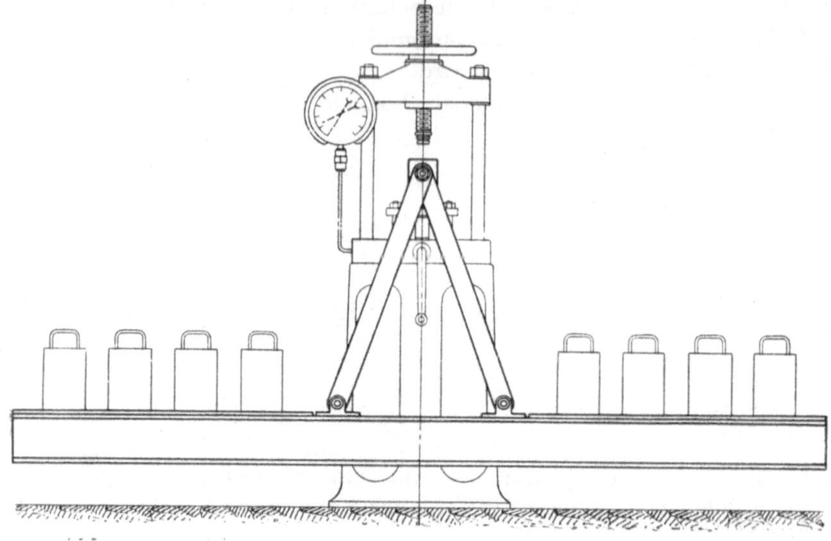

Abb. 141. Eichung von Kugeldruckpressen durch unmittelbare Gewichtsbelastung.

lassen sich schwer ohne besondere Umstände mit unmittelbarer Gewichtsbelastung prüfen. Auch die im Prüfwesen viel angewandte und als sehr zuverlässig bekannte Eichung mittelst Kontrollstäben und Spiegelapparat nach Martens ist hier nicht

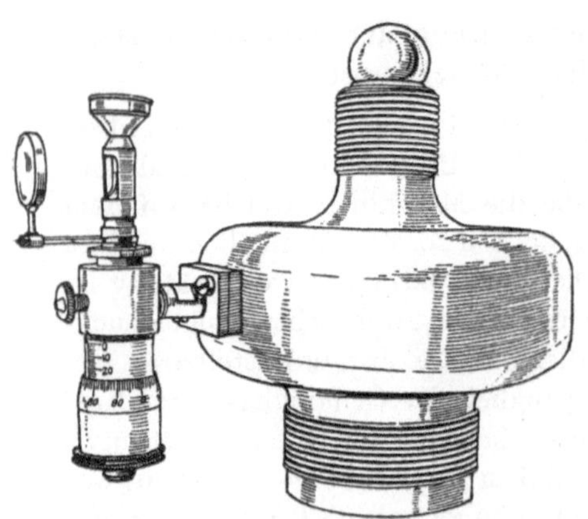

Abb. 142. Kraftprüfer, Bauart Wazau.

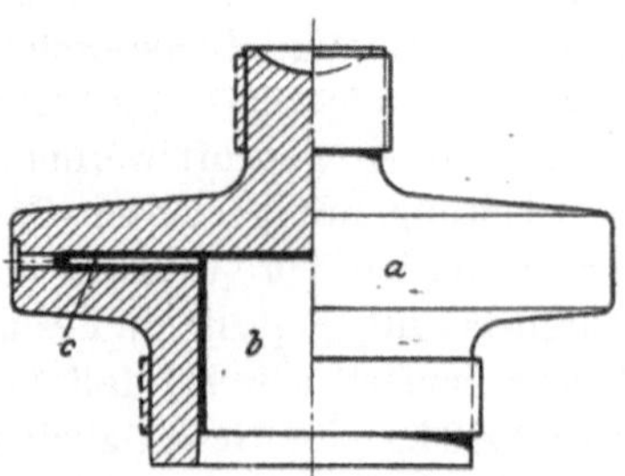

Abb. 143. Schnitt durch den Kraftprüfer, Bauart Wazau.

anwendbar. Dagegen ist der in letzter Zeit vielfach zur Prüfung von Festigkeitsmaschinen benutzte Kraftprüfer Bauart Wazau[140]) mit Vorteil zur Kontrolle verwendbar. Er ist vom Materialprüfungsamt

Dahlem zur Eichung zugelassen, seine Genauigkeit ist größer als die für Prüfmaschinen verlangte von $\pm 1\%$. Er besteht im wesentlichen aus einem Hohlkörper Abb. 142 und 143, dessen Hohlraum mit Quecksilber gefüllt ist, welches mit einem Meßgefäß in Verbindung steht. In einen Teil dieses Meßgefäßes reicht ein Kolben hinein, der sich mit einer Mikrometerschraube verstellen läßt. Vor Belastung des Kraftprüfers wird mittelst dieser Mikrometerschraube der Stand der an einem Kapillarrohr sichtbaren Quecksilbersäule auf einer an diesem angebrachten Marke eingestellt. Bei Druck verkleinert sich der Inhalt des Hohlraumes und das Quecksilber steigt in dem Kapillarrohr. Durch Zurückdrehen der Meßschraube wird der Kolben so lange zurückbewegt, bis der Quecksilberfaden wieder mit der Marke abschneidet. Die Anzahl der Umdrehungen bildet das Maß für die Kraftwirkung; der Umfang der Mikrometerschraube ist in hundert Teile eingeteilt und es lassen sich $^1/_{10}$ Intervalle noch schätzen. Infolge

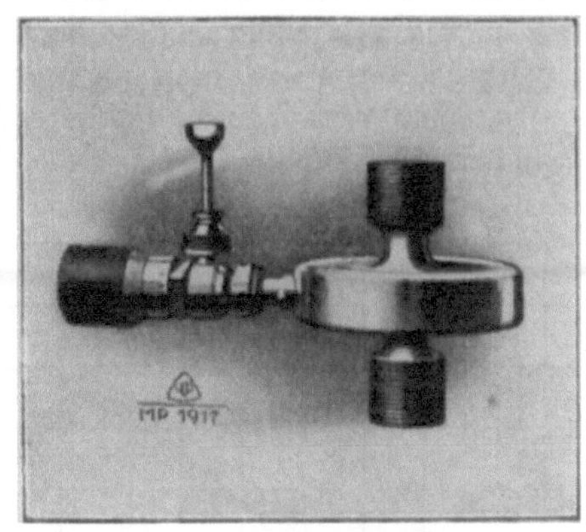

Abb. 144. Kraftprüfer, Bauart Losenhausen.

Abb. 145. Kraftprüfer, Bauart Haberer.

seiner gedrängten Bauart ist der Wazausche Kraftprüfer ein sehr bequemes Meßinstrument zur Nachprüfung von Brinellpressen; er kann leicht in einer Handtasche auch auf Reisen mitgeführt werden und braucht keine besonderen Anschlußstücke oder Einspannvorrichtungen. Bei seiner Ureichung wird er im Materialprüfungsamt Berlin-Dahlem mit unmittelbarer Gewichtsbelastung geeicht. Abb. 144 stellt einen ähnlichen Apparat der Firma Losenhausen dar.

Ein anderer Apparat zur Prüfung von Brinellpressen ist der Kraftprüfer Bauart Haberer, Abb. 145. Er besteht im wesentlichen aus einer U-förmig gebogenen Feder, deren elastische Zusammendrückung im vergrößerten Maßstab an einer Skala oder Meßuhr abgelesen wird.

Seine Wirkungsweise dürfte nach vorstehender Abbildung ohne weiteres verständlich sein.

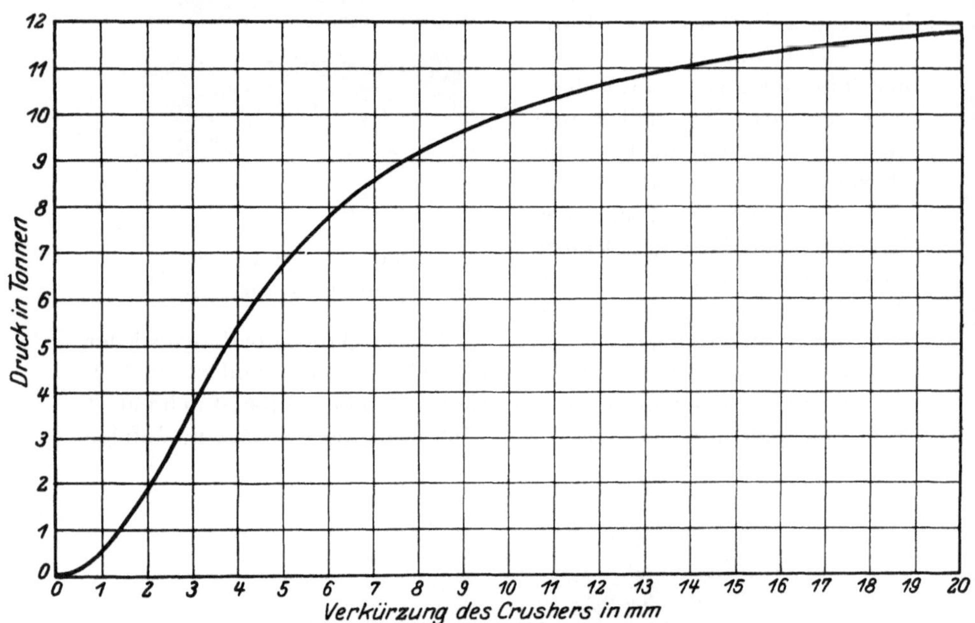

Abb. 146. Druck-Verkürzungskurve von Kupferprüfzylindern (sog. Crushers).

Zuletzt sei noch eine Methode erwähnt, mit deren Hilfe man sich unter gewissen Umständen in — wenn auch nicht ganz exakter, so aber doch — behelfsmäßiger Weise davon überzeugen kann, daß die Brinellpresse wenigstens keine großen Abweichungen aufweist. Es geschieht dies unter Benützung der sog. Crushers; das sind die bekannten Kupferzylinder, wie sie bei Kerbschlagfallwerken zur Ermittlung der restlichen Bärfallenergie verwendet werden. — Zu jeder Schachtel Crushers wird eine für diese Partie besonders ermittelte Lastkurve mitgeliefert, von denen eine in Abb. 146 beispielsweise dargestellt ist.

Belastet man einige dieser Crushers unter einer Brinellpresse, so kann man aus der eingetretenen Verkürzung die Belastung nach dem

Diagramm errechnen. Diese Methode kann in gewissen Fällen einen Anhalt geben, ob eine Maschine noch einigermaßen richtig zeigt oder überholungsbedürftig ist, und es kann doch mitunter recht wertvoll sein, ein — wenn auch etwas wenig genaues — Mittel zur Hand zu haben, als gänzlich im ungewissen zu sein, ob eine Maschine noch richtig zeigt.

V. Härteprüfung des Holzes mittels der Kugeldruckprobe.

Das Holz ist ein Naturprodukt, auf dessen Güte der menschliche Wille nur in beschränktem Maße fördernd einwirken kann. Klimatische Beeinflussungen, Bodenverhältnisse und Standort spielen in den meisten Fällen bei der Bildung des Holzes eine große Rolle. Im Gegensatz zu den Metallen und vielen anderen Werkstoffen ist Holz kein homogener Stoff, sondern ein zusammengesetztes Gebilde aus axial gerichteten Schalen, den Jahresringen, vielfach durchwachsen mit Ungleichförmigkeiten, herrührend von Ästen, krummem Faserverlauf, Verwachsungen, Drehwuchs u. a. m.

Die Werkstoffprüfung steht daher bei Holz vor einer schweren Aufgabe, um so mehr muß dies ein Grund sein, alle verfügbaren Prüfverfahren in den Dienst der Holzprüfung zu stellen. Es war daher sehr natürlich, sich neben den bisher üblichen Festigkeitsversuchen auch der Kugeldruckprobe bei der Prüfung der verschiedenen Holzarten und Hölzern zu bedienen.

Es ist das Verdienst von Janka[60]) die Härteprüfung des Holzes zuerst vorgeschlagen zu haben. Dieses Verfahren lehnt sich an das von Brinell in die Werkstoffprüfung eingeführte Härteprüfungsverfahren der Metalle an, weicht jedoch in der Ausführung in einigen Punkten von demselben ab. Es besteht darin, daß eine an einem Druckstück angebrachte eiserne Halbkugel von 1,00 cm^2 größtem Kreise, also von 5,602 mm Radius, mittels stetigen Druckes in die geglättete Oberfläche des zu prüfenden Holzes bis zu ihrem größten Kreise eingedrückt und der Widerstand bestimmt wird, den das Holz dem Eindringen der Halbkugel entgegensetzt. Diese in Kilogramm ausgedrückte Widerstandskraft des Holzes wird direkt als Holzhärte angesehen, und da der hierdurch hervorgebrachte Eindruck in der Oberfläche des Holzes 1,00 cm^2 beträgt, ist derselbe in kg/cm gegeben. Es kann zwar auf diese Weise die Härte des Holzes in jeder Faserrichtung ermittelt werden; es empfiehlt sich aber, die Hirnholzhärte (Druckrichtung von Hirn aus parallel der Faserrichtung) als Vergleichshärte eines Holzes anzunehmen.

Es wurde auch versucht, die Kegeldruckprobe für die Härteprüfung zu benutzen, doch wie Janka fand, eignet sich diese hierzu weniger als die Kugeldruckprobe, von den verschiedenen hierfür angeführten Gründen dürfte der, daß der Kegel bei Holz spaltend wirkt, einer der ausschlaggebendsten sein.

Zahlentafel 42. Festigkeitseigenschaften und Härte des Fichten-, Lärchen- und Eichenholzes.

Holzart	Nr. der Probe	Spezifisches Gewicht, lufttrocken	Biegungs-Elastizität und -Festigkeit			Druckfestigkeit		Härte im lufttrockenen Zustande
			Elastizitätsmodul	Tragmodul	Bruchmodul (Biegungsfestigkeit)	im lufttrockenen Zustande	im absolut trockenen Zustande	
		100 fach	t/cm²	kg/cm²	kg/cm²	kg/cm²	kg/cm²	kg/cm²
Fichte	1	34,7	87,1	331	487	309	523	168
	2	36,4	93,4	332	543	332	579	197
	3	39,4	102,2	392	570	336	629	213
	4	40,7	124,4	423	595	403	709	206
	5	42,5	117,5	402	664	406	738	237
	6	44,2	121,9	419	742	418	773	247
	7	47,3	138,4	477	781	484	861	311
	8	50,4	141,8	509	835	534	957	324
	9	53,5	150,3	520	871	573	1053	341
Lärche	1	48,5	84,4	335	650	369	729	260
	2	50,2	103,6	342	685	443	785	270
	3	55,3	114,7	361	740	481	916	289
	4	56,5	101,6	423	820	492	888	318
	5	59,1	126,1	536	749	576	1030	321
	6	63,1	153,9	599	1013	596	1096	327
	7	64,2	160,8	726	1040	654	1184	381
	8	65,1	155,8	581	1115	683	1161	439
	9	71,0	193,9	572	1166	683	1244	494
Esche	1	50,3	67,0	249	636	394	639	476
	2	58,5	84,3	322	846	462	787	554
	3	63,4	106,9	385	1010	554	975	630
	4	68,6	117,0	460	1239	588	1036	612
	5	70,0	148,5	588	1029	649	1138	628
	6	71,8	139,7	571	1258	609	1158	744
	7	77,5	160,0	579	1382	634	1222	828
	8	84,0	167,4	750	1563	759	1352	1012
	9	88,7	151,8	589	1500	770	1312	1066

Es hat sich gezeigt, wie zu erwarten war, daß die Härte des Holzes innerhalb derselben Holzart abhängig ist vom Feuchtigkeitsgehalt und vom spezifischen Gewicht des Holzes in der Art, daß wie bei allen übrigen Festigkeitsarten, bei gleichem Feuchtigkeitsgehalte das spezifisch schwerere, bei gleichem spezifischen Gewicht das trockenere Holz die größere Härte aufweist. Bei sehr niedrigem, durch künstliche Trocknung des Holzes herbeigeführtem Feuchtigkeitsgehalte etwa unter 10% Wassergehalt wird die Zunahme der Härte sehr gering, vermutlich weil dann das Holz sehr spröde wird und der seitliche Zusammenhang der Faser leidet. Es empfiehlt sich daher, die Härteprüfungen der Hölzer in lufttrockenem Zustande, etwa bei 15% Feuchtigkeit (dem Normalfeuchtigkeitsgehalt) vorzunehmen, allenfalls ist der Feuchtigkeitsgehalt der geprüften Hölzer zu ermitteln und der Härtezahl beizufügen, wie dies ja für den Werkstoff Holz bei allen Festigkeitsuntersuchungen erforderlich ist.

Ähnlich wie bei den Metallen gehen auch die mit der angegebenen Härteprüfungsmethode an Holz erhaltenen Härtezahlen mit den Elasti-

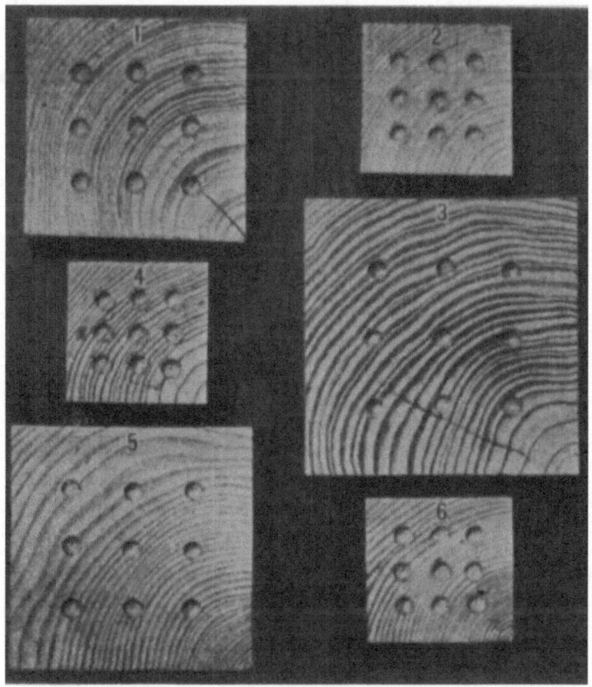

Abb. 147. Holzarten mittels der Kugeldruckprobe geprüft.

zitäts- und Festigkeitseigenschaften für Druck und Biegung parallel, wodurch der Beweis erbracht ist, daß diese Härteprüfungsmethode auf die technische Qualität einer Holzsorte einen guten Rückschluß gestattet und wenigstens für vergleichende Qualitätsprüfungen des Holzes die Elastizitäts- und Festigkeitsprüfungen allenfalls ersetzen kann.

Nebenstehende Zahlentafel 42 gibt die Ergebnisse einiger Festigkeits- und gleichzeitig Härteprüfungen nach Janka für Fichtenholz, Lärchenholz und Eschenholz wieder, als Beweis für obige Schlußfolgerung.

Die Zahlentafel zeigt deutlich, wie die Härte der Hölzer bei den verschiedenen Holzarten mit dem spezifischen Gewicht Hand in Hand geht.

Die in obiger Zahlentafel mit ihren technischen Eigenschaften angeführten 9 Fichtenholzproben sind in Abb. 147 dargestellt.

Wie aus der Abbildung ersichtlich, ist die Härte langsam gewachsener Hölzer mit engen Jahresringen bedeutend größer als die schnell gewachsener mit weiten Jahresringen.

Da es in der Praxis oft von Wichtigkeit ist, besonders die Härte in ziffernmäßig genauer Weise auszudrücken, erscheint die Prüfung des Holzes mittels der Kugeldruckprobe eine recht wertvolle Ergänzung der bisher üblichen Prüfverfahren.

Literaturverzeichnis.

1. Alpha Aktiebolaget, Stockholm: Die Bestimmung der Härte von Materialien vermittels der Brinellschen Kugeldruckprobe. Druckschrift.

2. Dies.: Untersuchungen von Sir Robert Hadfield. (Die Originalarbeit war nicht zu erhalten.) Private Mitteilung.

3. Dies.: New device of ascertaining the hardness of metals. Engr. Lond. 1909, 19. Nov.

4. Anchy, George: The Hardness of steel. Iron Age 1910, 9. Juni.

5. Auerbach, F.: Absolute Härtemessung. Poggendorfs Annalen 1891, H. 5.

6. Ders.: Über Härtemessung insbesondere an plastischen Körpern, Plastizität und Sprödigkeit. Poggendorfs Annalen 1893, H. 2.

7. Ders.: Plastizität und Sprödigkeit. Poggendorfs Annalen 1893, Bd. 45, S. 277.

8. Ders.: Die Härteskala in absolutem Maße. Poggendorfs Annalen 1896, Bd. 58, S. 357.

9. Ders.: Absolute Härtemessung. Nachr. d. Kgl. Ges. d. Wiss. Göttingen 1890.

10. Ballentine, W. J.: Brinells process of testing the hardness and density of metals. Journ. Frankl. Inst. 1908, Dec.

11. Ders.: Testing hardness of metals and ma'crials (a new form of impact-testing instrument). Am. Mach. 1907, June 1.

12. Berndt: Zusammenhang von Kerbschlagarbeit, Zerreißfestigkeit, Dehnung und Brinell-Härte. Zeitschr. d. Ver. deutsch. Ing., Bd. 62, Nr. 27 von 6. Juli 1918.

13. Breuil, P.: Inoff, Bericht z. Aufgabe 2: Härteprüfung (S. 18). Brüsseler intern. Materialprüfungskongreß 1906.

14. Ders.: Discussion au sujet de l'appareil de Shore. Bull. des séances de l'ass. fr. des méthodes d'essai 1908.

15. Ders.: Essais de billes d'acier. Techn. Autom. 1908, Août.

16. Brinell, J. A.: Mémoire sur les éprenves à bille en acier. II. Congrès international des méthodes d'essai des matériaux de construction tenne à Paris 1900.

17. Ders.: Ein Verfahren zur Härtebestimmung nebst einigen Anwendungen desselben. Baumaterialienkunde, 5. Jg., H. 18, 19, 20, 21, 23, 24, 25, 26 ff. 1900.

18. Ders.: Verfahren zur Härtebestimmung nebst einigen Anwendungen desselben. Stahl und Eisen 1901, 15. April, S. 382—387; Fortsetzung 1. Mai, S. 465—470.

19. Ders.: Die Anwendbarkeit der Brinellschen Kugeldruckproben bei Feststellung der Streckfestigkeit bei Eisen und Stahl. Dinglers Polytechnisches Journal 1902, S. 419.

20. Brinell, J. A.: Französische Versuche mit Brinells Kugelprobe. Dinglers Polytechnisches Journal 1903, S. 188.

21. Ders.: Die Bestimmung der Härte von Materialien vermittels der Brinellschen Kugelprobe. Baumaterialienkunde 1906, H. 1.

22. Ders.: Brinell, Kugeldruckprobe und Ludwick, Kegeldruckprobe. Stahl und Eisen 1907, H. 24, S. 858.

23. Ders.: Brinell, Probe. Stahl und Eisen 1901, S. 1007.

24. Ders.: Brinells Kugeldruckprobe. Baumaterialienkunde 1907, H. 8, 9 u. 10.

25. Ders.: Die Brinellsche Härteprobe und ihre Verwendung. Internationaler Verband für die Materialprüfungen der Technik, V. Kongres, Brüssel 1906. Bericht S. 5 ff.

26. Calvert, F. Crace and Johnson Richard: On the hardness of metals and alloys. Mem. of the literary and philosoph. soc. at Manchester, XV. Bd., 1857—1858.

27. Ders.: Poggendorf Annalen 108, 575 (1859).

28. Le Chatelier: Revue de metallurgie III, S. 689, 1906.

29. Döhmer, Wien: Beziehungen zwischen Zerreißfestigkeit und Härtezahlen nach Brinell für Eisen- und Stahlsorten von rd. 38 bis 100 kg Festigkeit. Werkstatt-Technik, 8. Jg., H. 3, 1. Febr. 1919.

30. Ders.: Unmittelbare Ablesung der Zerreißfestigkeit aus dem Randkreisdurchmesser der Kugeldruckprobe an Eisen- und Stahlsorten von rd. 36 bis 180 kg Festigkeit. Werkstatt-Technik, 14. Jg., H. 18.

31. Ders.: Ausnutzung der Brinell-Kugeldruckpresse zu Zerreißversuchen. Werkstatt-Technik, 16. Jg., H. 2, S. 39—42, 1922.

32. DIN 1605, Kugeldruckversuch nach Brinell. Werkstoffnormen. Stahl u. Eisen 1924. Normenausschuß der deutschen Industrie DINORM, Berlin NW 7, Sommerstr. 4a.

33. Essais de dureté des fers et aciers par la méthode Brinell. Ing. Ferroviaria 1910, 16. Juni.

34. Edwards, C. A. u. Willis, F. W.: Engineer 126 (1918), 16. Aug., S. 142; und Bericht hierüber: Stahl u. Eisen 39. Jg., Nr. 12, S. 303, 20. März 1919.

35. Fay, Th. J.: Principes of the scleroscope for measuring hardness. Automobile 1909, March 4.

36. Föppl, A.: Härteversuche. Mitt. d. mech. techn. Laboratoriums d. techn. Hochschule, München, H. 25, S. 37f, H. 28, S. 42f.

37. Ders.: Vorlesungen über techn. Mechanik, Bd. 5, § 3.

38. Fréminville: Remarques sur le rebondissement d'une bille. Révue de métallurgie 1908, Juni.

39. Ders.: Mesure de la dureté par l'appareil Shore. Réun. des m. fr. et belges 1908, Fév. 29.

40. Friesendorf, St. Petersburg: Über die Brinellsche Kugeldruckprobe zur Bestimmung der Härte der Metalle. Baumaterialienkunde Jg. 11, H. 8, 1906.

41. Geßner, Dr. Aug., Wien: Die Anwendung der Kugeldruckprobe zur Härtebestimmung von Eisenoberbaumaterial. Organ für die Fortschritte des Eisenbahnwesens.

42. Ders.: Internationaler Verband für die Materialprüfungen der Technik, V. Kongreß, Kopenhagen 1909, Bericht II_3.

43. Grard, C., Paris: Untersuchungen über die Härte des Stahles. Internationaler Verband für die Materialprüfung der Technik, VI. Kongreß, New York 1912, Bericht III_2.

44. Ders.: Recherches sur la dureté des aciers. Parallèle entre la dureté et la résilience. Réun. memb. franç. et belg. Ass. Int. Ess. Mat. 6e proc. verb. 1910.

45. Greaves, R. H.: The physical interpretation of hardness as measured by Shores scleroscope. Proc. Inst. Civ. Eng. Paper Nr. 3879, 1909/10.

46. Grenet, L.: Essai de dureté Brinell par méthode comparative. Rev. de Métal, Dec. 1908.

47. Guillery, M., Paris: Über die Härteproben und Proben zur Bestimmung der Elastizitätsgrenze usw. Internationaler Verband für die Materialprüfung der Technik, VI. Kongreß, New York 1912, Bericht III_5.

48. Ders.: Etude sur l'essai de dureté à la bille (essai Brinell). Rev. de Métallurgie, Paris 1920 u. 1921, S. 101—110.

49. Haar, A. u. Kármán, Th. v.: Göttinger Nachrichten, math.-phys. Klasse 1909, S. 204—218.

50. Hartig, E.: Der Tragmodul als Maß der Härte. Civilingenieur 1891, S. 339.

51. Härte und Zugfestigkeit: Zerreißfestigkeit und Härte des Materials. Der Motorwagen 1917, H. 32, S. 415.

52. Härtebestimmung durch Kugeldruckprobe nach Brinell. Entwurf 1, S. 389. Mitt. des Normenausschusses der deutschen Industrie, Aug. 1920, H. 14/15, DINORM: 113.

53. Härteprüfung — Diskussion S. 81—90. Internationaler Verband für die Materialprüfung der Technik, V. Kongreß, Kopenhagen 1909.

54. Dass.: Brüsseler internationaler Materialprüfungskongreß 1906. Bericht zu Aufgabe 2, S. 18.

55. Dass.: Ebenda, Bericht zu Aufgabe 27.

56. Hencky, Heinr.: Über einige statisch bestimmte Fälle des Gleichgewichtes in plastischen Körpern. Zeitschr. f. angew. Math. u. Mechanik Bd. 3, H. 4, Aug. 1923.

57. Hertz: Über die Berührung fester elastischer Körper und über die Härte. Verhandlungen des Vereins zur Beförderung des Gewerbefleißes 1882, S. 443 ff.

58. Ders.: Gesammelte Werke Bd. 1, S. 187 ff. Leipzig: Barth 1894/95.

59. Howe, H. M.: Kohlenstoffgehalt und Bruchfestigkeit von Stahl. Eng. and Ming. Journ. 1887, I, 241.

60. Janka, Dr. Gabriel: Härteprüfung des Holzes mittels Kugeldruckverfahrens. Internationaler Verband für die Materialprüfung der Technik, VI. Kongreß. New York 1912, Bericht XXIII_3.

61. Järnkontorets Annaler 1902, Nr. 2; 1903, Nr. 4 u. 6, S. 384—493; 1901, Nr. 2 u. 3, S. 79—219, Axel Wahlberg.

62. Irion, Eugen, Düsseldorf: Neuere Prüfmaschinen. Zweiter Teil: Härteprüfmaschinen. Druckschrift der Fa. Losenhausenwerk A.-G., Düsseldorf.

63. Jüptner, Hans von: Die Festigkeitseigenschaften der Metalle mit Berücksichtigung der inneren Vorgänge bei ihrer Deformation. Leipzig: Arthur Felix 1919.

64. Ders.: Beziehungen zwischen den mechanischen Eigenschaften, der chemischen Zusammensetzung, dem Gefüge und der Vorbehandlung von Eisen und Stahl. Leipzig: Arthur Felix 1919.

65. Kick, Fr.: Über die ziffernmäßige Bestimmung der Härte und über den Fluß spröder Körper. Zeitschr. d. österr. Ingenieur- u. Architektenvereins, Wien.

66. Ders.: Über Härtebestimmungen. Verhandlungen d. Vereins zur Beförderung des Gewerbefleißes, Jan. 1890.

67. Ders.: Das Gesetz der proportionalen Widerstände und seine Anwendungen. Leipzig: Artur Felix 1885.

68. Kirsch, Bernh.: Über die Bestimmung der Härte. Mitt. d. technologischen Gewerbemuseums, Wien 1891, S. 79.

69. Ders.: Über den Flüssigkeitsgrad fester Körper. Zeitschr. d. österr. Ingenieur- u. Architekten-Vereins 1896, Nr. 11.

70. Koch, Wolfg.: Härtebestimmung. Zeitschr. f. Werkzeug 1909, 5. Sept.

71. Kohn: Der Schienenstoff und seine Prüfung insbesondere durch die Kugelprobe. Zentralbl. d. Bauverwaltung 1908, 26. Sept., S. 515—520.

72. Kugeldruckprobe nach Brinell. Deutscher Verband für die Materialprüfung der Technik, Druckschrift Nr. 65, Niederschrift über die 21. Versammlung des Vorstandes am 29. Jan. 1920 in Berlin, S. 14.

73. Kühnel & Schulz: Härteprüfer. Gießereizeitung 1914, S. 1.

74. Kürth: Eine Beziehung zwischen Härte, Streckgrenze und der inneren Energie zäher Metalle. Zeitschr. d. Ver. dtsch. Ing., Bd. 52, Nr. 39 v. 26. Sept. 1908.

75. Ders.: Die Kugeldruckhärte als Maß der Zerreißfestigkeit. Zeitschr. d. Ver. dtsch. Ing., Bd. 52, Nr. 40 v. 3. Okt., 1908, S. 1608.

76. Ders.: Über die Beziehungen der Kugeldruckhärte zur Streckgrenze und zur Zerreißfestigkeit zäher Metalle. Doktorarbeit. Techn. Hochschule, Berlin 1908.

77. Ders.: Über die Beziehung der Kugeldruckhärte zur Streckgrenze und zur Zerreißfestigkeit zäher Metalle. Mitt. ü. Forschungsarb. Nr. 65, 66. Berlin, Julius Springer 1909.

78. Ders.: Untersuchungen über den Einfluß der Wärme auf die Härte der Metalle. Zeitschr. d. Ver. dtsch. Ing. 1909, 16. Jan., 6. Febr.

79. Leon, A.: Über die Beziehung der Kegeldruckhärte zur Streckgrenze bei Eisen und Stahl. — Stahl und Eisen 1907, 11. Dez.

80. Ludwick: Über die Beziehung der Kegeldruckhärte zur Streckgrenze bei Eisen und Stahl. Stahl und Eisen 1907, Nr. 50, S. 1820.

81. Ders.: Bericht Nr. II_1, Härteprüfung (offiziell). Internationaler Verband für die Materialprüfungen der Technik, V. Kongreß, Kopenhagen 1909.

82. Ders.: Kegeldruckprobe. Stahl und Eisen 1908, S. 531.

83. Ders.: Die Kegelprobe, ein neues Verfahren zur Härtebestimmung. Berlin: Julius Springer 1908.

84. Ders.: Über Härtebestimmung mittels der Brinellschen Kugeldruckprobe und verwandter Eindruckverfahren. Zeitschr. d. österr. Ingenieur- u. Architekten-Vereins 1907, 10. März, Nr. 11 u. 12.

85. Ders.: Elemente der technologischen Mechanik. Berlin: Julius Springer 1909.

86. Ders.: Härteprüfungen. Mitt. d. Int. Verb. d. Mat., d. Technik, 1909, Nr. 6.

87. Ders.: Verfestigung und Glühwirkung. Zeitschr. f. Metallographie Bd. 8, S. 53, 1916.

88. Ders.: Über die Härte von Metallegierungen. Zeitschr. f. anorgan. u. allgemeine Chemie, Bd. 94, S. 161—192, 1916.

89. Ders.: Kohäsion, Härte und Zähigkeit. Zeitschr. f. Metallkunde März 1922.

90. Ders.: Festigkeit und Materialprüfung. Zeitschr. d. Ver. dtsch. Ing., Bd. 66, Nr. 10, S. 212—214, 1924, 8. März.

91. Ders.: Festigkeitseigenschaften und Molekularhomologie der Metalle bei höheren Temperaturen. Zeitschr. d. Ver. dtsch. Ing. 1915, S. 657.

92. Machines and measuring instruments for the Brinell hardness test. Am. Mach. 1907, May 18.

93. Malmström: Versuche mit Gußeisen über den Einfluß des Kugeldurchmessers und des Druckes bei der Brinellschen Methode der Härtebestimmung. Dinglers Polytechnisches Journal 1907, S. 33.

94. Ders.: Härtezahl für Gußeisen. Dinglers Polytechnisches Journal 1907, Nr. 3, S. 33.

95. Mandler, Eugen: Die Doppelkugeldruckprobe. Unveröffentlichte Abhandlung privat mitgeteilt.

96. Mars, G.: Die Spezialstähle. 2. Aufl. Stuttgart: Ferdin. Enke 1922.

97. Martens, A. u. Heyn, E.: Vorrichtung zur vereinfachten Prüfung der Kugeldruckhärte und die damit erzielten Ergebnisse. Internationaler Verband für die Materialprüfung der Technik, Bericht II_2 zum V. Kongreß, Kopenhagen 1909.

98. Dies.: Vorrichtung zur vereinfachten Prüfung der Kugeldruckhärte und die damit erzielten Ergebnisse. Vollständige Abhandlung. Mitt. über Forschungsarb. Nr. 75, S. 1. Berlin: Julius Springer 1909. Zeitschr. d. Ver. dtsch. Ing., Bd. 52, Nr. 43 v. 24. Okt. 1908 (Auszug).

99. Dies.: Handbuch der Materialienkunde für den Maschinenbau Bd. I. Materialienkunde II A. Berlin: Julius Springer 1912.

100. Dies.: Über Härtebestimmungen. Mitt. aus den techn. Versuchsanstalten Berlin 1890, S. 281.

101. Dies.: Untersuchung dreier Härteprüfer. Mitt. aus den techn. Versuchsanstalten Berlin 1890, S. 215.

102. Mather, Rich.: Hardness tests on cast iron. Mech. Eng. 1910, Aug. 12.

103. Mesnager, A.: Recherches sur les indications données par la bille de Brinell. Réun. d. m. fr. et belg. 1907, 23 mars.

104. Meßmikroskop für Kugeldruckproben. Stahl u. Eisen 1906, 15. Nov.

105. Meyer, Eugen: Untersuchungen über Härteprüfung. Zeitschr. d. Ver. dtsch. Ing., Bd. 52, Nr. 17, 19 u. 21, S. 645, 740 u. 835 ff, 1908.

106. Ders.: Nachtrag hierzu. Zeitschr. d. Ver. dtsch. Ing., Bd. 52, Nr. 52, 26. Dez. 1908.

107. Ders.: Untersuchungen über Härteprüfung und Härte. Mitt. über Forschungsarb. Nr. 65, 66. Berlin: Julius Springer 1909.

108. Middelberg, G. A. A.: The Hardness of metals. The engineer 1886, II, S. 481.

109. Ders.: Apparat zur Vergleichung der Härtegrade der Metalle. Glasers Annalen 1885, II, S. 107.

110. Moore, Harald, Woolwich-Arsenal l England: Untersuchung über die Brinellsche Methode der Härtebestimmung. Internationaler Verband für die Materialprüfung der Technik, V. Kongreß, Kopenhagen 1909, Bericht II_4.

111. Müller, Dr. Ing. W.: Vergleich der nach Sauveur berechneten Festigkeitswerte mit neueren Bestimmungen verschiedener Forscher. Dinglers Polytechnisches Journal 1914, 329, 437.

112. Müller, W.: Materialprüfung und Baustoffkunde für den Maschinenbau. München: R. Oldenburg 1924.

113. Nidecker: Instrument zum Prüfen und Messen der Härte von Metallen und Materialien und auch von gehärtetem Werkzeugstahl. Zeitschrift für Werkzeugmaschinen u. Werkzeuge, März 1908.

114. Okubo, Junzo: Berechnung der wahren Härte B_e aus der Brinellhärte $B_0 \cdot 1/B = 1/B_0 + 1/B'$ (B' = Brinellhärte der Kugel). Science Rep. Tohoku Univ. 11 1922, Nr. 6, S. 455/61; (nach Phys. Ber. 4 1923, H. 14, S. 795).

115. Portevin: Résultats obtenus avec l'appareil Shore. (Résumé des travaux de M. Brayshaw sur la trempe.) Réun. m. fr. et belg. Ass. Int. Ess. Mat. 4 e proc. verb. 1910.

116. Pöschl, Dr. Viktor: Die Härte fester Körper. Dresden: Theod. Steinkopff 1909.

117. Primrose: Proceedings of the institution of mechanical enginers, Oktober 1920. Hardnes testing.

118. Pomp: Zeitschr. d. Ver. dtsch. Ing. Bd. 63, Nr. 44 v. 1. Nov., 1919, S. 1100–1101.

119. Ders.: Kritische Wärmebehandlung von kohlenstoffarmem Eisen. Stahl u. Eisen 40. Jg., Nr. 41, S 1377, 14. Okt. 1920.

120. Rasch: Prüfung von Gußstahlkugeln. Verlag A. Seydel 1900 und Zeitschr. f. Werkzeugmaschinen u. Werkzeuge 1899, H. 19/20.

121. Reichelt, A.: Der heutige Stand der Härteprüfung. Gießerei-Ztg. 1910, 12. Aug.; Zeitschr. Dampfkessel u. Masch. 1910, 12. Aug.

122. Rejtő, Prof.: Über die Brinellsche Kugeldruckprobe. Baumaterialienkunde 1907, H. 17/20.

123. Révillon, Louis: Die Anwendung der Brinellschen Härteprüfung auf Spezialstähle. Revue de Metallurgie 1908, Nr. 5, S. 270; Stahl u. Eisen Jg. 29, Nr. 4, S. 152, 1909.

124. Riedel, Friedr.: Die Rutschkegelbildung als Grundlage für das Materialprüfungswesen. Zeitschr. d. Ver. dtsch. Ing. Bd. 66, Nr. 23,10. Juni 1922, S. 566 ff.

125. Rosiwal, A.: Über die Härte. Schriften des Vereins zur Verbreitung naturwissenschaftlicher Kenntnisse S. 619. Wien 1893.

126. Rousch, B. A.: Hardness and its measurement. Met. and Chem. Eng., Oct. 1910.

127. Schütz, Emil, Leipzig-Großzschocher: Die Beziehung zwischen Zugfestigkeit, Härte und gebundenem Kohlenstoff beim Gußeisen. Stahl u. Eisen, Jg. 43, Nr. 22, S. 720.

128. Schwedens Eisenindustrie. Brinell-Methode. Stahl u. Eisen 1900, H. 12, S. 636 ff. Pariser Weltausstellung 1900.

129. Shore, A. F.: Ein Skalenapparat zur Prüfung der Härte von Metallen. Zeitschr. d. österr. Ingenieur- u. Architekten-Vereins 1907, 15. Nov.; Am. Mach. 1907, Nov. 30.

130. Stribeck, R., Neubabelsberg: Prüfverfahren für gehärteten Stahl unter Berücksichtigung der Kugelform. Zeitschr. d. Ver. dtsch. Ing. Bd. 51, Nr. 37, 38 u. 39, Sept. 1907.

131. Schwarz, M. von: Die wichtigsten Verfahren der Härteprüfung. Zeitschr. d. Ver. dtsch. Ing. Bd. 66, S. 428/29, 1922.

132. Schulze-Vollhard: Werkstoffprüfung für Maschinen- und Eisenbau. Berlin: Julius Springer 1923.

133. Stadler, A.: Einfluß der Zeit bei Härteprüfung. Bericht über Engineer 134 (1922), S. 424/25; Stahl u. Eisen Jg. 43, Nr. 7, S. 244.

134. Turner, Th.: The hardness of metals Birmingham philos. Soc. 1887, H. 5.

135. Unwin, W C.: Die Definition der Härte. Engineering 1918, 17. Mai, S. 535.

136. Wahlberg, Axel: Brinells Methode zur Bestimmung der Härte und anderer Eigenschaften von Eisen und Stahl. Stahl u. Eisen 1901, 15. Sept.

137. Waizenegger, B.: Forschungsheft 238 (V. d. I.). 1921.

138. Wawrziniok, Otto: Die Ermüdung des Eisenbahnschienenmaterials, S. 19ff.: Härteprüfung der Schienenlauffläche mittels der B.K.P. Berlin: Julius Springer 1910.

139. Ders.: Handbuch des Materialprüfungswesens. Berlin: Julius Springer 1923.

140. Wazau: Neue Kraftmesser. Zeitschr. d. Ver. dtsch. Ing. Bd. 56, Nr. 7, S. 268/270, 17. Febr. 1912.

141. William and Ernest Jefferson Barnes: Brinell Hardness and tenacity factors of a series of heat-treated special-steels. Journ. of the iron and steel institute.

Sachverzeichnis.

Druck von C. G. Röder G. m. b. H., Leipzig.

Handbuch des Materialprüfungswesens für Maschinen- und Bauingenieure. Von Prof. Dipl.-Ing. **Otto Wawrziniok,** Dresden. Zweite, vermehrte und vollständig umgearbeitete Auflage. Mit 641 Textabbildungen. (720 S.) 1923. Gebunden 22 Goldmark

---

Werkstoffprüfung für Maschinen- und Eisenbau. Von Dr. **G. Schulze,** Ständiges Mitglied am Staatl. Materialprüfungsamt Berlin-Dahlem und Dipl.-Ing. **E. Vollhardt,** Studienrat an der Beuth-Schule, Berlin. Mit 213 Textabbildungen. (193 S.) 1923. 7 Goldmark; gebunden 7.80 Goldmark

---

Probenahme und Analyse von Eisen und Stahl. Hand- und Hilfsbuch für Eisenhütten-Laboratorien. Von Prof. Dipl.-Ing. **O. Bauer** und Prof. Dipl.-Ing. **E. Deiß.** Zweite, vermehrte und verbesserte Auflage. Mit 176 Abbildungen und 140 Tabellen im Text. (312 S.) 1922. Gebunden 12 Goldmark

---

Festigkeitseigenschaften und Gefügebilder der Konstruktionsmaterialien. Von Dr.-Ing. **C. Bach** und **R. Baumann,** Professoren an der Technischen Hochschule Stuttgart. Zweite, stark vermehrte Auflage. Mit 936 Figuren. (194 S.) 1921. Gebunden 15 Goldmark

---

Elastizität und Festigkeit. Die für die Technik wichtigsten Sätze und deren erfahrungsmäßige Grundlage. Von **C. Bach** und **R. Baumann.** Neunte, vermehrte Auflage. Mit in den Text gedruckten Abbildungen, 2 Buchdrucktafeln und 25 Tafeln in Lichtdruck. (715 S.) 1924. Gebunden 24 Goldmark

---

Festigkeit und Formänderung. Von Dipl.-Ing. **H. Winkel.** Mit 67 Textfiguren. (Werkstattbücher, herausgegeben von Eugen Simon, Berlin, Heft 20.) (68 S.) 1925. 1.50 Goldmark

---

Die Theorie der Eisen-Kohlenstoff-Legierungen. Studien über das Erstarrungs- und Umwandlungsschaubild nebst einem Anhang: Kaltrecken und Glühen nach dem Kaltrecken. Von **E. Heyn †,** weiland Direktor des Kaiser-Wilhelm-Instituts für Metallforschung. Herausgegeben von Prof. Dipl.-Ing. **E. Wetzel.** Mit 103 Textabbildungen und XVI Tafeln. (193 S.) 1924. Gebunden 12 Goldmark

---

Die praktische Nutzanwendung der Prüfung des Eisens durch Ätzverfahren und mit Hilfe des Mikroskopes. Kurze Anleitung für Ingenieure, insbesondere Betriebsbeamte. Von Dr.-Ing. **E. Preuß †.** Zweite, vermehrte und verbesserte Auflage, herausgegeben von Prof. Dr. **G. Berndt** und Ingenieur **A. Cochius.** Mit 153 Figuren im Text und auf 1 Tafel. (132 S.) 1921. Gebunden 3.50 Goldmark